U0790496

计算机专业“十四五”精品教材

JSP 案例化教程

主　编　薛　岚　刘丽萍
副主编　袁定治　肖　娟　徐　霞　张金波

哈尔滨工程大学出版社
Harbin Engineering University Press

内容简介

JSP 程序设计技术是目前开发 Web 项目的三大动态网页技术之一，也是一种动态网页技术标准，具有面向对象、跨平台等特性。尤其是 JSP 结合了 Servlet 与 JavaBean 技术，使得页面代码与后台业务逻辑代码分离，解决了过去 Web 开发技术存在的不足，提高了工作效率。本书共 8 章，主要包括 JSP 概述、JSP 的开发和运行、JSP 基础语法、JSP 内置对象、JavaBean 技术、Servlet 技术、JDBC 的技术、JSP 开发模式。

本书既可作为应用型本科院校、高职高专计算机类专业“JSP 程序设计”课程的教材，也可作为培训教材使用。

图书在版编目（CIP）数据

JSP 案例化教程 / 薛岚，刘丽萍主编. —哈尔滨 ：哈尔滨工程大学出版社，2021.9（2023.8 重印）

ISBN 978-7-5661-3269-7

I. ①J… II. ①薛… ②刘… III. ①JAVA 语言—程序设计—教材 IV. ①TP312.8

中国版本图书馆 CIP 数据核字（2021）第 184415 号

JSP 案例化教程
JSP ANLIHUA JIAOCHENG

责任编辑 张林峰
封面设计 赵俊红

出版发行 哈尔滨工程大学出版社
社 址 哈尔滨市南岗区南通大街 145 号
邮政编码 150001
发行电话 0451-82519328
传 真 0451-82519699
经 销 新华书店
印 刷 玖龙（天津）印刷有限公司
开 本 787 mm×1 092 mm 1/16
印 张 15.5
字 数 396 千字
版 次 2021 年 9 月第 1 版
印 次 2023 年 8 月第 2 次印刷
定 价 49.80 元
http：//www.hrbeupress.com
E-mail：heupress@hrbeu.edu.cn

前　言

JSP是目前流行的动态网站开发技术，熟练掌握该技术是相关专业读者的必备技能之一。传统的教材由于案例较少，甚至有些知识点没有案例，读者无法及时理解知识点以至于影响整体的学习。本书以实际开发需求为主导，以目前主流的MyEclipse+Tomcat+Mysql为开发平台，每章都有综合案例的设计并与实现为主线，辅以一个知识点对应一个案例为从线，进行内容编排，深入浅出、循序渐进地介绍JSP基础知识和开发方法。帮助读者通过案例掌握JSP开发所需的编程语法和技术，快速掌握JSP网站开发的基本技能和编程技巧，培养读者实际动手开发程序的应用能力。

本书在JSP程序设计开发方面紧跟主流技术，结构清晰、内容翔实、注重实用、由浅入深、易学易懂，适合作为JSP的入门教材；同时也适合作为高职高专院校的教材。案例教材的使用实现了课堂“教学做一体化”模式，可以有效帮助读者及时消化掌握刚学的知识点，锻炼读者的实践技能；给读者提供理论联系实际的应用机会，使读者牢固掌握本门课程的知识点，并具备开发JSP网站的实践操作能力。

本书共8章，主要包括JSP概述、JSP的开发和运行、JSP基础语法、JSP内置对象、JavaBean技术、Servlet技术、JDBC的技术、JSP开发模式。

本书由江西信息应用职业技术学院的薛岚、刘丽萍担任主编，由江西信息应用职业技术学院的袁定治、肖娟和徐霞，辽阳职业技术学院的张金波担任副主编。各章分工如下：薛岚负责编写第5章、第9章和前言，刘丽萍负责编写第4章，袁定治负责编写第1章和第8章，肖娟负责编写第2章和第3章，徐霞负责编写第6章和第7章，由张金波组织设计、统稿定稿、审核校对等工作，同时江西信息应用职业技术学院软件工程系主任管银枝、副主任罗凌云提供了大量指导和支持。本书的相关资料和售后服务可扫封底微信二维码或通过登录www.bjzzwh.com下载获得。

由于编者水平有限，书中难免有疏漏之处，恳请广大读者批评指正。

编　者

2021年8月

目　录

第 1 章　JSP 概述 1
1.1　网站简介 1
1.2　Web 应用程序 7
1.3　Web 服务器 11
1.4　JSP 技术 13
本章小结 16
习题 1 16
第 2 章　JSP 的开发和运行 17
2.1　JSP 开发环境搭建 17
2.2　MySQL 数据库操作基础 21
2.3　使用 MyEclipse 创建第一个 Web 应用程序 33
2.4　Web 应用程序部署 34
2.5　Web 应用程序运行 35
本章小结 36
习题 2 36
第 3 章　JSP 基础语法 37
3.1　JSP 页面基本结构 37
3.2　JSP 指令标识 39
3.3　JSP 脚本标识 45
3.4　JSP 动作标识 51
3.5　JSP 注释 66
综合案例：购物车——登录界面实现 71
拓展案例：倒计时定时器 73
本章小结 74
习题 3 74

第 4 章 JSP 内置对象 77

4.1 request 对象 77
4.2 response 对象 83
4.3 session 对象 88
4.4 application 对象 94
4.5 out 对象 98
4.6 exception 对象 99
4.7 其他内置对象 101
综合案例：作用域的应用 103
拓展案例 106
本章小结 108
习题 4 108

第 5 章 JavaBean 技术 112

5.1 JavaBean 的概述 112
5.2 JavaBean 分类 113
5.3 JavaBean 编写规范 117
5.4 JavaBean 的组成 118
综合案例：留言板 125
拓展案例 129
本章小结 136
习题 5 136

第 6 章 Servlet 技术 140

6.1 Servlet 基础 140
6.2 Servlet 的开发 144
6.3 Servlet 常用 API 145
6.4 Servlet 的过滤器与监听器 150
6.5 综合案例 156
6.6 拓展案例：Servlet 过滤器实例 162
本章小结 165
习题 6 165

第 7 章　JDBC 的技术 167
7.1　JDBC 的概述 167
7.2　JDBC 管理器及接口 171
7.3　JDBC 访问数据库的工作过程 179
7.4　对数据库的操作 181
7.5　数据库的连接池 187
7.6　JDBC 的工具类的封装 190
综合案例：购物车——引入数据库 197
综合拓展案例：考试报名 206
本章小结 216
习题 7 216
第 8 章　JSP 开发模式 218
8.1　纯 JSP 页面编程 218
8.2　JSP 设计模式 1 221
8.3　JSP 设计模式 2 225
8.4　MVC 设计模式 226
8.5　综合案例：MVC 实现用户登录验证 230
8.6　拓展案例：MVC 模式完成用户注册 236
本章小结 238
习题 8 239
参考文献 240

第 1 章　JSP 概述

本章主要介绍 JSP 开发技术的历史缘由、相关技术特点。通过学习能够了解网站的概念、技术特征、Web 应用程序编程体系的特点、Web 服务器的比较、当前流行的服务器端脚本语言 JSP、ASP.NET、PHP 的特点与对比。

通过本章的学习，读者对 Java Web 开发形成宏观的认知，有利于后续内容的学习。

学习目标

- 掌握静态网站、动态网站。
- 掌握 B/S 编程体系和 C/S 编程体系。
- 掌握 Java Web 开发的服务器。
- 掌握 3P 服务器端脚本语言特点。

任务陈述

进行 Web 应用程序的开发，要选择 Web 服务器、编程体系和服务端编程语言。

分析：首先要了解 Web 应用程序；其次要明确 Web 编程体系；再次要选择合适的编程语言；最后选择恰当的 Web 服务器承载部署。

相关知识

1.1　网 站 简 介

互联网的发展，使得 3W 网站的概念兴起，3W（WWW，world wide Web）即万维网，是基于超文本方式的大规模、分布式信息获取和查询系统，是互联网最主要的信息资源。WWW 主要信息资源为网站 Web 页（网页），用户通过客户端软件 Web 浏览器浏览存储在 Web 服务器里的网页。而访问网站中的网页，需要通过在浏览器中输入网址来完成，网址一般采用 URL 的方式。URL（uniform resource locator）统一资源定位符，3W 采用 URL 标识网络信息资源的位置和名称，由于网络信息资源大多为网页形式，所以 URL 通常表现为网址。

URL 的组成：网络传输协议＋域名＋网页文件存储路径＋网页文件名，如图 1-1 所示。

Http://wwwjxedu.gov.cn/08/jy/50.html

网络传输协议　域名　网页文件存储路径　网页文件名

图 1-1　URL 的组成

HTTP（hyper text transfer protocol）是超文本传输协议，互联网遵循 HTTP 协议将网页从 Web 服务器传输到本地浏览器，是访问网站的传输协议。

网站（website）是指在因特网上根据一定的规则，使用超文本标记语言（HTML）等工具的制作，用于展示特定内容相关网页的集合。网站是一种沟通工具，可以通过网站来发布想要公开的资讯，或者利用网站来提供相关的网络服务；也可以通过网页浏览器来访问网站，获取需要的资讯或者享受网络服务。如淘宝网站、京东商城等。

网站由域名、网站空间和站点构成。网站站点就是相关网页的集合，将网页文件、网页调用文件，以及配套支撑文件，有条理地放置在站点文件夹里，这些文件与文件夹就构成了网站的实质内容。网页调用文件就是网页中所用到的图像、声音、视频等，这些内容一般是以单独文件的形式存在于站点，而在网页中加以引用；配套支撑文件包括样式表、脚本文件等，这些文件强化了网页的功能。网站中所有类型的页面文件构成网站的树形结构，如图 1-2 所示。

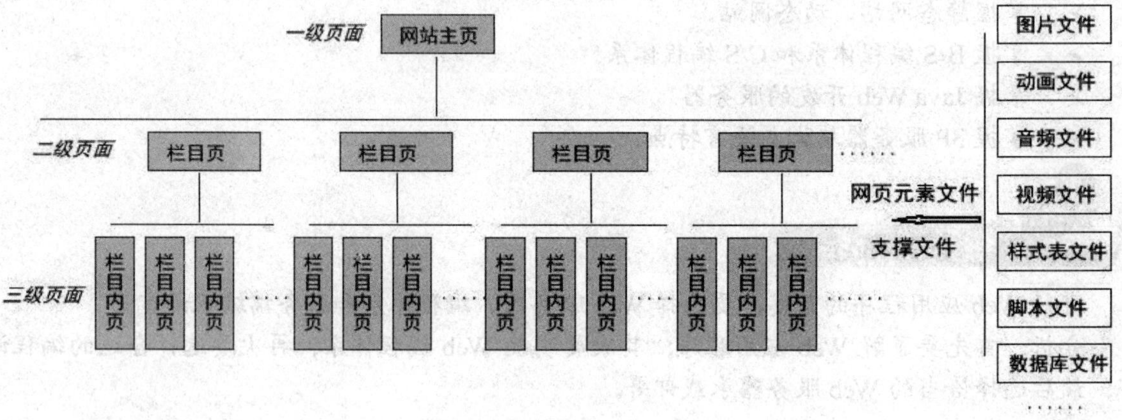

图 1-2　网站的树形结构

网站中所有的、各种类型的页面文件称为网页。网页即 Web 页，是组成 3W 的基本元素，是在浏览器里所看到的包含文字、图像、动画和多媒体等内容的页面。当在浏览器里输入网址并按回车后，就向网络提出了浏览该网页的请求。网络接到请求后，就会找到该网页文件的存储和管理服务器；然后将网页发送到浏览器上显示出来。网页传输，如图 1-3 所示。

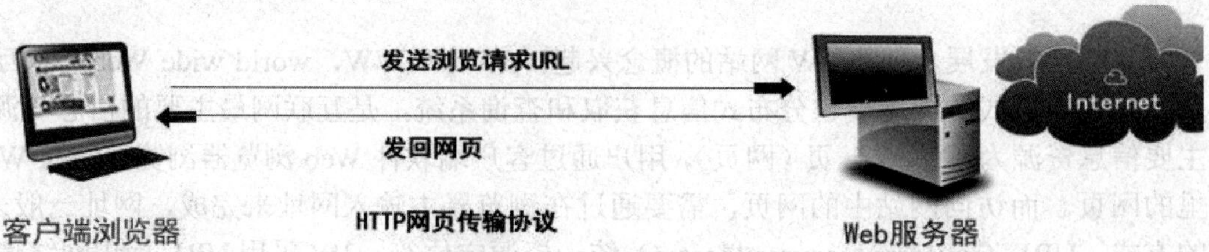

图 1-3　网页传输

网页构成的基本元素包括文本、图像、表格、音频、视频、动画等，其中文本与图像是两种最基本的网页元素，如图 1-4 所示。

文本是网页传递信息的主要载体，文本不仅传递速度快，而且可以设置字体大小、颜色、段落格式等属性。

图 1-4　网页构成的基本元素

相对于文本，图像更加生动直观，给人较强的视觉冲击力。图像在页面中充当各种角色，网站标志 Logo、横幅广告 Banner、网页背景、小图标、新闻图像等。

多媒体对象主要有 Flash 动画、多媒体小程序、音频、视频等。多媒体可以增强浏览者的视觉和听觉感受，使网页内容更加丰富，表达信息的手段也变得更为动态和立体化。目前互联网的网速能较好地支持网页插入大幅图像，以及多媒体对象。

网站分类方式有以下几点。

（1）根据网站的用途和内容可分为门户网站和涉及领域非常广泛的综合网站。面向大众、频道栏目多、内容丰富、功能强大。例如搜狐、网易、新浪等；单位网站，各企事业单位和各类组织机构的网站；个人网站，由个人拥有的网站。在内容和形式上，有很强的个性，通常用于宣传展示个人兴趣爱好，以及关注点。专题网站为某一主题而开发的网站，如 W3school 网站用于网页开发者学习。

（2）根据商业目的分为营利性与非营利性网站。

（3）根据所有者分类可分为政府网站、企业网站、事业单位网站、个人网站等。

（4）根据交互性和页面元素的动态性分为静态网站、动态网站。

1.1.1　静态网站

静态网站由多个静态网页构成，指没有后台数据库，不含服务器运行程序的网页。静态网页就是网页的布局、内容的编排与组织。一般是由 HTML 语言编写的代码来描述，网页一经制成，内容就不会再变化，不管何时何人访问，显示的都是一样的内容。如果要修改网页内容，就必须修改网页，然后再重新上传到服务器。

静态网页也称为平面页，网址形式通常以超文本标记语言.htm、.html、.shtml、.xml（可扩展标记语言）等为后缀。在超文本标记语言格式的网页上，也可以出现各种动态的效果，如.GIF

格式的动画、FLASH、滚动字幕等，这些“动态效果”只是视觉上的。静态网页通常是超文本标记语言文档存储在文件系统里，并且可以通过 HTTP 访问网络服务器。

静态网页具有以下特点。

（1）每个静态网页都有一个固定的 URL，可以直接为浏览器编译执行。

（2）静态网站是最初的建站方式，浏览者所看到的每个页面是建站者上传到服务器上的文件。在网站中每增加、删除、修改一个页面，都须重新对服务器的文件进行一次下载上传。

（3）网页内容一经发布到网站服务器上，无论是否有用户访问，每个静态网页的内容都是保存在网站服务器上的。也就是说，静态网页是实实在在保存在服务器上的文件，每个网页都是一个独立的文件。

（4）静态网页的内容相对稳定，因此容易被搜索引擎检索。静态网页没有数据库的支持，在网站制作和维护方面工作量较大，因此当网站信息量很大时完全依靠静态网页制作比较困难。

（5）静态网页的交互性较差，在功能方面有较大的限制。

（6）静态网页运行数据快。

（7）静态网站的开发主要使用 HTML 标签、CSS 层叠样式表、JavaScript 客户端脚本、AJAX、XML 等相关技术，主要用于实现页面布局设计和静态内容的显示。

（8）HTML 称为超文本标记语言，是一种标识性的语言。包括一系列标签，通过这些标签可以将网络上的文档格式统一，使分散的 Internet 资源连接为一个逻辑整体。HTML 文件是由 HTML 标签组成的描述性文本，HTML 标签包括文字、段落、表格、表单、列表、层、框架、图形、动画、声音、表格、链接等。

（9）CSS（cascading style sheet）即层叠样式表，或称级联样式表。作用主要是用一组规则定义如何显示 HTML 元素，可对网页整体、文本、图像、背景、多媒体等实现精确控制。这些样式规则可以针对整个网页，也可以针对一小段文本、一个单元格、一幅图像。无论针对哪种元素及应用范围，都可以通过 CSS 选择器的命名或选择来确定。使用 CSS 选择器可轻松快捷地选择 CSS 元素，以明确作用对象或范围。

（10）JavaScript 是一种属于网络的脚本语言，已经被广泛用于 Web 应用开发。常用来为网页添加各式各样的动态功能，为用户提供更流畅美观的浏览效果。通常 JavaScript 脚本是通过嵌入在 HTML 中来实现自身功能的。可直接为浏览器解释执行，主要用于实现客户端的动态特征和减轻服务器的负载。

（11）AJAX（asynchronous JavaScript and XML）不是一种新的编程语言，而是一种用于创建更好、更快以及交互性更强的 Web 应用程序的技术。使用 JavaScript 向服务器提出请求并处理响应而不阻塞用户的核心对象 XMLHttpRequest。JavaScript 可在不重载页面的情况与 Web 服务器交换数据，即在不需要刷新页面的情况下，就可以产生局部刷新的效果。

1.1.2 动态网站

动态网站指的是网页的内容随着用户的交互，时间的变化而自动发生改变的网站。动态网站主要由动态网页构成。动态网页编程是指跟静态网页相对的一种网页编程技术。静态网页，随着 HTML 代码的生成，页面的内容和显示效果就基本上不会发生变化，除非修改页面代码。而动态网页则不然，页面代码虽然没有变，但是显示的内容却是可以随着时间、环境或者数据库操作的结果而发生改变的。

动态网页是基本的 HTML 语法规范与 Java、VB、VC 等高级程序设计语言并与数据库编程等多种技术的融合，以期实现对网站内容和风格的高效、动态和交互式的管理。因此，从这个意义上来讲，凡是结合了 HTML 以外的高级程序设计语言和数据库技术进行的网页编程技术生成的网页都是动态网页。因此动态网站需要有对应的编译器或服务器的支持，故动态网站编程语言也称为服务器端脚本语言。目前主流的有 JSP、ASP.NET、PHP 语言。

注意：不要将动态网页和页面内容是否有动感混为一谈。动态网页与网页上的各种动画、滚动字幕等视觉上的动态效果没有直接关系。动态网页也可以是纯文字内容的，也可以是包含各种动画的内容，这些只是网页具体内容的表现形式。无论网页是否具有动态效果，只要是采用了动态网站技术生成的网页都可以称为动态网页。

动态网站也可以采用静动结合的原则，适合采用动态网页的地方用动态网页，如果必要使用静态网页，则可以考虑用静态网页的方法来实现，在同一个网站上，动态网页内容和静态网页内容同时存在也是很常见的事情。

早期的动态网页主要采用公用网关接口 CGI（common gateway interface）技术。可以使用不同的程序编写适合的 CGI 程序，如 visual basic、或 C/C++等。虽然 CGI 技术已经发展成熟而且功能强大，由于编程困难、效率低下、修改复杂，所以有逐渐被新技术取代的趋势。

与静态网页相对应的，动态网页能与后台数据库进行交互，数据传递。从表现形式上来看，网页 URL 的后缀不是.htm、.html、.shtml、.xml 等静态网页的常见形动态网页制作格式，而是以.aspx、.asp、.jsp、.php、.perl、.cgi 等形式为后缀。

动态网站具有以下几个特点。

（1）动态网页一般以数据库技术为基础，可以大大降低网站维护的工作量。

（2）采用动态网页技术的网站可以实现更多的功能，如用户注册、用户登录、在线调查、用户管理、订单管理等。

（3）动态网页实际上并不是独立存在于服务器上的网页文件，只有当用户请求时服务器才返回一个完整的网页。

（4）动态网页由于含有服务器端脚本，所以需相应 Web 服务器的支持。

1.1.3　静态网站和动态网站的区别

静态网页和动态网页各有特点，网站采用动态网页还是静态网页主要取决于网站的功能需求和网站内容的多少，如果网站功能比较简单，内容更新量不是很大，采用纯静态网页的方式会更简单，反之一般要采用动态网页技术来实现。

静态网页是网站建设的基础，静态网页和动态网页之间也并不矛盾，为了网站适应搜索引擎检索的需要，即使采用动态网站技术，也可以将网页内容转化为静态网页发布。

静态网站网页内容固定不变，在服务器端与客户端的页面内容是完全相同的。当用户浏览器向网页服务器请求提供网页内容时，服务器只是将已设计好的静态 HTML 文档直接传送给客户端浏览器。页面的内容使用的标准的 HTML 编码加上 gif 图像。更新网页的时候，只有手动地更新所有的 HTML 文件。静态网站的致命弱点就是不易维护，为了不断更新网页内容，必须不断地重复制作 HTML 文档。随着网站内容和信息量的日益扩增，就会感到工作量日益剧增。

动态网页在服务器端与客户端的页面内容不相同。最原始的页面存在服务器端，根据用户反馈的内容或者要求，在服务器端计算得出结果后，直接把结果传递到客户端电脑上显示出来。

但动态网站相比于静态网站还存在以下不足。

1．在访问速度上不占优势

动态网页首先获得用户的指令，然后网页根据指令到数据库中找和指令相对应的数据，最后传递给服务器。通过服务器的编译把动态页面编译成标准的 HTML 代码，传递给用户浏览器，这样用户就看到了网页。每次访问网页都要经过这一系列过程，这过程至少需要几秒钟的时间，访问的人数一旦增多，页面的加载速度就会变慢，对服务器来说也是一种负担。从用户角度出发，网页加载的慢，导致用户体验感下降。

而静态网页就简单了，静态网页是实际存在的，无须经过服务器的编译，直接加载到客户浏览器上显示出来。由此可见，动态网页在访问速度上并不占优势。

2．在搜索引擎收录方面并不占优势

动态网页是在用户输入指令后才形成的页面，并不存在这个页面，而搜索引擎只会抓取现成，并不会自己输入，因此网站在搜索引擎收录方面并不占优势。但搜索引擎在不断完善发展，目前为止绝大多数的搜索引擎都已支持动态页面的抓取。

1.2 Web 应用程序

在应用程序开发领域中，主要分成两大编程体系结构：一种是基于浏览器/服务器的 B/S（browser/server）结构；另一种是基于客户端/服务器的（client/server）结构。应用程序开发体系结构如图 1-5 所示。

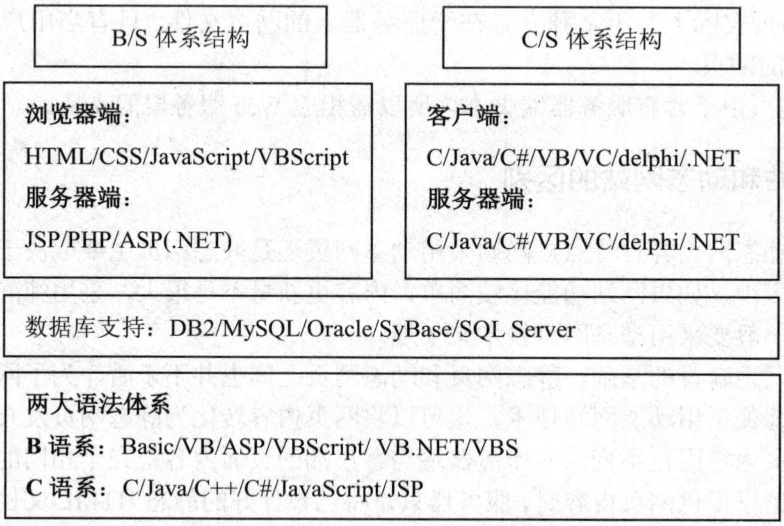

图 1-5　应用程序开发体系结构

将应用程序的处理过程分为两个部分：客户端部分（client-side）和服务器部分（server-side）。根据客户端所分担工作任务的复杂度，从而产生了“胖客户端”和“瘦客户端”两种概念。

（1）胖客户端。客户端部分既要处理 UI 界面的解析显示，又要对大部分的业务逻辑进行处理操作，要求客户端机器要有很强的处理能力，减轻服务器端压力，服务器端只进行客户端访问控制，数据表单接收等操作。

由于客户端做了大部分的工作，逻辑体积越发庞大，越来越“臃肿”，因此称之为胖客户端，如正常的 C/S 体系架构应用程序。

（2）瘦客户端。客户端专注于处理 UI 的数据展示，而不再将大量的逻辑处理放在客户端上，这样客户端只需要简单的单据数据校验逻辑和表单数据提交。而大量的业务逻辑将在服务器端接收到相关的请求后，通过表单数据进行相应的逻辑处理，然后将结果打包成 HTML 返回给客户端解析。这样，客户端的所包含的逻辑代码将会变得很少，相反服务器端的压力将会增大。如正常的 B/S 体系结构应用程序。

近年来，随着 AJAX 等 RIA（rich internet application）技术的应用和服务器的分层与分工，B/S 体系结构应用程序中服务器的压力逐渐降低。

1.2.1　C/S 体系结构

C/S 体系结构即服务器-客户机（client-server）结构。C/S 结构通常由服务器负责数据的管理，客户机负责完成与用户的交互任务。典型 C/S 体系的程序就是 QQ、电子教室等。

客户机通过网络与服务器相连，接受用户的请求，并通过网络向服务器提出请求，对数据库进行操作。服务器接受客户机的请求，将数据提交给客户机，客户机将数据进行计算并将结果呈现给用户。服务器还要提供完善安全保护及对数据完整性的处理等操作，并允许多个客户机同时访问服务器，这就对服务器的硬件处理数据能力提出了很高的要求。

在 C/S 结构中，应用程序分为两部分：服务器部分和客户机部分。服务器部分是多个用户共享的信息与功能，执行后台服务，如控制共享数据库的操作等。客户机部分为用户所专有，负责执行前台功能，在出错提示、在线帮助等方面都有强大的功能，并且可以在子程序间自由切换。

C/S 结构在技术上已经很成熟，主要特点是交互性强、具有安全的存取模式、响应速度快、利于处理大量数据。但是 C/S 结构缺少通用性，系统维护、升级需要重新设计和开发，增加了维护和管理的难度，进一步的数据拓展困难较多。

1. C/S 结构的优点

C/S 结构的优点是能充分发挥客户端 PC 的处理能力，很多工作可以在客户端处理后再提交给服务器。对应的优点就是客户端响应速度快。具体表现在以下两点。

（1）应用服务器运行数据负荷较轻。最简单的 C/S 体系结构的数据库应用由两部分组成，即客户应用程序和数据库服务器程序。二者可分别称为前台程序与后台程序。运行数据库服务器程序的机器，也称为应用服务器。一旦服务器程序被启动，就随时等待响应客户程序发来的请求。客户应用程序运行在用户自己的电脑上，对应于数据库服务器，可称为客户电脑。当需要对数据库中的数据进行任何操作时，客户程序就自动地寻找服务器程序，并向其发出请求。服务器程序根据预定规则作出应答，送回结果，应用服务器运行数据负荷较轻。

（2）数据的储存管理功能较为透明。在数据库应用中，数据的储存管理功能，是由服务器程序和客户应用程序分别独立进行的。并且通常把那些不同的（不管是已知还是未知的）前台应用所不能违反的规则，在服务器程序中集中实现。例如访问者的权限，编号虽然可以重复，但必须有客户才能建立订单这样的规则。所有这些，对于工作在前台程序上的最终用户，是“透明”的，无须过问（通常也无法干涉）背后的过程，就可以完成自己的一切工作。在客户服务器架构的应用中，前台程序不是非常“瘦小”，麻烦的事情都交给了服务器和网络。在 C/S 体系下，数据库不能真正成为公共、专业化的仓库，受到独立的专门管理。

2．C/S 结构的缺点

C/S 结构的缺点明显，主要表现在以下几个方面。

（1）随着互联网的飞速发展，移动办公和分布式办公越来越普及，因此需要系统具有扩展性。这种方式远程访问需要专门的技术，同时要对系统进行专门的设计来处理分布式的数据。

（2）客户端需要安装专用的客户端软件。首先涉及安装的工作量；其次任何一台电脑出问题，如病毒、硬件损坏，都需要进行安装或维护。特别是有很多分部或专卖店的情况，不是工作量的问题，而是路程的问题。还有，系统软件升级时，每一台客户机需要重新安装，其维护和升级成本非常高。

（3）传统的 C/S 体系结构虽然采用的是开放模式，但这只是系统开发一级的开放性。在特定的应用中无论是 Client 端还是 Server 端都需要特定的软件支持。由于没能提供用户真正期望的开放环境，C/S 结构的软件需要针对不同的操作系统开发不同版本的软件，加之产品的更新换代十分快，已经很难适应百台电脑以上局域网用户同时使用，而且代价高、效率低。

（4）C/S 架构的劣势还有高昂的维护成本且投资大。采用 C/S 架构，要选择适当的数据库平台来实现数据库数据的真正“统一”。使分布于两地的数据同步完全交由数据库系统去管理，但逻辑上两地的操作者要直接访问同一个数据库才能有效实现。如果需要建立“实时”的数据同步，就必须在两地间建立实时的通信连接，保持两地的数据库服务器在线运行。网络管理工作人员既要对服务器维护管理，又要对客户端维护和管理，这需要高昂的投资和复杂的技术支持，维护成本很高，维护任务量大。

在 JAVA 跨平台语言出现之后，B/S 架构更是猛烈冲击 C/S，并对其形成威胁和挑战。

1.2.2 B/S 体系结构

随着 Internet 和 3W 的流行，以往的主机/终端和 C/S 都无法满足当前的全球网络开放、互连、信息随处可见和信息共享的新要求，于是出现了 B/S 型模式，即浏览器/服务器（browser/server）结构。是 C/S 架构的一种改进，主要是利用不断成熟的 3W 浏览器技术。通用浏览器不仅实现了原来需要复杂专用软件才能实现的强大功能，而且节约了开发成本，是一种全新的软件系统构造技术。

B/S 体系结构程序的最大好处是用户可以方便快捷地访问应用程序，只需要有浏览器即可，不需要再安装其他软件。典型 B/S 体系的程序，如淘宝网站、京东商城等。

B/S 架构最大的优点是总体拥有成本低、维护方便、分布性强、开发简单。可以不用安装任何专门的软件就能实现在任何地方进行操作，客户端零维护，系统的扩展非常容易，只要有一台能上网的电脑就能使用。

1．维护和升级方式简单

软件系统的改进和升级越来越频繁，B/S 架构的产品明显体现着更为方便的特性。对企业来说，系统管理人员如果需要在几百甚至上千部电脑之间来回奔跑，效率和工作量是可想而知的。但 B/S 架构的软件只需要管理服务器就可以，所有的客户端只是浏览器，根本不需要做任何的维护。无论用户的规模有多大，有多少分支机构都不会增加任何维护升级的工作量，所有的操作只需要针对服务器进行。如果是异地，只需要把服务器连接专网即可，实现远程维护、升级和共享。所以客户机越来越“瘦”，而服务器越来越“胖”是将来信息化发展的主流方向。今后，软件升级和维护会越来越容易，使用起来会越来越简单，这对用户人力、物力、时间、费用的节省是显而易见的。因此，维护和升级革命的方式是“瘦”客户机、“胖”服务器。

2．成本降低，选择更多

Windows 虽然成为浏览器的标准配置，但在服务器操作系统上 Windows 并不是处于绝对的主导地位。现在的趋势是使用 B/S 架构的应用管理软件，只需安装在 Linux 服务器上即可，而且安全性高。因为 Linux 操作系统已快速发展起来并且数据库也是免费的。所以服务器操作系统的选择是很多的，无论选用哪种操作系统都可以让大部分用户使用 Windows 作为桌面操作系统电脑不受影响。比如很多用户每天上“新浪”网，只要安装浏览器就可以了，并不需要了解“新浪”的服务器是用什么操作系统。而事实上大部分网站确实没有使用 Windows 操作系统，但用户的电脑本身安装的是 Windows 操作系统。

虽说 B/S 架构有很多优越性，但也有不可避免的缺陷。最大的缺点是通信开销大、系统和数据的安全性较难保障。

由于 B/S 架构管理软件只安装在服务器端（Server）上，网络管理人员只需要管理服务器就可以。用户界面主要事务逻辑在服务器（Server）端完全通过 3W 浏览器实现，极少部分事务逻辑在前端（Browser）实现，所有的客户端只有浏览器，网络管理人员只需要做硬件维护。但是，应用服务器运行数据负荷较重，容易发生服务器“崩溃”等问题。因此，许多企业都备有数据库存储服务器。

C/S 与 B/S 这两种架构体系都在各自岗位各司其职，都是非常重要的网络架构。在响应速度、用户界面、数据安全等方面，C/S 强于 B/S。但是在业务扩展和适用 3W 条件下，B/S 明显胜过 C/S。B/S 的强项就是 C/S 的弱项，各有优缺点。C/S 与 B/S 的对比，如表 1-1 所示。

表 1-1　C/S 与 B/S 的对比

	C/S	B/S
硬件环境	专用网络	广域网
安全要求	面向相对固定的用户群信息安全的控制能力强	面向不可知的用户群对安全的控制能力相对较弱
程序架构	更加注重流程系统运行速度可较少考虑	对安全以及访问速度都要多重的考虑，是发展趋势
软件重用	差	好
系统维护	升级难	开销小，方便升级
处理问题	集中	分散
用户接口	与操作系统关系密切	跨平台，与浏览器相关
信息流	交互性低	交互密集

C/S 结构与 B/S 结构两种模式各自拥有特色优势，在不同的系统环境与操作平台下，选择较为接近或交叉进行混合模式的使用。可以保证数据的敏感性、安全性和稳定发展，还可以加强对数据库的修改与新增记录的操作。对客户端程序进行保护，提高资源数据的交互性能，实现系统维护成本较低、维护方式较简便、布局更合理、网络数据使用效率较高为目的，采用 C/S 与 B/S 混合模式才是最佳方案。

1.2.3 Web 应用程序和传统应用程序的区别

Web 应用程序首先是“应用程序”，和使用 C、C++等程序设计语言编写出来的程序是没有本质的区别。然而 Web 应用程序又有其自身独特的地方，主要表现在以下几方面。

（1）Web 应用程序是基于 Web 浏览器下开发的，依赖于通用的 Web 浏览器来表现它的执行结果。

（2）Web 应用程序需要一台 Web 服务器，在服务器上对数据进行处理，并将处理结果生成网页，以方便客户端直接用浏览器浏览。

（3）用户在使用 Web 应用程序时不需要安装任何软件，只需要有浏览器，而传统应用程序则需要用户安装特定的客户端软件。

1.3 Web 服务器

Web 服务器也称为 3W（world wide Web）服务器。主要功能是提供网上信息浏览服务。3W 是 Internet 的多媒体信息查询工具，是 Internet 近年才发展起来的服务，也是发展最快和目前使用最广泛的服务。正是因为有了 3W 工具，才使得近年来 Internet 迅速发展，且用户数量飞速增长。

Internet 上的服务器也称为 Web 服务器，是运行发布 Web 应用的大容器，只有将开发的 Web 项目放置到该容器中，才可以使网络中的所有用户通过浏览器进行访问。Web 服务器是一台在 Internet 上具有独立 IP 地址的计算机，可以向 Internet 上的客户机提供 3W、Email 和 FTP 等各种 Internet 服务。Web 服务器脚本是可以向发出请求的浏览器提供文档的程序。它是一种被动程序，只有当 Internet 上运行其他计算机中的浏览器发出的请求时，服务器才会响应。当 Web 浏览器（客户端）连到服务器上并请求文件时，服务器将处理该请求并将文件反馈到该浏览器上，附带的信息会告诉浏览器如何查看该文件（即文件类型）。服务器使用 HTTP（超文本传输协议）与客户机浏览器进行信息交流，通常称为 HTTP 服务器的原因。Web 服务器不仅能够存储信息，还能在用户通过 Web 浏览器提供的信息的基础上运行脚本和程序。

1.3.1 Web 服务器工作原理与功能

Web 服务器的工作原理并不复杂，可分为以下几个步骤。

（1）连接过程。Web 服务器和浏览器之间所建立起来的一种连接。查看连接过程是否实现，用户可以找到和打开某个 socket 虚拟文件，这个文件的建立意味着这一步连接过程已经成功建立。

（2）请求过程。Web 的浏览器运用 socket 虚拟文件向服务器提出各种请求。

（3）应答过程。运用 HTTP 协议把在请求过程中所提出来的请求传输到 Web 的服务器，进而实施任务处理。然后运用 HTTP 协议把任务处理的结果传输到 Web 的浏览器，同时在 Web 的浏览器上面展示上述请求之界面。

（4）关闭连接。Web 服务器和浏览器之间断开连接。

Web 服务器上述 4 个步骤环环相扣、紧密相联，逻辑性比较强。可以支持多个进程、多个线程以及多个进程与多个线程相混合的技术，Web 应用程序访问运行原理，如图 1-6 所示。

从图 1-6 中可以看出，Web 服务器具有以下几个功能。

（1）获取并解析请求报文，调用框架程序处理请求。

（2）请求数据库服务器获得数据内容。

（3）将请求的内容编译后转换为 HTML 页面。

（4）组织响应报文，将 HTML 页面返回给客户端。

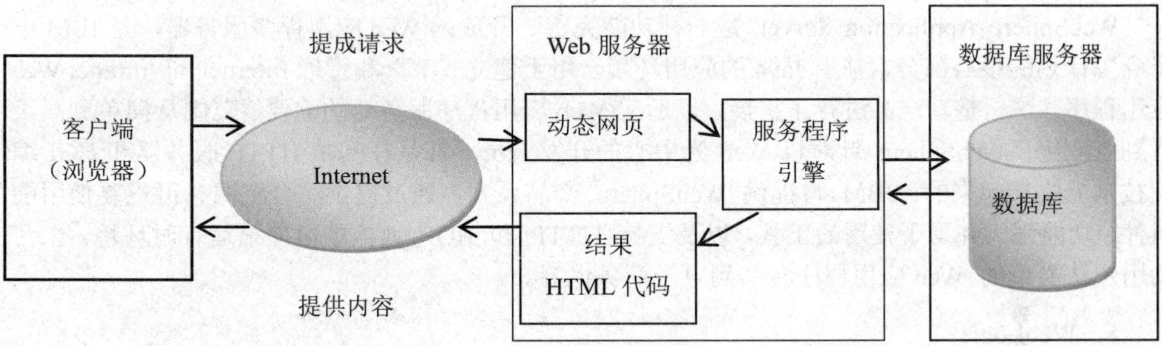

图 1-6　Web 应用程序访问运行原理

1.3.2　常用 Web 服务器概述

Web 服务器有很多，常用的有 IIS、Apache、Tomcat、WebLogic、Jboss 和 WebSphere 等。

1．IIS

Microsoft 的 Web 服务器产品为(internet information services ,IIS)，IIS 是允许在公共 Intranet 或 Internet 上发布信息的 Web 服务器。IIS 是目前最流行的 Web 服务器产品，很多著名的网站都是建立在IIS 的平台上。IIS 提供了图形界面的管理工具，称为 Internet 服务管理器，可用于监视配置和控制 Internet 服务。IIS 是一种 Web 服务组件，其中包括 Web 服务器、FTP 服务器、NNTP 服务器和 SMTP 服务器，分别用于网页浏览、文件传输、新闻服务和邮件发送等方面，使得在网络(包括互联网和局域网)上发布信息成了一件很容易的事。提供 ISAPI(intranet server API）作为扩展 Web 服务器功能的编程接口；同时，还提供 Internet 数据库连接器，可以实现对数据库的查询和更新。

2．Apache

Apache 是目前使用最多的 Web 服务器，市场占有率达 60%左右。源于 NCSAhttpd 服务器，当 NCSAWWW 服务器项目停止后，使用 NCSA WWW 服务器的用户开始交换用于此服务器的补丁，这也是 apache 名称的由来（pache 补丁）。目前著名的网站都是 Apache 的产物，成功之处主要在于源代码开放、开发队伍、支持跨平台的应用以及可移植性等方面。

3．Tomcat

Tomcat 是一个开放源代码、运行 servlet 和 JSP Web 应用软件的基于 Java 的 Web 应用软件容器。Tomcat Server 是根据 servlet 和 JSP 规范进行执行的，Tomcat Server 也实行了 Apache-Jakarta 规范且比绝大多数商业应用软件服务器要好。Tomcat 是 Java Servlet 2.2 和 Java Server Pages 1.1 技术的标准实现，基于 Apache 许可证下开发的自由软件。Tomcat 是完全重写的 Servlet API 2.2 和 JSP 1.1 兼容的 Servlet 容器。Tomcat 使用了 JServ 的一些代码，特别是 Apache 服务适配器。随着 Catalina Servlet 引擎的出现，Tomcat 第四版本的性能得到提升，使得它成为一个值得考虑的 Servlet/JSP 容器，Web 服务器都是采用 Tomcat。

4．WebSphere

WebSphere Application Server 是一种功能完善、开放的 Web 应用程序服务器，是 IBM 电子商务计划的核心部分，基于 Java 的应用环境，用于建立、部署和管理 Internet 和 Intranet Web 应用程序。这一整套产品进行了扩展，以适应 Web 应用程序服务器的需要，范围从简单到高级直到企业级。WebSphere 针对以 Web 为中心的开发人员，都是在基本 HTTP 服务器和 CGI 编程技术上成长起来的。IBM 将提供 WebSphere 产品系列，通过提供综合资源、可重复使用的组件、功能强大并易于使用的工具，以及支持 HTTP 和 IIOP 通信的可伸缩运行时环境，来帮助用户从简单的 Web 应用程序转移到电子商务世界。

5．WebLogic

BEA WebLogic Server 是一种多功能、基于标准的 Web 应用服务器，为企业构建应用提供了坚实的基础。各种应用开发、部署所有关键性的任务，无论是集成各种系统和数据库，还是提交服务、跨 Internet 协作，起始点都是 BEA WebLogic Server。由于其具有全面的功能、对开放标准的遵从性、多层架构、支持组件的开发，所以基于 Internet 的企业选择开发、部署最佳的应用。BEA WebLogic Server 在使应用服务器成为企业应用架构的基础方面继续处于领先地位。BEA WebLogic Server 为构建集成化的企业级应用提供了稳固的基础，以 Internet 的容量和速度，在连网的企业之间共享信息、提交服务，实现协作自动化。

6．JBoss

JBoss 是基于 J2EE 的开放源代码的应用服务器。JBoss 代码遵循 LGPL 许可，可以在任何商业应用中免费使用。JBoss 是一个管理 EJB 的容器和服务器，支持 EJB 1.1、EJB 2.0 和 EJB3 的规范，但 JBoss 核心服务不支持 servlet/JSP 的 Web 容器，一般与 Tomcat 或 Jetty 绑定使用。

1.4 JSP 技术

Web 应用程序需要使用服务器端脚本语言进行开发。服务器脚本语言就是指在服务器上运行的脚本语言，比如 JSP、PHP、ASP 等，也就是通常意义上的后台程序语言。

1.4.1　JSP 技术简介

JSP（java server pages）是由 Sun 公司主导创建的一种动态网页技术标准。JSP 建立在 Servlet 之上，部署于网络服务器上，可以响应客户端发送的请求，并根据请求内容动态地生成 HTML、XML 或其他格式文档的 Web 网页，然后返回给请求者。JSP 技术以 Java 语言作为脚本语言，为用户的 HTTP 请求提供服务，并能与服务器上的其他 Java 程序共同处理复杂的业务需求。

JSP 是运行在服务器端的脚本语言之一，是用来开发动态网页的一种技术。JSP 是在 Servlet 的基础上开发的技术并继承了 Java Servlet 的优秀功能。Java Servlet 是作为 Java 的一种解决方案，在制作网页的过程中，继承了 Java 的所有特性。JSP 同样继承了 Java 技术的简单、便利、面向对象、跨平台和安全可靠等优点，比其他服务器脚本语言，JSP 更加简单、迅速和便利。在 JSP 中利用 JavaBean 和 JSP 元素，可以有效地将静态的 HTML 代码和动态数据区分开来，给程序的修改和扩展带来了很大方便。

JSP 将 Java 代码和特定变动内容嵌入静态的页面中，实现以静态页面为模板，动态生成其中的部分内容。JSP 引入了被称为“JSP 动作”的 XML 标签，用来调用内建功能。另外，可以创建 JSP 标签库，然后像使用标准 HTML 或 XML 标签一样使用。标签库能增强功能和服务器性能，而且不受跨平台问题的限制。JSP 文件在运行时会被其编译器转换成更原始的 Servlet 代码。JSP 编译器可以把 JSP 文件编译成用 Java 代码写的 Servlet，然后再由 Java 编译器来编译成能快速执行的二进制机器码，还可以直接编译成二进制码。

在开发 Web 应用程序时，通常需要应用客户端和服务器两方面的技术。其中客户端应用的技术主要用于展现信息内容；而服务器应用的技术，则主要用于进行业务逻辑的处理和数据库的交互。想要开发动态网站，就需要用到服务器端技术。而 JSP 技术就是服务器端应用的技术，JSP 页面中的 HTML 代码用来显示静态内容部分，嵌入页面中的 Java 代码与 JSP 标记用来生成动态的内容部分。JSP 允许程序员编写自己的标签库来完成应用程序的特定要求。JSP 可以被预编译，提高了程序的运行速度。另外，JSP 开发的应用程序经过一次编译后，便可以随时随地运行。所以在绝大部分系统平台中，代码无须修改便可支持 JSP 在任何服务器中运行。

当客户端浏览器向服务器发出请求要访问一个 JSP 页面时，服务器根据该请求加载相应的 JSP 页面，并对该页面进行编译，然后执行。

通常，JSP 的处理过程如下。

（1）客户端通过浏览器向服务器发出请求，在该请求中包含了请求资源的路径，当服务器接收到该请求后就可以知道被请求的资源。

（2）服务器根据接收到的客户端请求来加载被请求的 JSP 文件。

（3）Web 服务器中的 JSP 引擎会将被加载的 JSP 文件转化为 Servlet。

（4）JSP 引擎将生成的 Servlet 代码编译成 class 文件。

（5）服务器执行这个 class 文件。

（6）服务器将执行结果发送给浏览器进行显示。

1.4.2　JSP 技术特点

程序员或非程序员可以高效率地创建 Web 应用程序，并使得开发的 Web 应用程序具有安全性高、跨平台等优点，主要有以下几点。

（1）一次编写，到处运行。在这一点上 JSP 比 PHP 更出色，除了系统之外，代码不用做任何更改。

（2）系统的多平台支持。基本上可以在所有平台上的任意环境中开发，在任意环境中进行系统部署，在任意环境中扩展。相比 ASP 的局限性 JSP 的优势是显而易见的。

（3）强大的可伸缩性。从只有一个小的 Jar 文件就可以运行 Servlet/JSP，到由多台服务器进行集群和负载均衡，Java 显示了巨大的生命力。

（4）多样化和功能强大的开发工具支持。Java 已经有了许多非常优秀的开发工具，而且可以免费得到，并且其中许多已经可以顺利地运行于多种平台之下。

（5）支持服务器端组件。Web 应用需要强大的服务器端组件来支持，开发人员需要利用其他工具设计实现复杂功能的组件供 Web 页面调用，以增强系统性能。JSP 可以使用成熟的 JavaBean 组件来实现复杂的商务功能。

JSP 技术缺点有以下几点。

（1）与 ASP 也一样，Java 的一些优势正是致命的问题所在。正是由于为了跨平台的功能，为了极度的伸缩能力，所以极大地增加了产品的复杂性。

（2）Java 的运行速度是用 class 常驻内存来完成的，所以在一些情况下所使用的内存比起用户数量来说确实是“最低性能价格比”了。

1.4.3　PHP 与 ASP.NET

目前主流的服务器端脚本语言除了 JSP 之外，还有 PHP 和 ASP.NET。

1．PHP

PHP（hypertext preprocessor）是一种 HTML 内嵌式的语言（类似于 IIS 上的 ASP）。而 PHP 独特的语法混合了 C、Java、Perl 以及 PHP 式的新语法。可以比 CGI 或者 Perl 更快速地执行动态网页。PHP 能够支持诸多数据库，如 MS SQL Server、MySQL、Sybase、Oracle 等。与 HTML 语言都具有非常好的兼容性，使用者可以直接在脚本代码中加入 HTML 标签，或者在 HTML 标签中加入脚本代码从而更好地实现页面控制。PHP 提供了标准的数据库接口，数据库连接方便，兼容性强、扩展性强，可以进行面向对象编程。

PHP 的优势有以下几个。

（1）能快速学习、跨平台、有良好数据库交互能力的开发语言。语法简单、书写容易、市面上有大量的书供参考，同时 Internet 上也有大量的代码可以共享，对于初学者来说是一个很好的入手点。

（2）与 Apache 及其他扩展库结合紧密，PHP 与 Apache 可以以静态编译的方式结合起来，这种方式的最大好处就是最大化地利用了 CPU 和内存，同时极为有效地利用了 Apache 的高性能的吞吐能力。同时外部的扩展也是静态联编，从而达到了最快的运行速度，因为与数据库的接口也使用了这样的方式，所以使用的是本地化的调用，这也让数据库发挥了最佳效能。

（3）良好的安全性，由于 PHP 本身的代码开放，所以代码在许多工程师手中进行了检测，同时它与 Apache 编译在一起的方式也可以让其具有灵活的安全设定，所以 PHP 具有了公认的安全性能。

PHP 的缺点有以下几个。

（1）数据库支持的极大变化，由于 PHP 所有的扩展接口都是独立团队开发完成的，同时在开发时为了形成相应数据的个性化操作，所以 PHP 虽然支持许多数据库，可是针对每种数据库的开发语言都完全不同。这样形成针对一种数据库的工发工作，在数据库进行升级后需要开发人员进行几乎全部的代码更改工作。

（2）安装复杂，由于 PHP 的每一种扩充模块并不是完全由 PHP 本身来完成，而是需要许多外部的应用库，如图形需要 GD 库、LDAP 需要 LDAP 库等，这样在安装完成相应的应用后，再联编进 PHP 中来。只有在这些环境下才能方便地编译对应的扩展库。这些都是一般开发人员在使用 PHP 前所先要面对的问题，正是这样的问题让许多开发人员转而使用其他的开发语言，毕竟 UNIX 没有那么多的用户。

（3）缺少企业级的支持。如果没有组件的支持，那么所有的扩充就只能依靠 PHP 开发组所给出的接口，事实上这样的接口还不够多。

（4）缺少正规的商业支持，这也是自由软件一向的缺点。

（5）无法实现商品化应用的开发，由于 PHP 没有任何编译性的开发工作，所有的开发都是基于脚本技术来完成的，所以无法实现商品化。

2．ASP.NET

ASP.NET 的前身 ASP（active server page）技术，是在 IIS 2.0 上首次推出（Windows NT 3.51）。当时与 ADO 1.0 一起推出，在 IIS 3.0（Windows NT 4.0）发扬光大，成为服务器端应用程序的热门开发工具。 ASP.NET 是 Microsof.NET 的一部分，作为战略产品，其不仅是 ASP 的下一个版本，还提供了统一的 Web 开发模型，其中包括开发人员生成企业级 Web 应用程序所需的各种服务。ASP.NET 的语法在很大程度上与 ASP 兼容，同时还提供一种新的编程模型和结构，可生成伸缩性和稳定性更好的应用程序，并提供更好地安全保护。ASP.NET 是一个已编译的、基于.NET 的环境，可以用任何与.NET 兼容的语言（除了 C#以外，Visual Studio 还支持 visual basic、Visual C++、描述语言 VBScript 和 Jscript）开发应用程序。另外，任何 ASP.NET 应用程序都可以使用整个.NET Framework。开发人员可以方便地获得这些技术的优点，其中包括托管的公共语言运行库环境、类型安全、继承等。微软为 ASP. NET 设计了策略，易于写出结构清晰的代码、代码易于重用和共享、可用编译类语言编写等，目的是让程序员更容易开发出 Web 应用，满足计算向 Web 转移的战略需要。

ASP.NET 的优势有以下几个。

（1）易于开发部署，代码易于重用和共享，可用编译类语言编写。

（2）技术成熟，配套技术文档完善，众多开源或免费的文档或项目可供参考。

（3）拥有众多新技术，方便构建企业级应用。

（4）能与 Windows 平台紧密结合，最大限度地利用系统功能。

（5）众多中间件（控件支持）。

ASP.NET 的缺点有以下几个。

（1）只能运行于 Windows 平台。

（2）效率低于本地化编译程序（C/C++）。

（3）开放性低于 Java，在超大规模应用中缺乏有力案例。

本章小结

本章首先介绍了静态网站和动态网站的区别；其次介绍了 Web 服务器工作原理与功能；最后介绍了 JSP 的特点。通过本章的学习，读者应对 JSP 有了全新的认识。

习题 1

1．简述静态网站和动态网站的特点。
2．简述 C/S 架构和 B/S 架构的异同。
3．简述 Web 服务器的工作原理及功能。
4．对比 JSP、PHP、ASP.NET 技术，简述各自的优缺点。

第 2 章 JSP 的开发和运行

本章主要介绍 JSP 开发技术的历史缘由、相关技术特点。通过学习能够了解网站的概念、技术特征、Web 应用程序编程体系的特点、Web 服务器的比较、当前流行的服务器端脚本语言 JSP、ASP.NET、PHP 的特点与对比。

通过本章的学习，读者对 Java Web 开发形成宏观的认知，有利于后续内容的学习。

学习目标

- 了解 JSP 的开发和应用平台。
- 掌握 MyEclipse 开发环境。
- 了解关系型数据库 MySQL。
- 掌握 MySQL 的安装和基本使用方法。
- 掌握最简单的 Web 应用程序开发。

任务陈述

编写并运行一个简单的 JSP 程序。

相关知识

2.1 JSP 开发环境搭建

迄今为止，Caucho 公司的 Resin 平台、Apache 公司的 Tomcat 平台、BEA 公司的 WebLogic 平台和 IBM WebSphere Application Server 平台都支持 JSP 开发，有各自的优点，也适用于不同的开发环境。本书所有程序都是使用开源的强大工具平台开发和运行的，本书选择的是 MyElipse 8.5 以及自带的 Tomcat 开发环境。

2.1.1 简介与下载 MyEclipse

目前 JSP 开发领域的各种集成开发环境（IDE）呈现出百花齐放的趋势，著名的有 IBM 公司的 Eclipse、Sun 公司的 NetBeans 和 Borland 公司的 JBuilder 等。而 IBM 的 Eclipse 以其开源和扩展性获得广大程序员的喜欢，使用 Eclipse 开发 Java 程序是现在的主流之一。只需要在 Eclipse 上安装 MyEclipse 插件，就可以编写和运行 JSP 程序。

MyEclipse 企业级工作平台（MyEclipse Enterprise Workbench，MyEclipse）是对 EclipseIDE

的扩展，可以在数据库和 JavaEE 的开发、发布，以及应用程序服务器的整合方面极大的提高工作效率。功能丰富的 JavaEE 集成开发环境，包括了完备的编码、调试、测试和发布功能，完整支持 HTML、Struts、JSP、CSS、Javascript、Spring、SQL 等。

MyEclipse 是 Eclipse 的插件，也是一款功能强大的 JavaEE 集成开发环境，支持代码编写、配置、测试以及除错。本节使用的是 MyEclipse 8.5 版本。

2.1.2 MyEclipse 的安装

（1）双击下载 MyEclipse-8.5.0-win32.exe 程序，进行参数传送后，弹出对话框，如图 2-1 所示。当安装 MyEclipse 的组件完成后，弹出准备安装对话框，如图 2-2 所示。

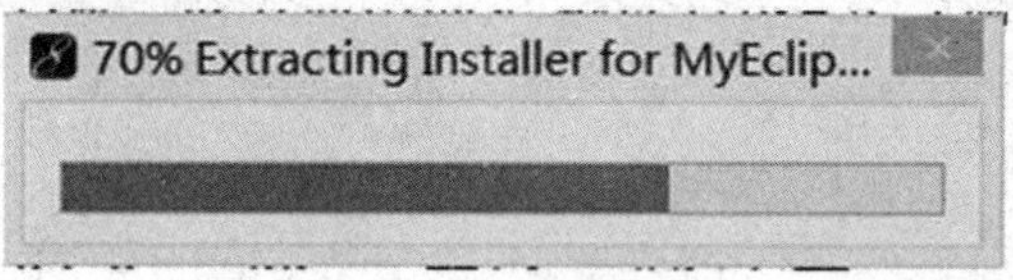

图 2-1 弹出对话框

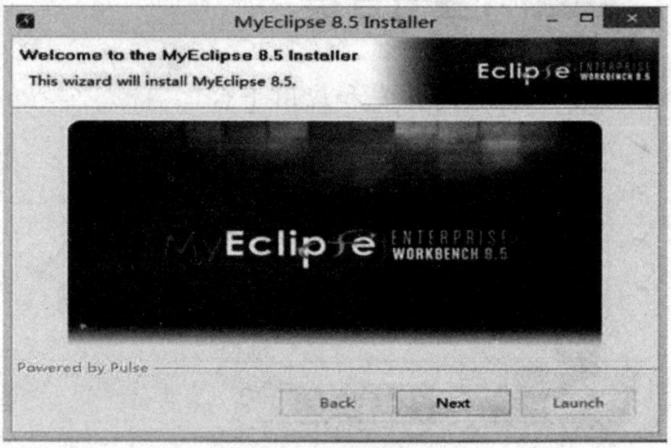

图 2-2 准备安装界面

（2）单击 Next 按钮后，在新弹出的对话框中选中接受协议按钮，如图 2-3 所示。

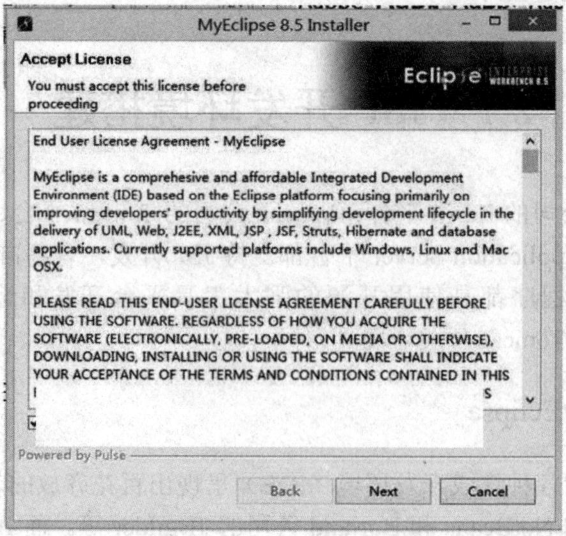

图 2-3 选择协议对话框

（3）继续点击 Next 按钮，弹出选择安装路径页面，如图 2-4 所示。选用默认安装路径。单击 Install 之后开始安装。弹出如图 2-5 所示的对话框。

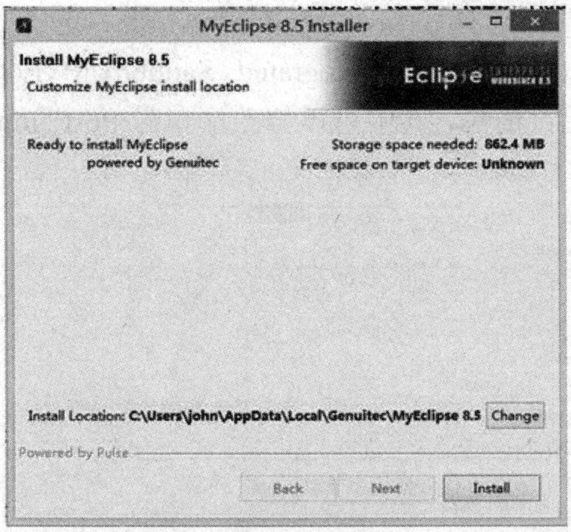

图 2-4　选择安装路径

图 2-5　安装进度对话框

（4）几分钟后弹出如图 2-6 所示的选择工作路径对话框，选择使用默认值。选择单击 OK 按钮，弹出如图 2-7 所示的 Myeclipse 的开发主界面。

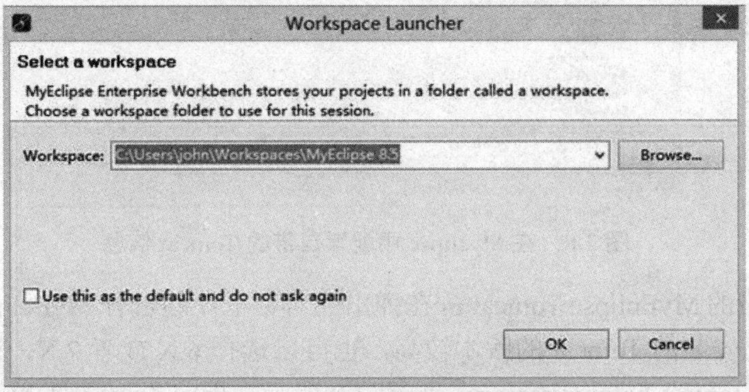

图 2-6　选择工作对话框路径

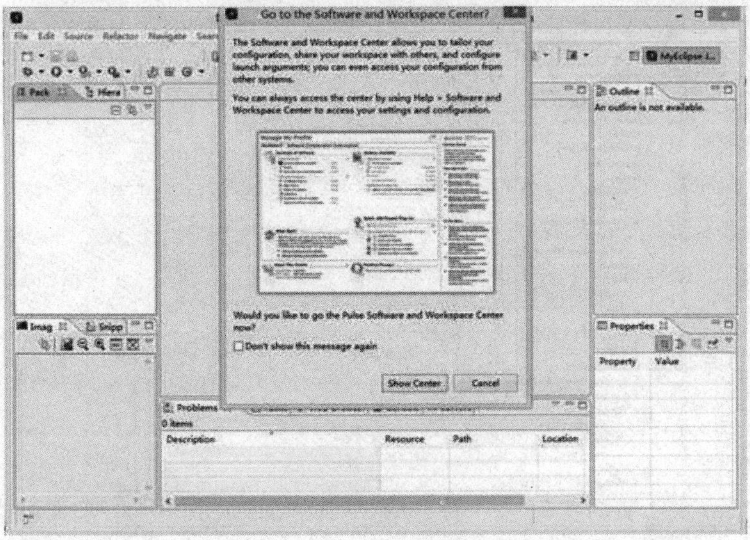

图 2-7　Myeclipse 的开发主界面

（5）在 MyEclipse 中配置 Tomcat。在菜单栏处选择窗口（Windows），然后选择选项（preferences），在弹出的对话框左边选择 MyEclipse|Servers|Integrated Sandbox|MyEclipse Tomcat 6，这里显示的是 MyEclipse 自带的 Tomcat 配置信息，其中可以修改端口号 Port Number 8080 信息，如图 2-8 所示。

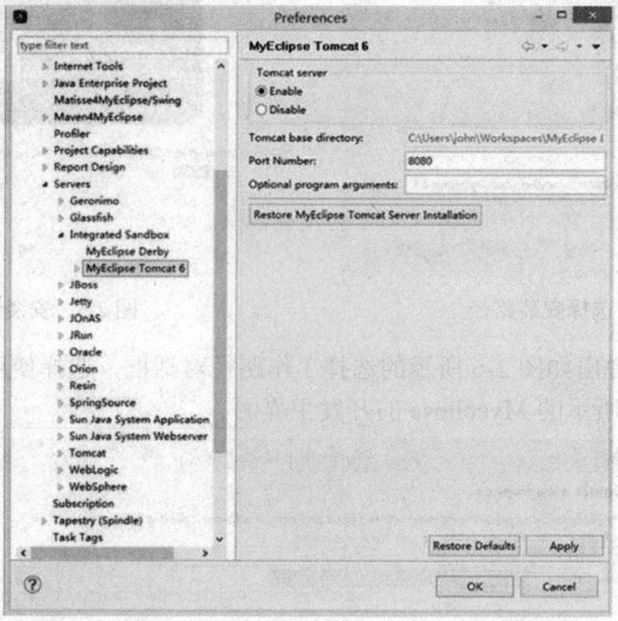

图 2-8　在 Myclipse 中配置自带的 Tomcat 信息

如果不使用自带的 MyEclipse Tomcat 6，在弹出的对话框左边选择 MyEclipse|Servers|Tomcat|Tomcat 5.X。如果已安装的 Tomcat 的版本较高，也可以选择 6.X 或者 7.X，在对话框的右边单击 Browse 按钮找到 tomcat home directory，如图 2-9 所示。指定 Tomcat 的路径之后单击 OK 按钮即可。

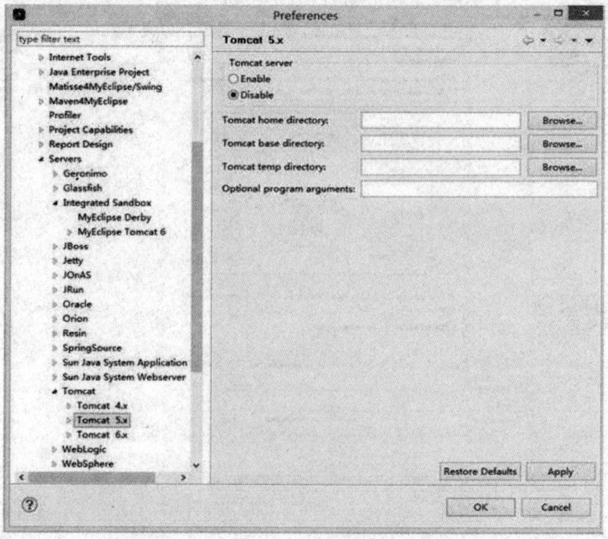

图 2-9　在 Myclipse 中配置 Tomcat5.X

2.2　MySQL 数据库操作基础

JSP 是一种执行于服务器端的动态网页开发技术，所要实现的动态功能主要是将存储在数据库中的数据动态显示给客户，大部分的JSP开发都要使用数据库。本书JSP开发技术以MySQL为数据库，本节将讲述 MySQL 数据库操作基础知识，主要包括 MySQL 的安装与常用的使用方法。

2.2.1　安装 MySQL

读者可以从官方网站 http://dev.MySQL.com/downloads/免费获取 MySQL。在安装过程中需要用户注册，注册 URL 为 http://www.MySQL.com/register.php。在获得了 MySQL 之后安装。本例安装版本为 MySQL-5.5.49-win32，整个安装过程如下。

（1）双击 MySQL 安装程序，进入欢迎界面，直接单击 Next 按钮，如图 2-10 所示。

（2）选中复选框，同意安装协议，然后点击 Next 按钮，如图 2-11 所示。

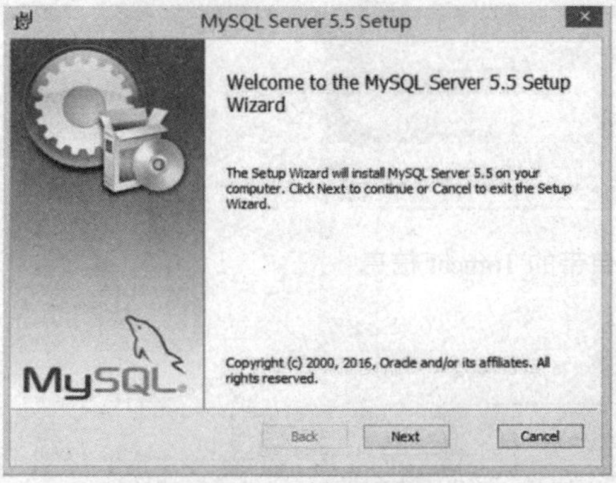

图 2-10　欢迎界面

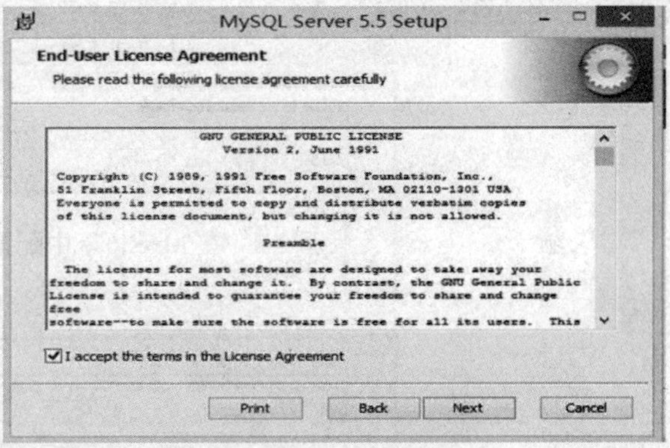

图 2-11　选择协议界面

（3）选择安装类型，可选类型有如图 2-12 所示，共有三种：默认（Typical）、用户自定义（Custom）和完全（Complete），这里选中 Custom 继续安装。

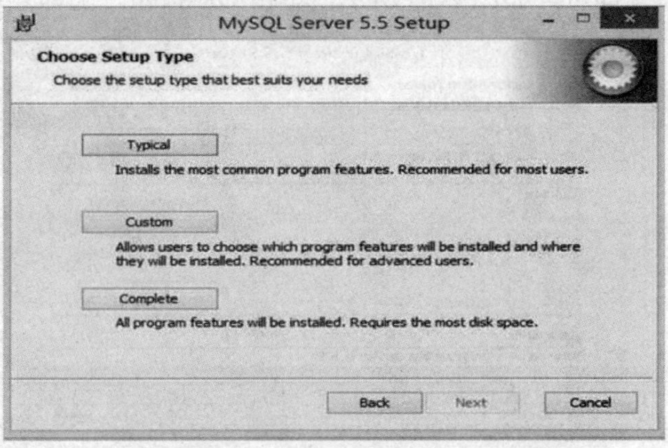

图 2-12　安装类型选择

（4）设置 MySQL 的组件包和安装路径，选择 MySQL Server 后，单击 Browser 按钮，如图 2-13 所示。

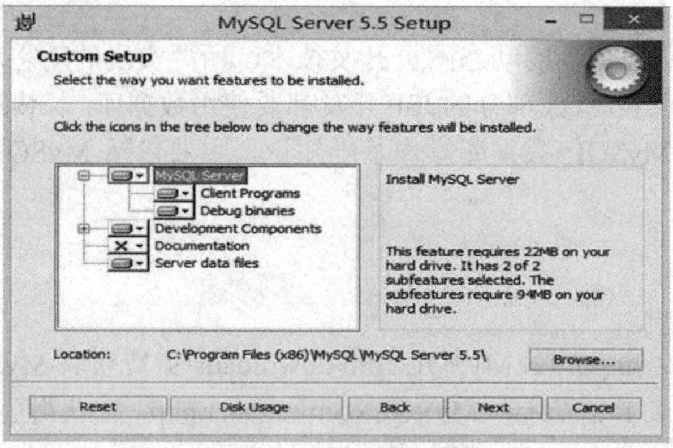

图 2-13　选择安装路径

（5）为了保证系统崩溃时数据库数据依然不受影响，建议最好安装在非系统盘，并复制其安装目录，如图 2-14 所示。

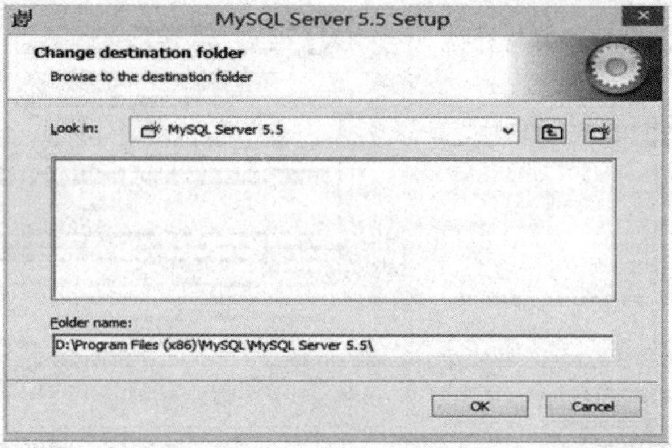

图 2-14　修改默认安装路径

（6）选择 Server data files 后，单击 Browser 按钮。与 MySQL Server 方法一致，直接粘贴 MySQL Server 安装目录即可，如图 2-15 所示，单击 OK 按钮，随即点击 Next 按钮。

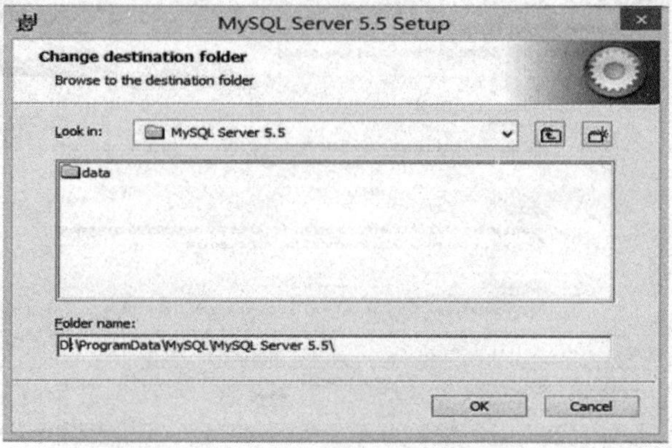

图 2-15　选择数据文件路径

（7）提示准备安装 MySQL，如图 2-16 所示。点击 Install 按钮，开始安装，依次出现两个界面均点击 Next 按钮，如图 2-17 和图 2-18 所示。

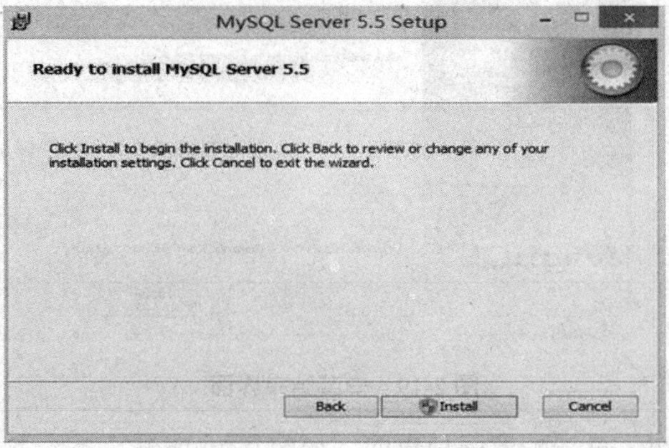

图 2-16　准备安装界面

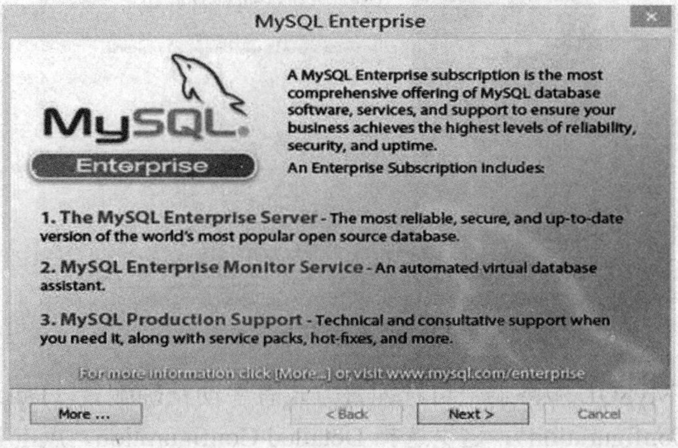

图 2-17　正在安装界面（1）

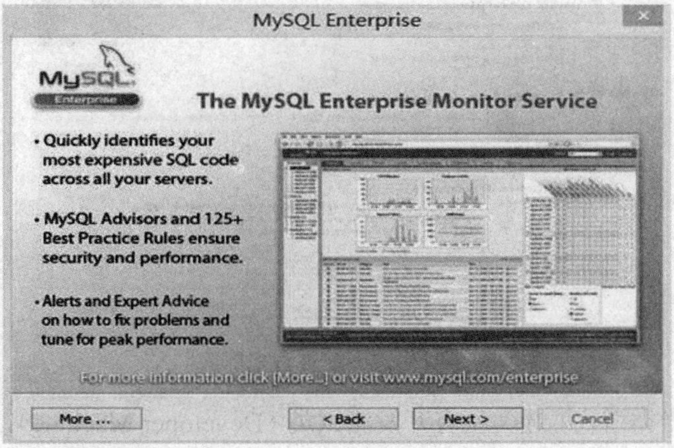

图 2-18　正在安装界面（2）

（8）点击 Finish 按钮，如图 2-19 所示。

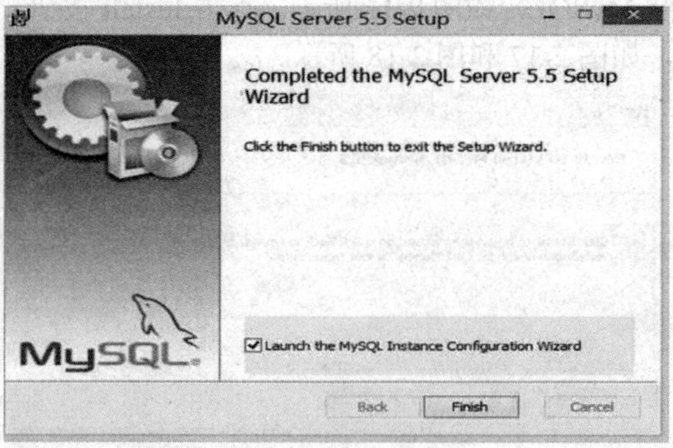

图 2-19　安装结束界面

（9）点击 Next 按钮，显示配置向导界面，如图 2-20 所示。

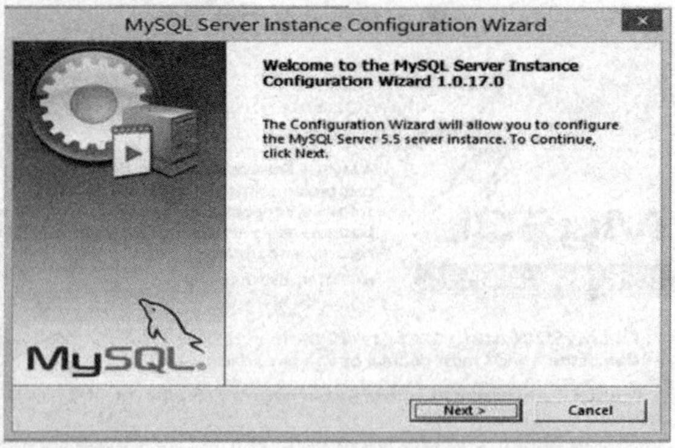

图 2-20　配置向导界面

（10）开始配置 MySQL 服务器，可选配置方式有手动精确配置（Detailed Configuration）、标准配置（Standard Configuration），这里选择 Detailed Configuration，点击 Next 按钮继续安装，如图 2-21 所示。

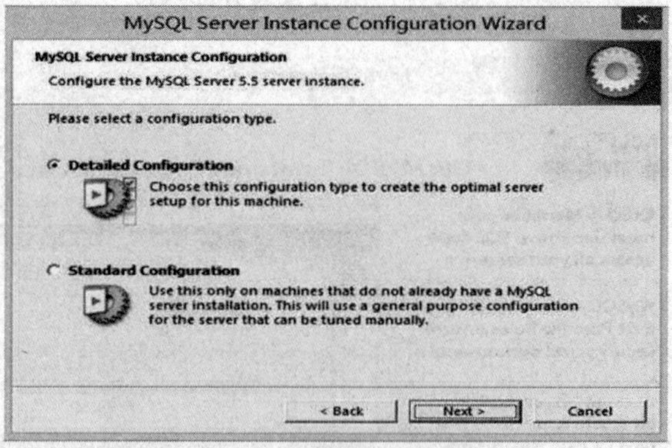

图 2-21　选择配置方式界面

（11）选择服务器类型，可选类型有开发测试类（Developer Machine）、服务器模式（Server Machine），专门的数据库服务器（Dedicated MySQL Server Machine），这里选择 Server machine，单击 Next 按钮，如图 2-22 所示。

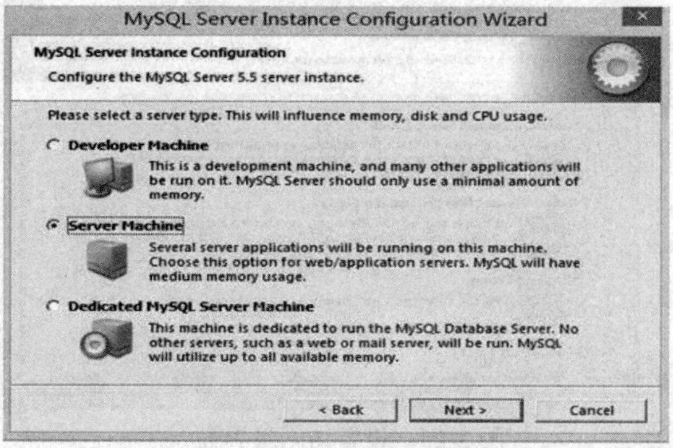

图 2-22　选择服务器类型界面

（12）安装类型配置，可选方式有：多功能数据库模式（Multifunctional Database）、服务器类型，专注于事务处理（Transactional Database Only）、非事务处理型（Non-Transactional Database Only），这里选择 Multifunctional Database（多功能数据库模式），单击 Next 按钮，如图 2-23 所示。

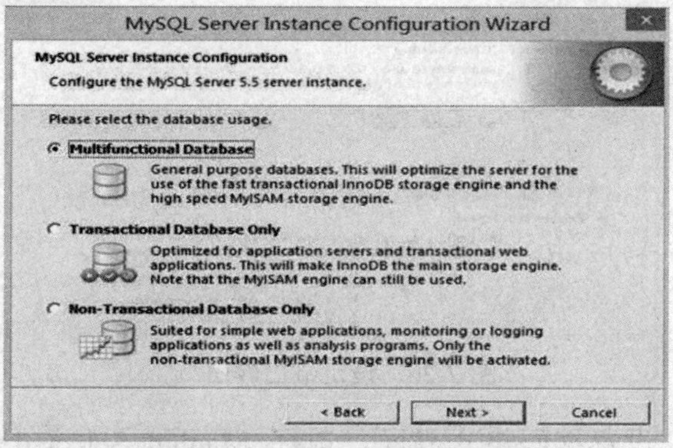

图 2-23　安装类型配置界面

（13）单击 Next 按钮，弹出 InnoDB Tablespace 配置界面，如图 2-24 所示。

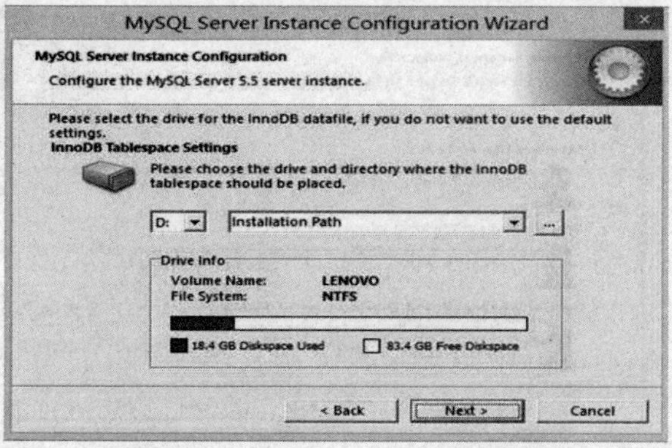

图 2-24　InnoDB Tablespace 配置界面

（14）选择手动设置连接数（Manual Setting），然后输入允许的最大连接数，Concurrent Connections 填入 2000，如图 2-25 所示。

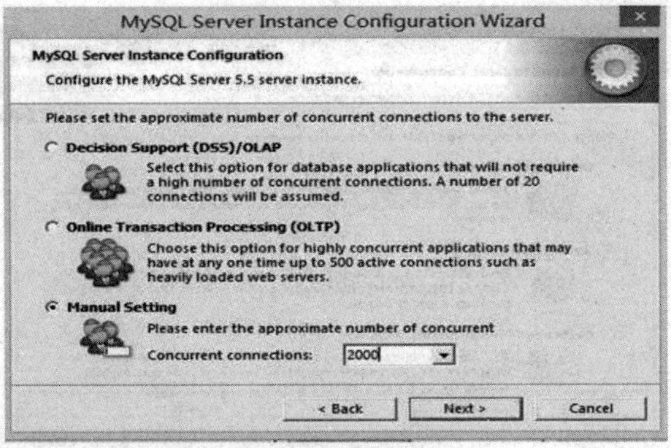

图 2-25　设置访问量界面

（15）进入 MySQL 端口设置，勾选选项 Enable TCP/IP Networking 和 Enable Strict Mode，Port Number 栏为 3306（MySQL 的默认端口号）保持不变，单击 Next 按钮，弹出设定端口界面，如图 2-26 所示。

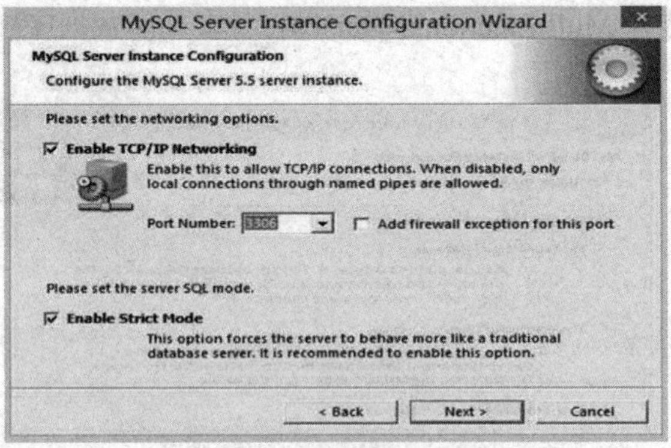

图 2-26　设定端口界面

（16）进入 MySQL 设置编码格式界面，选择 Manual Selected Default Character Set / Collaction（手动设置），Character Set 选择 utf8，单击 Next 按钮，弹出默认语言编码设置界面，如图 2-27 所示。

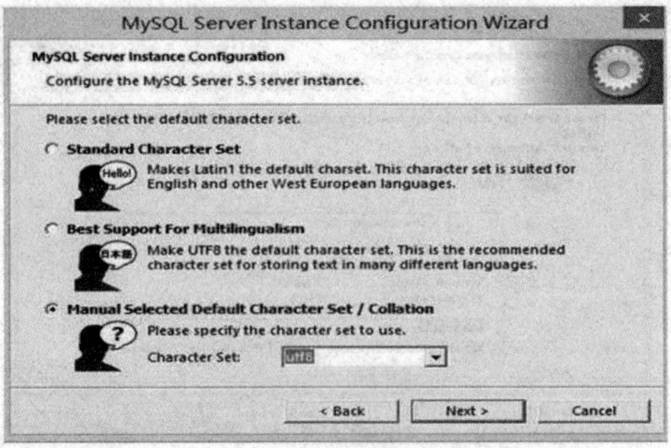

图 2-27　默认语言编码设置界面

（17）勾选 Include Bin Directory in Windows PATH （即允许 Windows 命令行直接管理数据库），单击 Next 按钮，设置 MySQL 为 Windows 服务，如图 2-28 所示。

图 2-28　设置 MySQL 为 Windows 服务

（18）权限设置，New root password 栏输入超级管理员 root 的管理密码，Confirm 为确认密码，单击 Next 按钮，设置超级管理员，如图 2-29 所示。

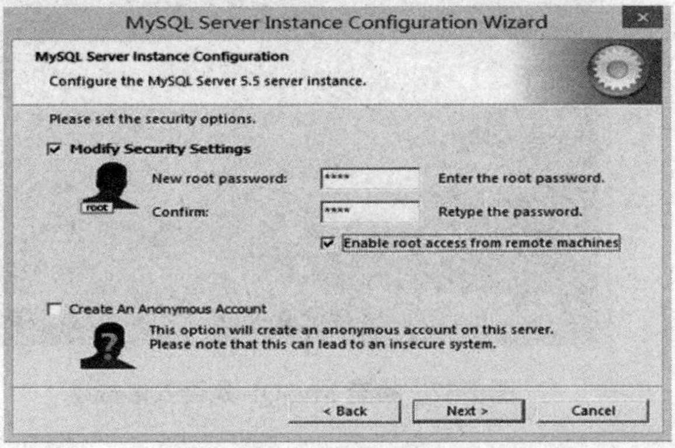

图 2-29　设置超级管理员

（19）点击 Execute（执行），然后等待 MySQL 开始执行配置，如图 2-30 所示。

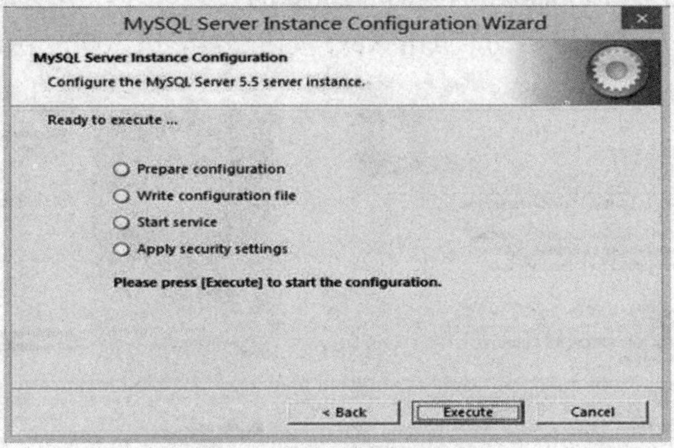

图 2-30　确认设置界面

（20）出现如图 2-31 所示设置完成界面，即下面 4 项全部出现蓝色对勾后则安装结束。

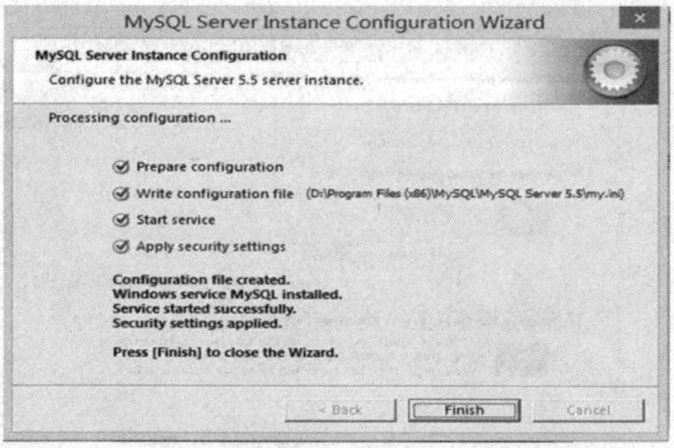

图 2-31　设置完成界面

（21）安装完毕之后，可通过如下操作来测试 MySQL 是否安装成功。在 Windows 命令行输入：MySQL -V，回车（注意：V 大写）。由图 2-32 可知，MySQL 版本为 5.5.49 for Win32（x86）。

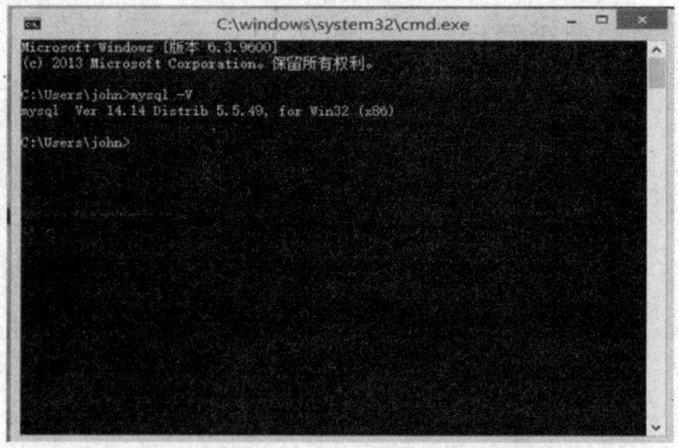

图 2-32　检查 MySQL 是否安装成功

2.2.2　安装 MySQL GUI Tools

（1）双击 MySQL-gui-tools-5.0-r17-win32.msi 的安装程序，出现如图 2-33 所示的界面。此时，MySQL-gui-tools 安装向导启动，点击 Next 按钮继续，进入接受协议界面，如图 2-34 所示。

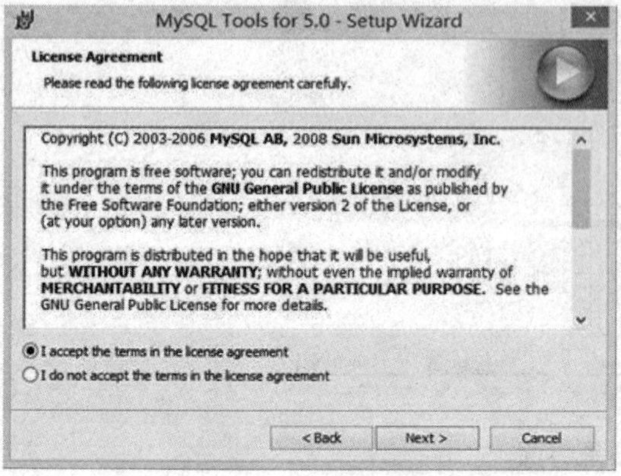

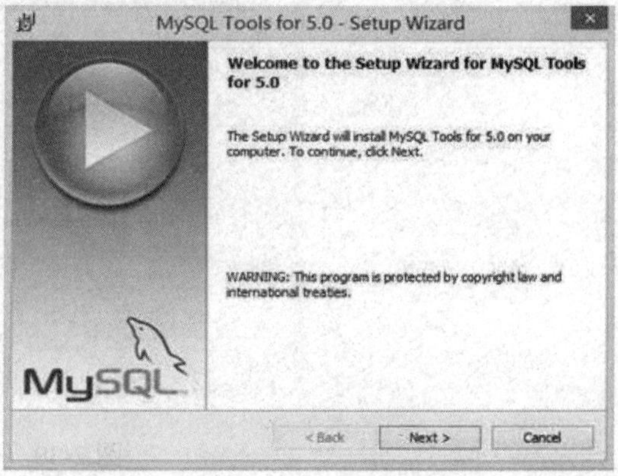

图 2-33　安装向导界面　　　　图 2-34　接受协议界面

（2）在接协议界面，选择“I accept...”，单击 Next 按钮继续，如图 2-35 所示，在该界面中可以修改默认的安装路径，然后单击“Next”按钮继续，进入选择安装方式界面，如图 2-36 所示。

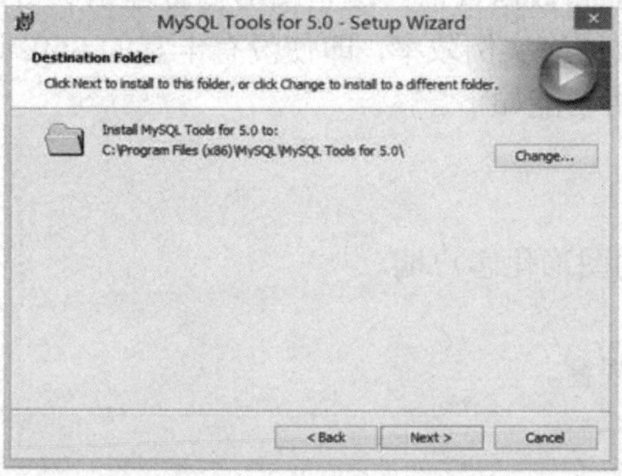

图 2-35 设置安装路径界面

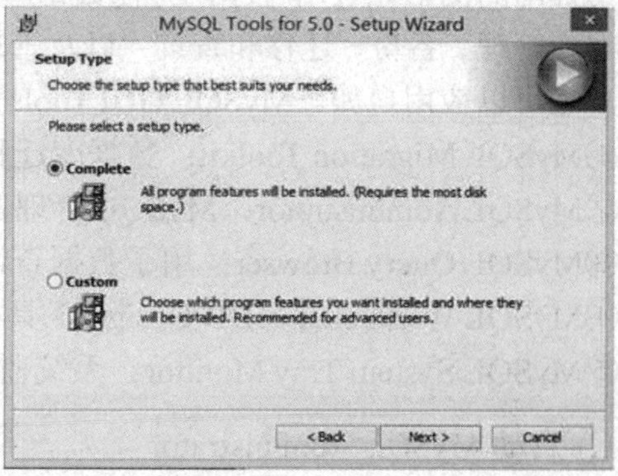

图 2-36 选择安装方式界面

（3）选择安装类型有完整（Complete）和用户定义（Custom）两个选项。这里选择 Complete 选项，点击 Next 按钮，进入 Complete 安装界面，如图 2-37 所示。继续点击 Next 按钮，进入正在安装界面，如图 2-38 所示。安装结束后，显示如图 2-39 所示。

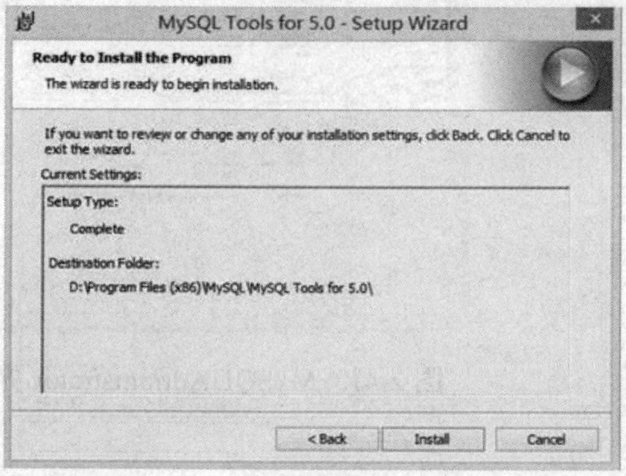

图 2-37 Complete 安装界面

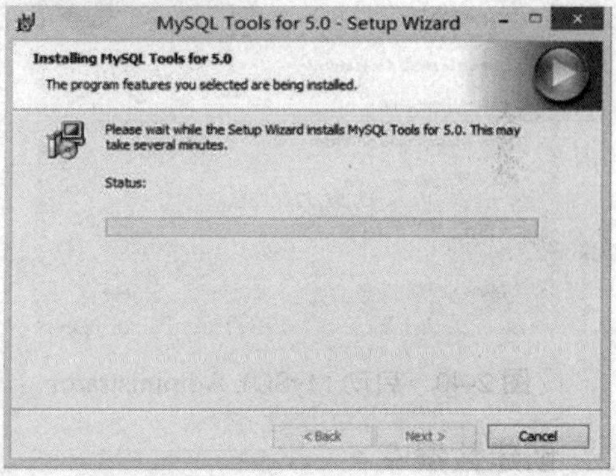

图 2-38 正在安装界面

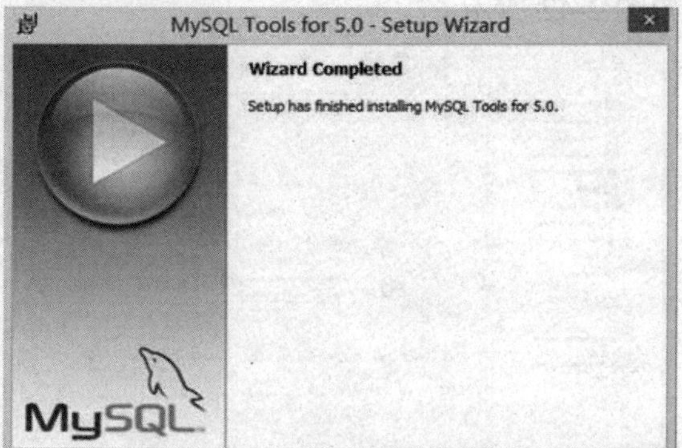

图 2-39 安装结束界面

2.2.3 MySQL GUI Tools 的基本使用方法

MySQL GUI Tools 是官方的工具，一个可视化界面的 MySQL 数据库管理控制台，提供了 4 个非常好用的图形化应用程序，方便数据库管理和数据查询。这些图形化管理工具可以大大提高数据库管理、备份、迁移和查询，以及管理数据库实例效率，即使没有丰富的 SQL 语言基础的用户也可以应用自如。MySQL GUI Tools 使用功能如下。

①MySQL Migration Toolkit：数据库迁移。

②MySQL Administrator：MySQL 管理器。

③MySQL Query Browser：用于数据查询的图形化客户端。

④MySQL Workbench：DB Design 工具。

⑤MySQL System Tray Monitor：系统监控视窗。

1．启动 MySQL Administrator

在开始菜单中选择 MySQL 下的“MySQL Administrator”，打开 MySQL 的登录界面，进入启动 MySQL Administrator 界面，如图 2-40 所示。输入账号和密码，点击 OK 按钮，进入 MySQL Administrator 界面，如图 2-41 所示。

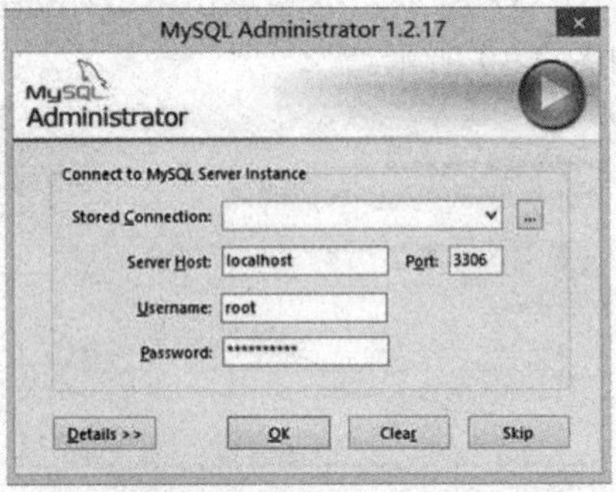

图 2-40 启动 MySQL Administrator

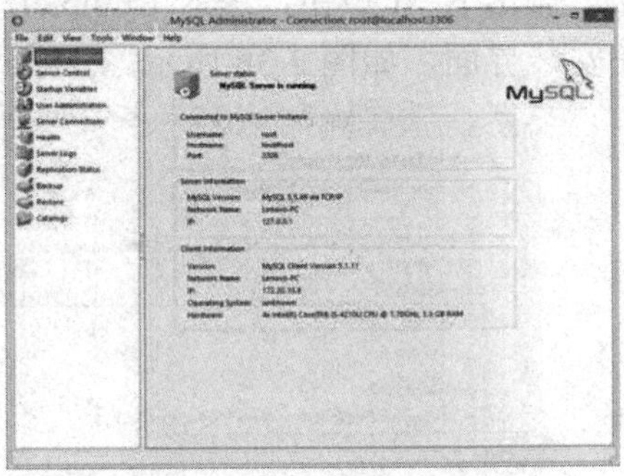

图 2-41 MySQL Administrator 界面

2．创建数据库

单击左边列表中的 Catalogs，然后在左下空白区域右击，选择 Create new Schema，弹出创建数据库名称的对话框，如图 2-42 所示。

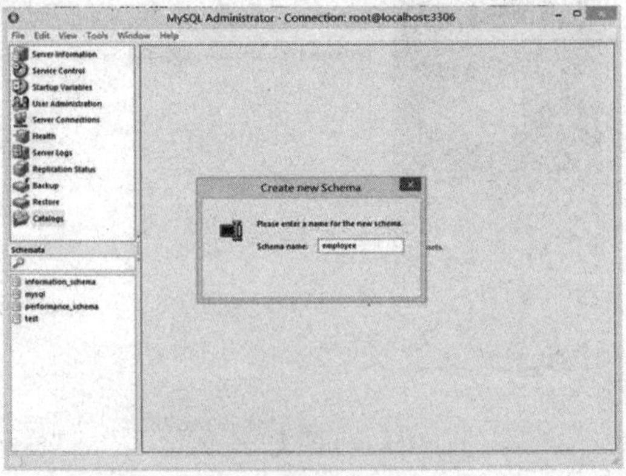

图 2-42 创建数据库名称

3．创建表

在 stu 数据库中创建表为例。在左下区域先选中将要创建表的数据库 stu，右击选择 Create New Table，进入 table 编辑界面，如图 2-43 所示。编辑完表字段之后单击 Apply Changes 按钮。弹出确认编辑窗口，如图 2-44 所示。单击 Execute 按钮执行，执行结果如图 2-45 所示。

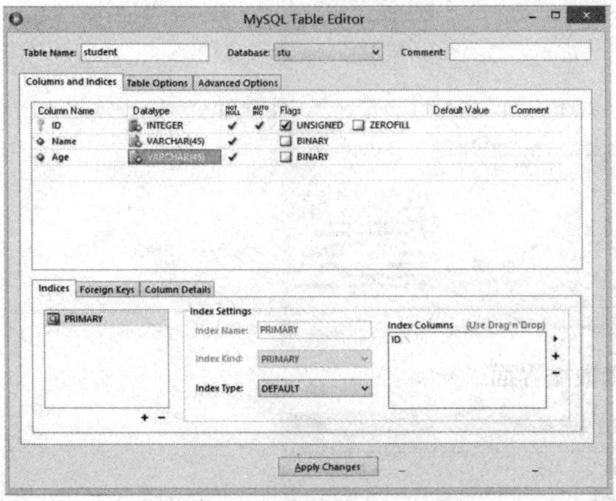

图 2-43　table 编辑界面

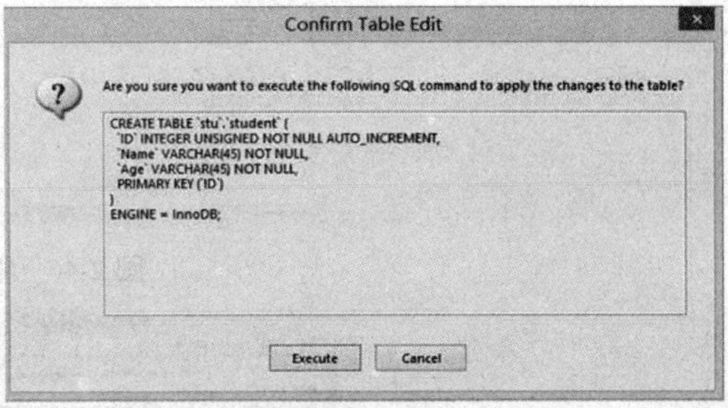

图 2-44　确认编辑窗口界面

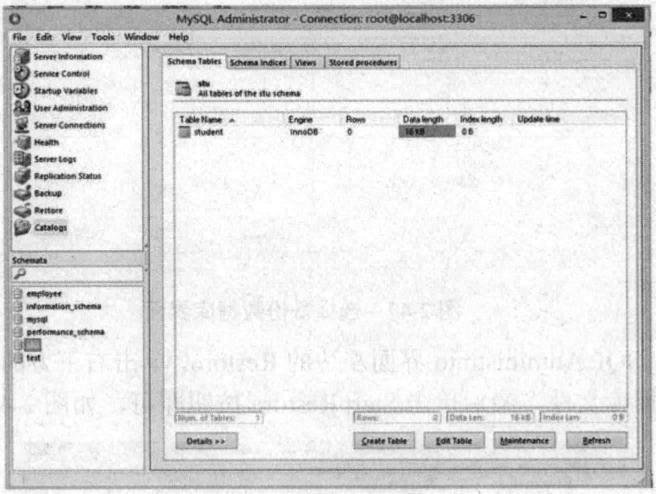

图 2-45　执行结果界面

4．编辑数据

选中要编辑数据的表右击，选择 Edit Table Data，弹出 MySQL Query Browser 窗口，单击底部的 Edit 按钮，就可以开始编辑数据，如图 2-46 所示。编辑数据结束后，单击该窗口底部的 Apply Changes 按钮提交。

5．备份和还原数据库

选择左边 MySQL Administrato 界面左边的 Backup，在右上 ProjectName 中创建备份的项目名称，在右下区域中选择需要备份的数据库，并点击向右添加按钮，将该项目移进 Backup

Content 区域中，如图 2-47 所示。最后单击 Execute Backup Now 按钮，将备份项目创建到目标路径下。

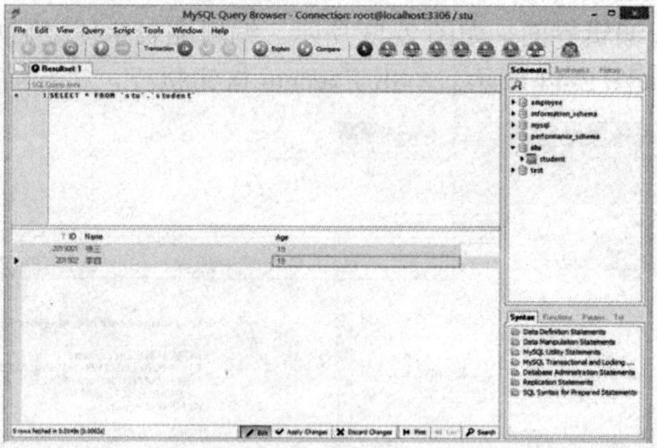

图 2-46　编辑数据界面

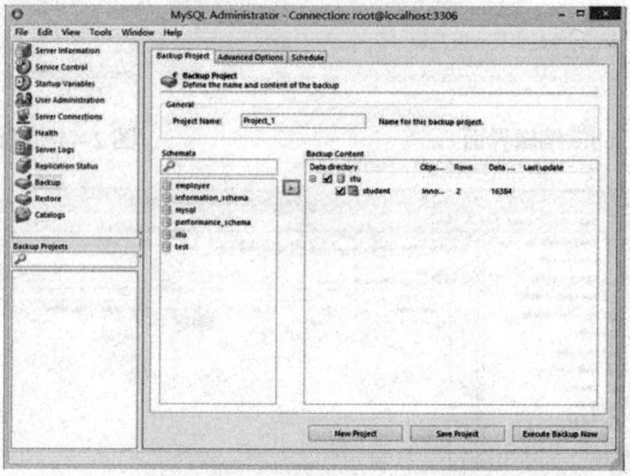

图 2-47　选择备份数据库界面

选择选择左边 MySQL Administrato 界面左边的 Restore，单击右下方的 Open Backup File 按钮，选择要还原的数据库文件，最后单击 Start Restore 按钮即可，如图 2-48 所示。

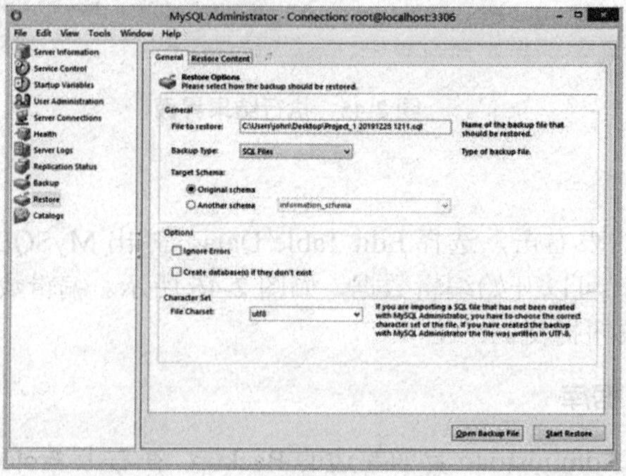

图 2-48　选择还原数据库界面

2.3 使用 MyEclipse 创建第一个 Web 应用程序

任务实施

（1）新建一个 Web 程序，步骤：File->New->Web Project，项目名称为 FirstWeb，然后选 5.0，点击 Finish 按钮。一个名为“First Web”的项目就建成了，如图 2-49 所示。

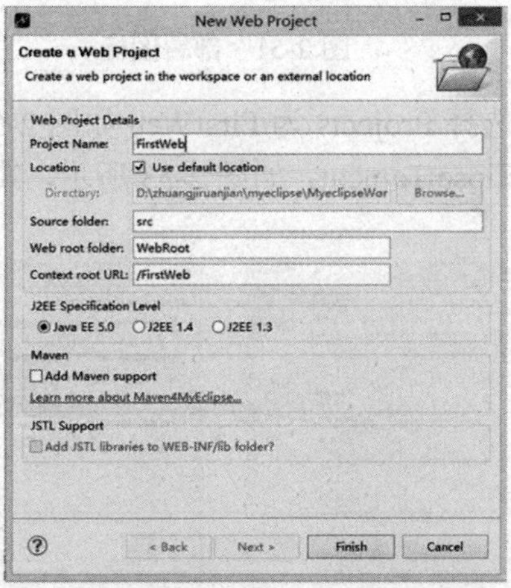

图 2-49 新建项目对话框

（2）执行上述操作后，在 Workspace 栏会生成一些默认的目录。目录如下。

①Src 目录：存放 java 源文件。

②WebRoot 目录：Web 应用顶层目录。

③EMTA-INF 目录：存放系统描述信息。

④WEB-INF 目录：其中包含以下部分，Lib 目录，存放.jar 或者.zip 文件；Web.XML 文件，应用初始化配置文件；JSP 文件，动态页面的 JSP 文件，如图 2-50 所示。

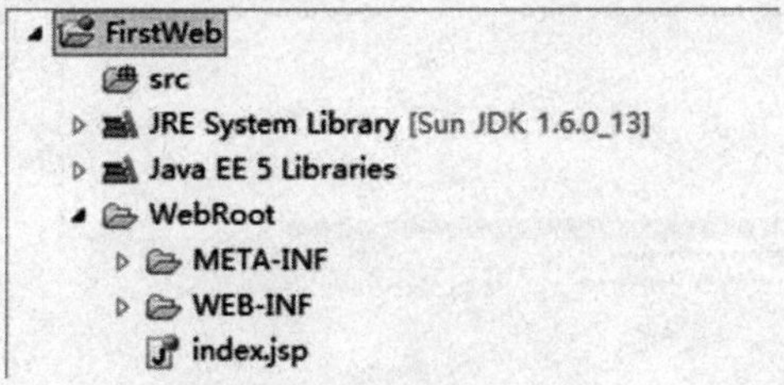

图 2-50 目录栏

（3）点开 WebRoot 目录，打开 index.jsp，修改里面的正文。例如将 index.jsp 里面的<body>标签内的代码修改成。

```
<body>
  This is my First JSP page. <br>
</body>
```

至此，一个简单的 Web 应用程序就创建好了。

2.4 Web 应用程序部署

将 2.3 节创建名为“First Web”的 Web 应用程序部署到 MyEclipse 下的 tomcat 服务器中，步骤如下。

（1）在工具栏中找到部署图标，如图 2-51 所示。

图 2-51　部署图标

（2）在打开的对话框中选择 Projects 为 FirstWeb 如图 2-52 所示；点击 Add 按钮，在弹出对话框的 Server 中选择 MyEclipse Tomcat，如图 2-53 所示，其他的不改。点击 OK 按钮完成部署，如图 2-54 所示。

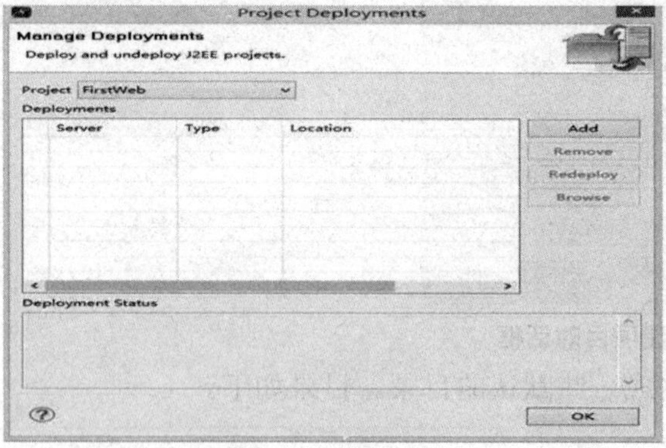

图 2-52　选择项目

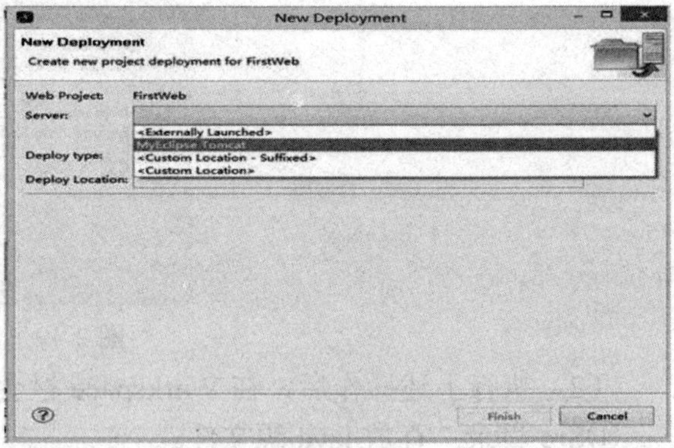

图 2-53　选择服务器

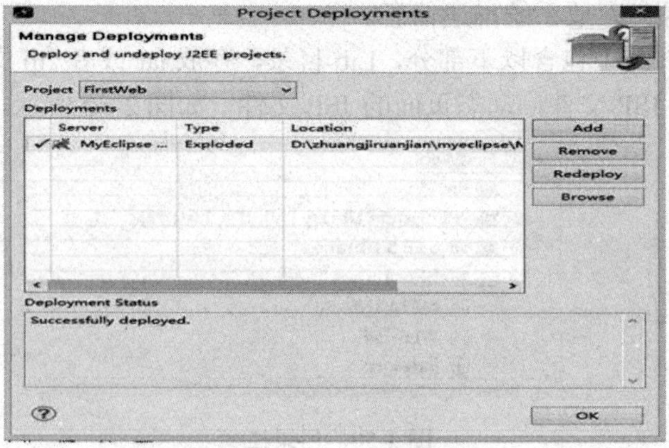

图 2-54　完成部署

至此，程序已经部署完成，接下来进行调试。

2.5　Web 应用程序运行

（1）成功部署项目后，点击图中所圈的图标，选择启动服务器，如图 2-55 所示。

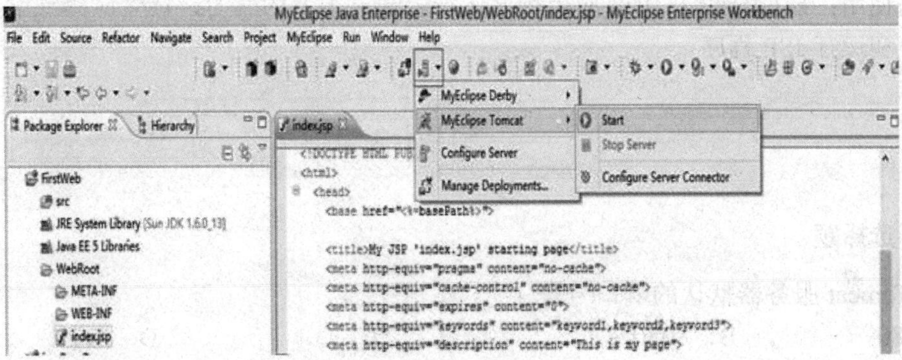

图 2-55　启动服务器

（2）在 server 中启动服务器，console 中可以看到服务器成功启动的信息，如图 2-56 所示。

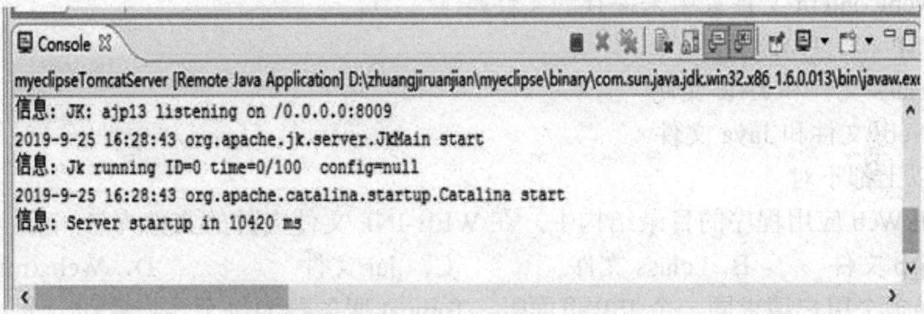

图 2-56　服务器启动成功

（3）打开浏览器，输入地址 http://localhost:8 080/FirstWeb/index.jsp，即可访问应用，如图 2-57 所示。

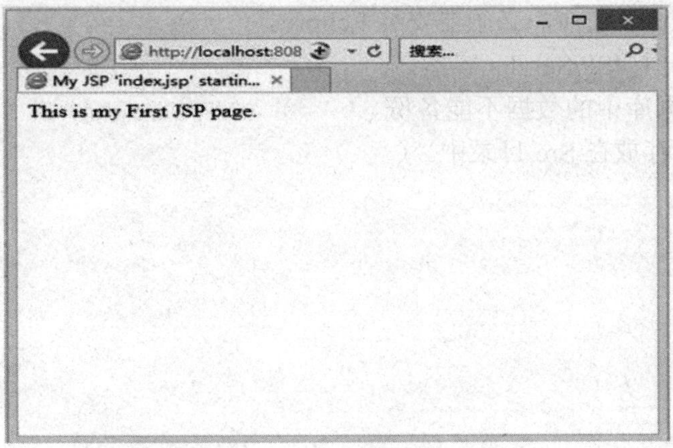

图 2-57　打开浏览器

本章小结

本章首先介绍了 JSP 运行环境的搭建；其次介绍了与 JSP 开发相关的数据库 MySQL 的安装配置与使用；最后介绍了 Web 应用程序运行。通过本章的学习，读者应熟练掌握 MyEclipse 开发环境和运行 JSP 程序。

习题 2

一、选择题

1．Tomcat 服务器默认的端口号是（　　）。

A．80　　B．8080　　C．21　　D．2121

2．不是 JSP 必须要运行的是（　　）。

A．操作系统　　B．支持 JSP 的 WEB 服务器

C．JAVA JDK　　D．数据库

3．WebContent 文件夹用来保存的文件是（　　）。

A．JSP 和 HTML 文件

B．Class 文件和 JAR 文件

C．Web 文件和 Java 文件

D．以上都不对

4．在 Web 应用程序的目录结构中，在 WEB-INF 文件夹外的文件为（　　）。

A．.jsp 文件　　B．.class 文件　　C．.jar 文件　　D．Web.xml 文件

5．当多个用户请求同一个 JSP 页面时，Tomcat 服务器为每个客户启动一个（　　）。

A．进程　　B．线程　　C．程序　　D．服务

二、判断题

1．如果要遭浏览器中运行 JSP 页面，Tomcat 必须处于启动状态。（　　）

2．安装 MyEclipse 之前，必须要安装 Eclipse。（　　）

3．Tomcat 是一个 JSP/Servlet 容器。（　　）

4．MySQL 数据库中的数据不能备份。（　　）

5．java 源文件存放在 Src 目录中。（　　）

第 3 章　JSP 基础语法

本章主要介绍 JSP 的基本语法。JSP 语法分为 JSP 指令标识、JSP 脚本标识、JSP 动作标识和 JSP 注释。一个 JSP 页面由 JSP 元素和模板数据构成。在 JSP2.0 规范中，JSP 元素是 JSP 容器处理的部分，这一部分必须符合 JSP 语法，否则会编译失败。模板数据是 JSP 容器不处理的部分，直接发送到客户端，例如静态的 HTML 代码内容。

通过本章的学习，读者深入了解和掌握 JSP 的基础，综合小实例介绍 JSP 指令标识、JSP 脚本标识、JSP 动作标识和 JSP 注释四种元素的使用。

学习目标

- 掌握 JSP 的指令标识：page、include。
- 掌握 JSP 的脚本标识：“表达式”“声明”“脚本程序”。
- 掌握 JSP 的动作标识：<jsp:include>、<jsp:forward>、<jsp:param>。
- 掌握 JSP 的动作标识：<jsp:useBean>、<jsp:getProperty>和<jsp:setProperty>。
- 熟悉 JSP 的指令：taglib，以及 JSP 注释。
- 了解 JSP 的动作元素：<jsp:plugin>。

任务陈述

使用 JSP 编写代码，在册表单页面提交学生注册信息，通过另一个 JSP 页面采集并显示该学生信息。

分析：首先编写 JavaBean 类 Users，在 Users 类中定义 name、gender、education 和 email4 个属性；然后编写注册表单页面用于填写用户信息；最后编辑处理表单的页面，其中使用三个标签将表单提交信息封装到一个 Users 对象中，同时将这些信息在浏览器页面中显示出来。在这里需使用两个<jsp:setProperty>标签，第一个标签将 property 属性值设置为星号（*），用于设置 User 对象中和请求参数同名的属性的值；第二个标签设置了 param 属性，将属性值为 mail 的表单项传递的值赋值给 User 的 email 属性。后面使用了<jsp:getProperty>标签分别获得了 Users 对象属性的值并输出到浏览器页面。

相关知识

3.1　JSP 页面基本结构

在传统的的网页 HTML 中加入 Java 程序片断，就构成了 JSP 页面。因此一个 JSP 页面由两部分组成：一部分是用来完成数据显示和样式，如 HTML、CSS 标记等，这部分叫 JSP 页面的静态部分；另一部分是用来完成数据处理，如脚本程序、JSP 标签等，这部分叫 JSP 页面的动态部分。Web 服务器在遇到访问 JSP 页面的请求时，首先执行其中的程序片断；然后将执行结果以 HTML 格式返回给客户端。

JSP 静态部分可以用通常使用的 Web 制作工具编写，编写方式与之前的一样。JSP 页面动态部分包括四部分，分别为指令标识、脚本标识、动作标识和注释。脚本标识用来嵌入 Java 代码，这些 Java 代码在请求处理时在服务器端按顺序执行，脚本元素又可以划分为表达式、声明、脚本程序；JSP 指令标识主要用来为转换阶段提供整个 JSP 页面的相关信息；动作标识用来用来动态的包含文件、网页跳转及使用 JavaBean 组件等。

JSP 页面基本结构如图 3-1 所示。

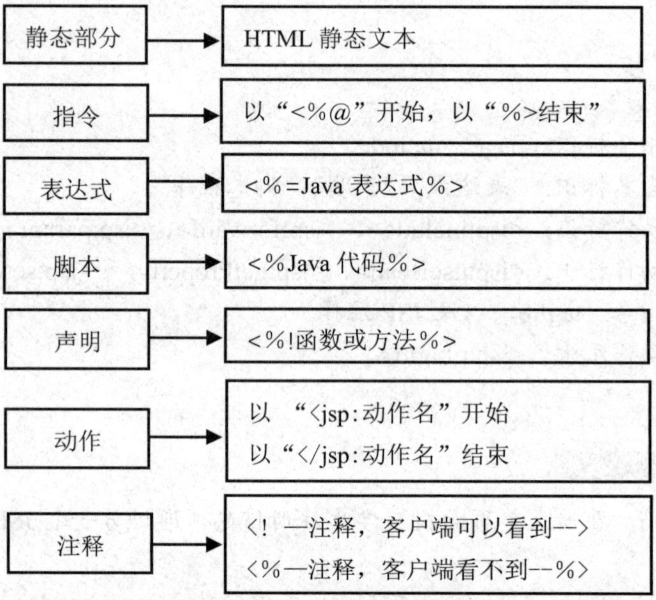

图 3-1 JSP 页面基本结构

下面是一段完整的 JSP 程序，其中涵盖了大多数的 JSP 页面结构元素。

具体代码如下。

```
<%@ page contentType="text/html;charset=GB2312" %>
<%@ page import="java.util.Date"  %>
 <%-- 声明变量和方法 --%>
 <%!
      Date date;
      int sum;
      public int getFactorSum (int n)  {
           for (int i=1;i<n;i++)   {
                if (n%i==0)
                     sum=sum+i;
           }
           return sum;
      }
   %>
<HTML>
<BODY bgcolor=cyan>
```

```
17. <FONT size=4><P>程序片创建 Date 对象:
18.    <%  date=new Date () ;
19.        out.println ("<br>"+date+"<br>") ;
20.        int m=100;
21.    %>
22.    <%= m %>
23.        的因子之和是 (不包括<%=m%>) :
24.    <%= getFactorSum (m)   %>
25. </FONT>
26. </BODY>
27. </HTML>
```

下面对以上代码进行简要说明。

行号 1~2 是 page 指令的用法，将编码方式设置为“GB2312”，并导入了 java.util.Date 类。

行号 3 是 JSP 隐藏注释法的用法，用户通过 Web 浏览器查看该 JSP 页面，将看不到注释的内容。

行号 4~14 是脚本标识中 JSP 声明的用法，声明了两个变量，以及一个返回值为 int 类型的方法。

行号 15~27 是 HTML 语法中的元素的用法，用来设置字体颜色和大小。

行号 18~21 是脚本标识中脚本程序的用法，new 一个 data 实例，并且打印输出；定义一个整型变量 m 并为其赋值 100。

行号 22~24 是脚本标识中 JSP 表达式的用法，22 行输出 m 的值，23 行调用前面定义的 getFactorSum（）方法，并传递参数 m 的值，通过 for 循环把 100 以内能被 100 整除的数进行累加，最后输出返回值结果。

3.2　JSP 指令标识

JSP 指令主要用来提供整个 JSP 网页相关的信息，并且用来设定 JSP 页面的相关属性，并不直接产生任何可见输出。指令的语法形式如下。

```
<%@directive {attr="value"}%>
```

这些指令始终被括在“<%@　　%>”标记中。JSP 指令有三种，分别为页面设置指令 page、页面包含指令 inculde 和自定义标记指令 taglib，其中 page 和 inculde 为常用指令。

3.2.1　page 指令

page 指令主要用于设置 JSP 页面的全局属性，如页面编码形式、缓存大小、错误处理页面等。用户可以在一个页面中用多个类别的 page 指令，但是其中的属性只能用一次。除了 import 属性，该属性可以在 JSP 页面使用多次。page 指令的作用范围是整个 JSP 页面，但是为了 JSP 程序的可读性，以及好的编程习惯，最好还是放在 JSP 文件的顶部。

page 指令的语法格式为

```
<%@ page
[ language="java" ]
[ extends="package.class" ]
```

```
[ import="{package.class | package.*}, ..." ]
[ session="true | false" ]
[ buffer="none | 8kb | sizekb" ]
[ autoFlush="true | false" ]
[ isThreadSafe="true | false" ]
[ info="text" ]
[ errorPage="relativeURL" ]
[ isErrorPage="true | false" ]
[ contentType="mimeType [ ;charset=characterSet ]" | "text/html ; charset=ISO-8859-1" ]
%>
```

Page 指令语法中各属性的含义如下。

（1）Language 属性。

language 属性用来指定编写 JSP 网页中所用的语言，这个属性的默认值为 Java。当多次使用该指令时，只有第一次使用有效。例：

```
<%@ page language="java" %>
```

（2）Extends 属性。

extends=“package.class”, extends 属性定义了由 JSP 页面产生的 servlet 的父类。通常，这个属性不会用到，但是当需要实现一些特殊功能时，也是比较方便的。

（3）Import 属性。

import 属性用来向当前的 JSP 文件中导入需要用到的包文件。默认加载的包类有 java.lang.*、javax.servlet.*、javax.servlet.jsp.*和 javax.servlet.http.*，当导入多个包文件时以逗号作分隔。例：

```
<%@ page import="java.util.Date,java.text.SimpleDateFormat" %>
```

（4）Session 属性。

session 属性的属性值可为 true 或 false，用来设定 JSP 网页是否使用内建的 session 对象与功能，默认值为 true。Session 对象的类型是 javax.servlet.http.HttpSession。例：

```
<%@page session="true" %>
<%=session.getId () %>
```

session 属性被设置为 true，可以获取 session 对象的 id。

（5）Buffer 属性。

设定 JSP 网页所使用的缓冲区大小。缓冲区是用来暂存一些要传送给客户端的数据，默认值为 8 kb。如果设定值 none，表示不使用缓冲区的功能，直接将服务器响应的输出写到客户端的浏览器上。设定缓冲区的大小值必须大于 8 kb，例：

```
<%@page buffer = "24kb"%>
```

（6）autoFlush 属性。

确定是否自动刷新输出缓冲，如果设成 true，则当输出缓冲区满的时候，刷新缓冲区而不是抛出一个异常。如果用户把 buffer 设置成 none，那么就不能把 autoFlush 设置成 false。

（7）isThreadSafe 属性。

isThreadSafe 属性的属性值可为 true 或 false，默认值是 true，用来设置 JSP 文件是否能多线程使用。如果被设置为 true，那么多个客户请求发向 JSP 引擎时，可以一次被处理；如果设置成 false，则采用单线程模式控制客户端访问该页。

（8）Info 属性。

一个文本在执行 JSP 时会被逐字地加入 JSP 中，该内容可在程序中使用 getServletInfo（）

方法来取得。设定 info 属性如下。

<%@page info = “网页信息说明 … ”%>

（9）contentType= “mineType”。

contentType 属性用来指定返回浏览器的内容类型。常用格式如下。

```
<%@ page contentType="text/html; charset=GB2312"%>
```

（10）ErrorPage。

设定当前网页产生例外错误时，可取得与显示这个例外错误信息的另一个网页地址如下。

```
<%@page errorPage="error.jsp"%>
```

当目前的网页发生例外错误时，网页被重定向到 error.jsp ,error.jsp 中可直接使用 exception 对象来获取相关的错误信息。

（11）isErrorPage= “true|false”。

isErrorPage 用来设定此网页是否为错误处理页面，此属性的默认值为 false。如果设置为 true，则表明在该页面中可以获取异常对象 exception。

下面通过几个简单的实例来设置 page 指令。

【例 3-1】

中文编码示例（setCharExample.jsp）。

```
<html>
  <head>
    <title>演示 page 指令 charset 属性设置</title>
  </head>
  <body>
        中国<br>
        <%="中国" %>
  </body>
</html>
```

在网页开始的地方没有设置 page 指令，从浏览器结果可以很明显看出，标题栏和网页均出现乱码，运行结果如图 3-2 所示。

下面将在网页开始的地方加入。

```
<%@ page contentType="text/html; charset=gb2312"%>
```

重新刷新网页，这时中文部分正常显示，如图 3-3 所示。

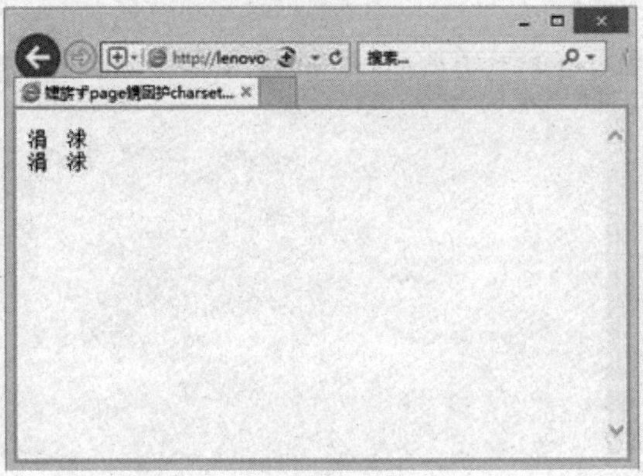

图 3-2　setCharExample.jsp 运行结果

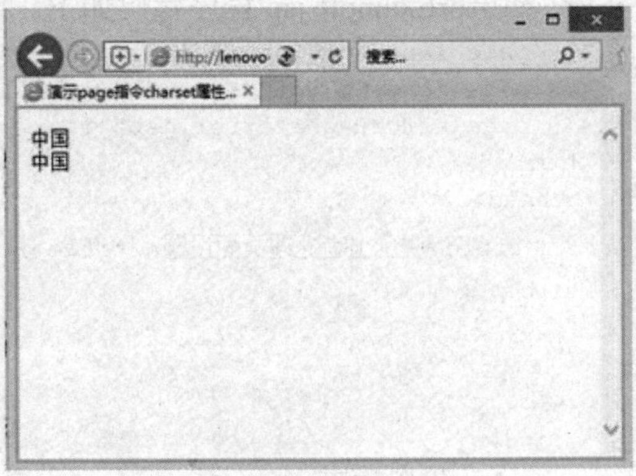

图 3-3　设置中文编码后运行结果

【运行结果】

【例 3-2】

info 属性设置示例（infoExample.jsp）

```
<%@ page contentType="text/html; charset=gb2312"%>
<%@ page info="要输出的字符串"%>
<html>
  <head>
    <title>演示 page 指令 info 属性设置</title>
  </head>
  <body>
      <%out.print (getServletInfo ()) ; %>
  </body>
</html>
```

【程序说明】

程序代码设置 info 属性为说明字符串，再引用 getServletInfo（）方法取出此说明字符串，并将其输出在网页上，如图 3-4 所示。

【运行结果】

infoExample.jsp 运行结果，如图 3-4 所示。

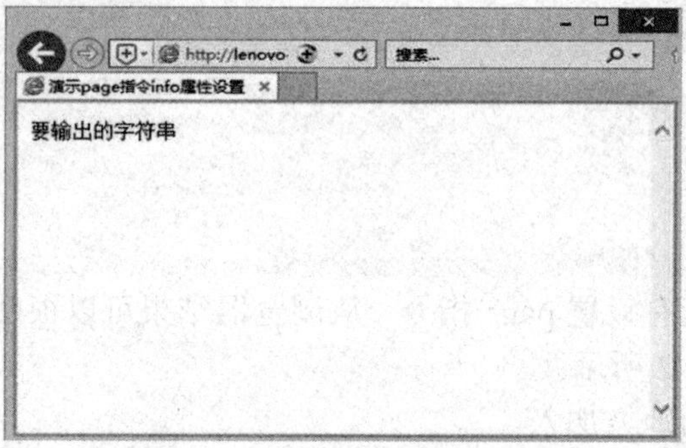

图 3-4　infoExample.jsp 运行结果

【例 3-3】处理异常事件的 JSP 文件。

pageErrorExample.jsp 程序代码如下。

```
<%@ page language="java" import="java.util.*" pageEncoding="ISO-8859-1"%>
<%@ page contentType="text/html; charset=gb2312" %>
<%@ page errorPage="error.jsp" %>
<html>
  <head>
    <title>演示出错处理页面设置</title>
  </head>
  <body>
    <%=9/0 %>
  </body>
</html>
```

error.jsp 代码如下。

```
<%@ page language="java" import="java.util.*" pageEncoding="ISO-8859-1"%>
```

```
<%@ page contentType="text/html; charset=gb2312" isErrorPage="true" %>
<html>
  <head>
    <title>error massage</title>
  </head>
  <body>
    <%=exception.getMessage () %>
  </body>
</html>
```

【程序说明】

（1）由于 IE 浏览器在出现错误时会将默认出错页面替代返回的错误页面，所以必须先取消 IE 的这一功能才能看到效果。首先在 IE 浏览器中选择“工具”|“Internet 选项”菜单，在弹出的“Internet 选项对话框中选择“高级”选项卡，取消选中的“显示友好 HTTP 错误信息”复选框；然后单击“确定”按钮完成设置。如图 3-5 所示。

（2）pageErrorExample.jsp 程序中设置的处理页面为 error.jsp，运行该页面一旦发生错误，便会自动跳转到 error.jsp。运行结果如图 3-6 所示。

（3）error.jsp 将 isErrorPage 属性设置为 true，使用 exception.getMessage（）获取异常信息，并在页面显示。

【运行结果】

设置 IE 浏览器、pageErrorExample.jsp 运行结果，如图 3-5 和图 3-6 所示。

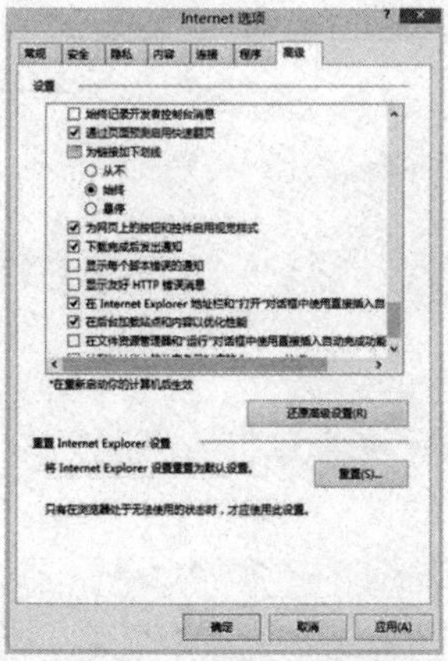

图 3-5　设置 IE 浏览器

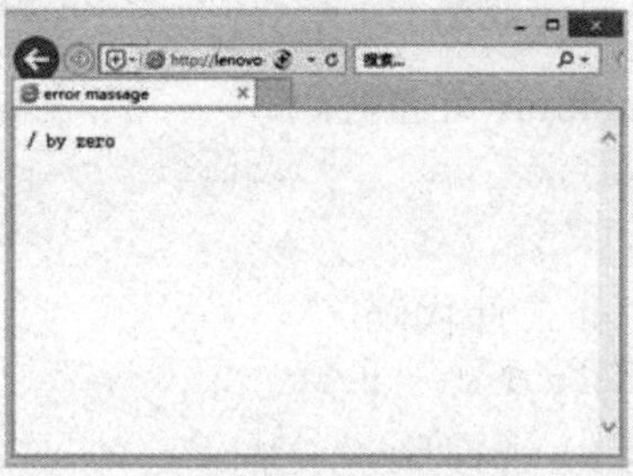

图 3-6　pageErrorExample.jsp 运行结果

3.2.2　include 指令

include 指令用来向当前页中插入一个静态文件的内容。JSP 语法格式如下。

```
<%@ include file="relativeURL" %>
```

或

```
<%@ include file="相对位置" %>
```

include 指令将会在 JSP 编译时插入被包含文件的内容，被包含文件可以是 JSP 文件、HTML 文件、文本文件等。如果包含的文件包含可执行代码，那么这个包含的文件的代码将会被执行。

使用 include 指令的 JSP 页面在转换时，JSP 容器会在其中插入所包含文件的文本或代码。同时解析这个文件中的 JSP 语句，从而方便地实现代码的重用，提高代码的使用效率。

include 指令将会在 JSP 编译时插入一个文件，而这个包含过程是静态的。静态的是指 file 属性值不能是一个变量，例如，下面为 file 属性赋值方式是不合法的。

```
<%String url= "main.htmlf" ;%>
<%@ include file= "<%=url%>" %>
```

也不可以在 file 所指定的文件后添加任何参数，下面的这行代码是不合法的。

```
<%@ include file= "query.jsp?name=browser" %>
```

要注意以下两点。

（1）在 include 包含的文件中，不能够使用<html>、</html>、<body>、</body>标记，因为这会影响外部 JSP 文件中原来的标记，会导致错误。

（2）避免在被包含的文件中定义相同的变量和方法，因为被包含文件和原文件可以相互访问对方定义的变量或方法，这样会导致转换时错误。

【例 3-4】文件 includeExample.jsp 中静态包含了四个文件。

includeExample.jsp 文件代码。

```
<%@ page language="java" import="java.util.*" pageEncoding="utf-8"%>
<html>
  <head>
   <title>My JSP 'includeExample.jsp' starting page</title>
  </head>
  <body>
   <p>插入文本文件: <%@ include file="include_txt.txt" %></p>
   <p>插入 html 文件: <%@ include file="include_html.html" %></p>
   <p>插入 jsp 文件: <%@ include file="include_jsp.jsp" %></p>
  </body>
</html>
```

include_html.html 文件代码。

```
<%@ page contentType="text/html;charset=gb2312"%>
这是插入的 html 文件
```

include_txt.txt 文件代码。

```
<%@ page contentType="text/html;charset=gb2312"%>
<%="这是插入的 html 文件" %>
```

include_jsp.jsp 代码。

```
<%="这是插入的 html 文件" %>
<br/>
当前时间:
<%=new Date () .toString () %>
```

输入 http://lenovo-pc:8080/MyFirstWeb/includeExample.jsp，单击跳转按钮，显示窗口如图 3-7 所示。

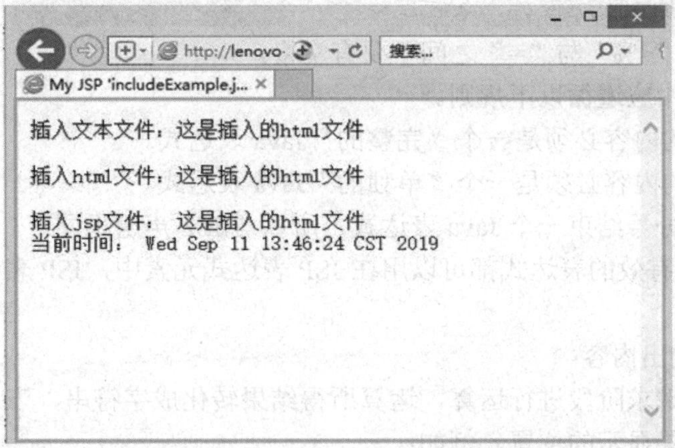

图 3-7　includeExample.jsp 显示窗口

3.2.3　taglib 指令

在 JSP 页面中，可以直接使用 JSP 提供的一些动作元素标识来完成特定功能，如使用 <jsp:include>包含一个文件。通过使用 taglib 指令，可以在页面中使用这些基本标识或自定义的标识来完成特殊的功能。语法格式为

```
<%@ taglib uri="标签库 URI" prefix= "tagPrefix" %>
```

uri 属性：该属性指定了标签描述符，该描述符是一个对标签描述文件（*.tld）的映射。在 tld 标签描述文件中定义了该标签库中的各个标签名称，并为每个标签指定一个标签处理类。

prefix 属性：该属性指定一个在页面中使用由 uri 属性指定的标签库的前缀。前缀不能命名为 jsp、jspx、java、javax、sun、servlet 和 sunw。开发者可通过前缀来引用标签库中的标签。以下为一个简单的使用 JSTL 的代码。

```
<%@ taglib uri="http://java.sun.com/jsp/jstl/core" prefix="c" %>
<c:set var="name" value="Mike"/>
```

【程序说明】

该段代码通过<c:set>标签将 Mike 值赋给了变量 name。

3.3　JSP 脚本标识

JSP 程序主要由脚本标识构成，JSP 规范描述了三种脚本标识：表达式（expression）、声明标识（declaration）和脚本程序（scriptlet）。其中，表达式是 Java 语言中完整的表达式，在响应客户请求时被执行，执行结果被返回到客户端；声明用于声明在其脚本标识中可以调用的变量和方法；脚本代码是一段 Java 程序代码，用于描述响应客户请求时要执行的动作。

3.3.1　JSP 表达式（expression）

JSP 语句中的表达式的作用是将动态信息显示在页面上，语法格式如下。

```
<%= 变量或可以返回值的方法或 Java 表达式 %>
```

特别要注意，“<%”与“=”之间不要有空格。

在 JSP 表达式中应遵循以下规则。

①JSP 表达式的内容必须是一个“完整的”Java 表达式。

②JSP 表达式的内容必须是一个“单独的”Java 表达式。

③一定不能以分号结束一个 Java 表达式，所以与 JSP 声明不同。

在 Java 中任何有效的表达式都可以用在 JSP 表达式元素中，JSP 表达式可以用于以下几种情况。

（1）向页面输出内容。

表达式在 JSP 请求阶段进行运算，运算所得结果转化成字符串，表达式在页面上的位置就是该表达式计算结果显示的位置。例如：

```
<%=100+20%>                //输出 120
<%=new java.util.Date ()  %>    //输出当前时间
```

由上面的实例可以看出，JSP 表达式在页面被转换为 Servlet 后，实质上就等效于 JSP 预定义对象 out 的 print（）方法。

```
<% out.print (100+20) ;%>
```

（2）生成动态的链接地址。

【例 3-5】在 WebRoot 目录下新建一个名为 welcome.jsp 文件，在 index.jsp 文件下输入以下代码。

```
<% String path="welcome.jsp"; %>
<a href="<%=path%>">链接到 welcome.jsp</a>
```

【程序说明】

（1）定义字符串类型变量 path，赋值为 welcome.jsp。

（2）用 JSP 表达式将该 path 的值赋给 href，作为需要跳转页面的地址。

【运行结果】

启动服务器，浏览器输入 http://localhost:8 080/MyFristWeb/index.jsp，如图 3-8 所示。单击超链接按钮，页面跳转，如图 3-9 所示。

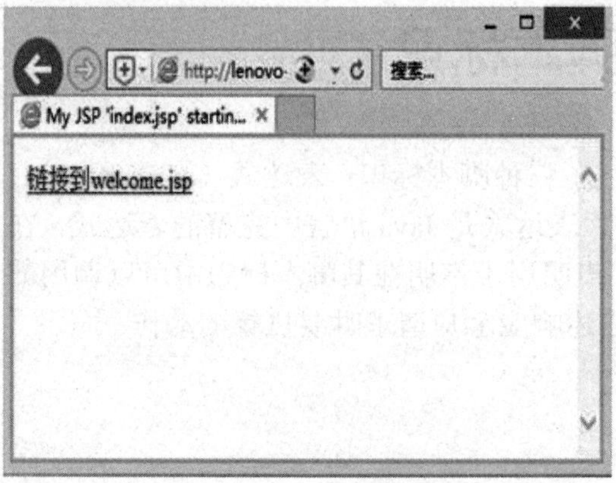

图 3-8　index.jsp 运行结果

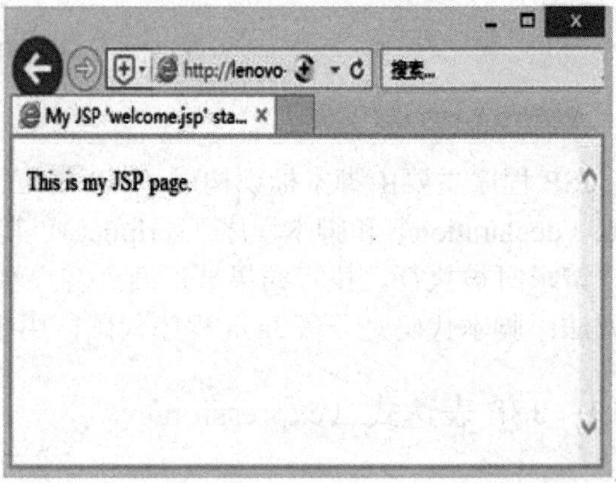

图 3-9　超链接跳转页面结果

动态指定 Form 表单处理页面，例如：

```
<% String name="login.jsp"; %>
<form action="<%=name%>"></form>
```

【程序说明】

（1）定义字符串类型变量 name，赋值为“login.jsp”。

（2）将 name 的值输出，并作为表单的提交页面。

【运行结果】

运行该段代码将生成如下的 HTML 代码，如图 3-10 所示。

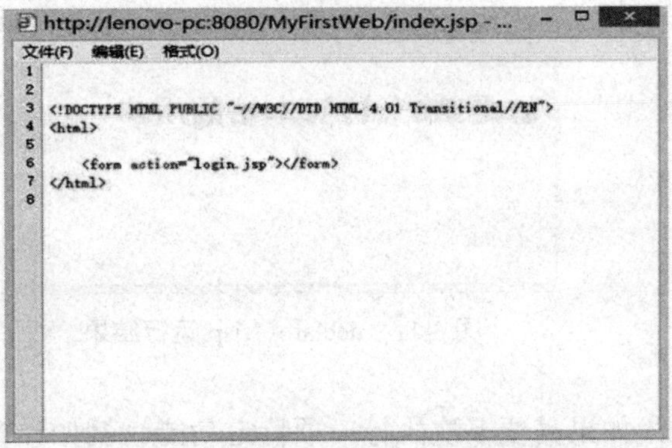

图 3-10　动态指定 Form 表单处理页面

3.3.2　JSP 声明标识（declaration）

在 JSP 中，声明表示一段 Java 代码，用来定义类的属性和方法，声明后的属性和方法可以在 JSP 文件的任何地方调用。但是这些属性和方法都只在当前的整个页面内有效，生命周期从创建到服务器关闭后结束。其语法格式如下。

```
<%! 声明 1;声明 2;......%>
```

注意：“<%”与“！”不允许出现空格，并且不同声明之间用分号隔开；声明标识中只能够进行声明操作不能执行其他操作。

（1）变量声明。

在 JSP 页面声明一个变量，其作用域范围仅限于当前页面。下面通过具体的例子介绍 JSP 页面声明变量的使用。

【例 3-6】在 WebRoot 目录下新建一个名为 declare_1.jsp 的文件，输入以下代码。

```
<html>
<body>
 <%!int i=0;%>
   <%i++;%>
   <h1>欢迎您！</h1>
   <br>
   <h1>您是第<%=i%>个访问本站的用户</h1>
   </body>
</html>
```

【程序说明】

声明整型变量 i 同时赋值 0；i 自增，随后输出 i 值。

【运行结果】

打开 IE 浏览器，在地址栏输入 http://localhost:8080/w1/declare_1.jsp，单击跳转按钮，会显示如图 3-11 所示的窗口。执行此程序时不断地刷新页面，可以看到 i 值不断增大。此时使用 i 来统计访问当前页面的客户数量。

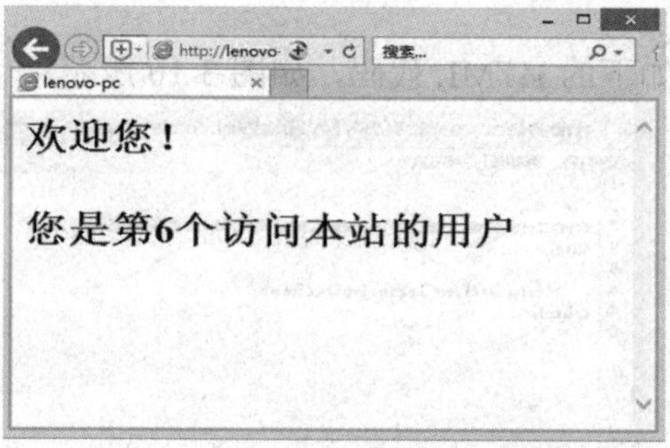

图 3-11　declare_1.jsp 运行结果

（2）方法声明。

在一个 JSP 页面中，如果需要多次执行一项特定功能。例如计算两个值的乘积，这时可以把执行功能代码编写成一个方法，在 JSP 页面中声明，以达到代码重用的目的。方法声明的语法格式和变量声明一样。JSP 页面中方法声明使用示例如下。

【例 3-7】在 WebRoot 目录下新建一个名为 declare_2.jsp 的文件，输入以下代码。

```
<html>
<body>
  <%!int num=0;
    synchronized void countNum ()
     {
        num++;
     }
    %>
<%countNum () ;%>
<h1>您是第<%=num%>个访问本站的用户</h1>
</body>
</html>
```

【程序说明】

（1）声明整型变量 num，赋值 0；同时声明一个无返回值的方法 countNum（），该方法实现 num 自增功能。关键字 synchronized 表示在当前方法执行时，锁定当前方法。

（2）在程序片中调用 countNum（）方法；输出 num 的值，插入到指定位置。

【运行结果】

打开 IE 浏览器，在地址栏输入 http://localhost:8080/w1/declare_2.jsp，单击跳转按钮。执行此程序时且不断地刷新页面，每刷新一次页面，调用一次 countNum（），同时 num 自增一次，因此可以看到 num 的值不断增大。该脚本程序与上例执行结果一致，如图 3-11 所示。

3.3.3　JSP 脚本程序（scriptlet）

脚本程序是在 JSP 页面中以“<%”开头，以“%>”结束的一段能够实现功能的 Java 代码。一个脚本程序能够包含多个 JSP 语句、方法、变量、表达式。脚本程序使用格式如下。

```
<% Java 程序片段 %>
```

注意：脚本段内不能定义方法，这与声明不同，这是因为 JSP 引擎会把脚本段内的代码放到 Servlet 内的方法内，而方法是不能被嵌套定义的。现在创建一个案例演示 JSP 中 Java 脚本程序的使用。

【例 3-8】在 WebRoot 目录下新建一个名为 scriptlet_1.jsp 的文件，输入以下代码。

```
<html>
<% double num = Math.random () ;
if  (num < 0.5)
{ out.print (num)  ;%>
<br>
You are a <B>good</B> boy!
<% }
else {
out.print (num)  ;%>
<br>
You are a <B>lazy</B> boy!
<% } %>
</html>
```

【程序说明】

（1）使用 Math.random（）方法产生一个随机数并赋值给 num 变量。

（2）判断 num 是否小于 0.5。如果小于 0.5，显示 num 的值和“You are a good boy!”；如果大于 0.5，显示 num 的值和“You are a lazy boy!”。

【运行结果】

打开 IE 浏览器，在地址栏中输入 http://localhost:8080/w1/scriptlet_1.jsp，单击转到按钮，显示如图 3-12 所示窗口。

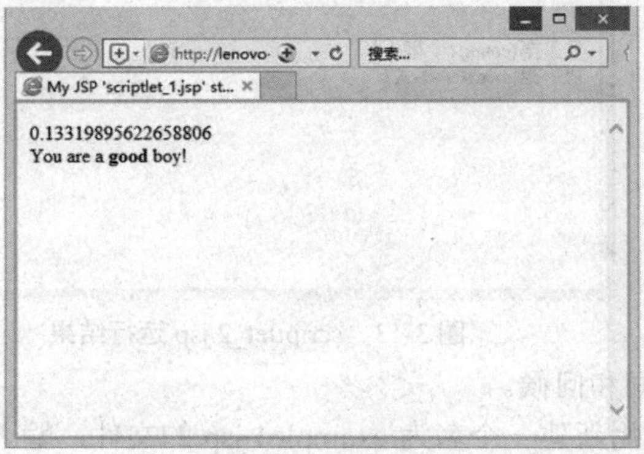

图 3-12　scriptlet_1.jsp 运行结果

与在 JSP 声明中定义的变量不同，在脚本程序（scriptlet）中定义的变量只在当前的整个页面内有效，页面关闭后变量就被销毁。不会被其他的线程（用户）共享，即当前用户对该变量的操作不会影响其他的用户。

【例 3-9】对比在 scriptlet 中声明的变量和 Declaration 中声明变量的不同。在 WebRoot 目录下新建一个名为 scriptlet_2.jsp 的文件，输入以下代码。

```
<html>
 <head>
   <title>比较 scriptlet 和 Declaration 中声明变量的不同</title>
 </head>
 <%
 int count =0;
  %>
 <%!int num=0; %>
 <body>
 <h1><%="欢迎! " %></h1>
 <br>
 <%
 count++;
 num++;
 %>
 <%="您是第（count）"+count+"个客人! " %>
 <br>
  <%="您是第（num）"+num+"个客人! " %>
 </body>
</html>
```

【运行结果】

打开 IE 浏览器，在地址栏中输入 http://localhost:8080/w1/scriptlet_2.jsp，单击转到按钮。执行此程序，并且不断地刷新页面，可以看到随着页面的刷新，在 scriptlet 中声明的 count 变量始终是 1，而在 Declaration 中声明的 num 变量不断增大。在浏览器上显示如图 3-13 所示。

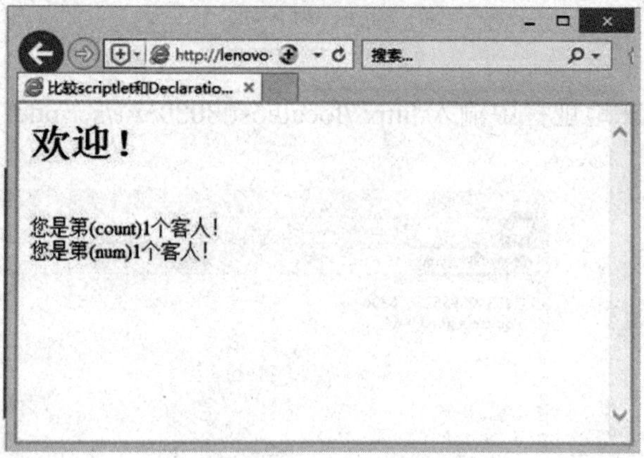

图 3-13　scriptlet_2.jsp 运行结果

【例 3-10】输出时间和问候。

在 Web Root 目录下用新建一个名为 example1.jsp 的文件，输入以下代码。

```
<%@ page contentType="text/html; charset=GB2312"%>
<%@ page import="java.util.Date,java.text.SimpleDateFormat" %>
<html>
```

```
<body bgcolor="#FFFFFF">
<img src="images/image1.png" width=100%>
<center>
<div align="center">
<%
  out.println ( "<h1>欢迎学习 JSP 开发技术</h1>" ) ;
%>
</div>
<br>
<%
Date date = new Date () ;
String dateFormatStr = "北京时间:\n\tH:mm:ss\n\tE\n\tyyyy-M-dd";
SimpleDateFormat simpleFormat = new SimpleDateFormat (dateFormatStr) ;
out.println ("<h3>现在时间为: "+simpleFormat.format (date) +"</h3><br>") ;
%>
</body>
</html>
```

【程序说明】

首先用<img>加入了一张图片，然后用<%　%>获取当前的问候语和时间，并显示出来。

【运行结果】

example1.jsp 运行结果，如图 3-14 所示。

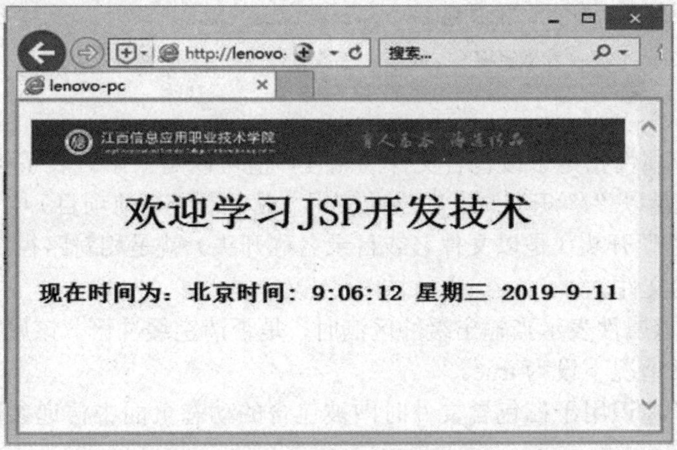

图 3-14　example1.jsp 运行结果

3.4　JSP 动作标识

在 JSP 页面中，还存在另外一类标识，这些标识符合 XML 语法格式，这类标记称为 JSP 动作标识。JSP 动作标识是一种特殊的标签，且以前缀.jsp 和其他 HTML 标签相区别。利用这些标记可以达到控制 Servlet 引擎的作用，如动态插入文件、调用 JavaBean、用户重定向等。

常用的 JSP 动作如表 3-1 所示。

表 3-1 JSP 常见动作

名称	动作说明
jsp:include	在页面被请求的时候引入一个文件
jsp:useBean	寻找或者实例化一个 JavaBean
jsp:setProperty	设置 JavaBean 的属性
jsp:getProperty	输出某个 JavaBean 的属性
jsp:forward	把请求转到一个新的页面
jsp:plugin	根据浏览器类型为 Java 插件生成 OBJECT 或 EMBED 标记
jsp:params	不同页面之间传递参数

3.4.1 <jsp:include>

<jsp:include>动作标识用于向当前的页面中包含其他的文件，文件可以是动态文件也可以是静态文件。JSP 中有两种不同的包含方式：编译时包含和运行时包含。编译时包含是只将静态文件内容包含到 JSP 页面中，比如<%@ include file="" %>指令。运行时指被包含的文件在运行时被 JSP 容器编译，<jsp:include>就是运行时包含，同时也支持编译时包含。

<jsp:include>标识有带参数和不带参数两种语法格式，分别如下。

```
<jsp:include page="被包含文件的路径" flush="true|false" />
```

和

```
<jsp:include page="被包含文件的路径" flush="true|false">
    <jsp:param name="参数名称" value="参数值/>
      <jsp:param ...
</jsp:include>
```

page 属性：该属性指定了被包含文件的路径，值可以是一个代表了相对路径或绝对路径的表达式。绝对路径是以“/”开头时，在当前应用（根目录或当前项目）中开始查找被包含文件；如果路径没有以“/”开头（是以文件名或目录名称开头）就是相对路径，在当前页面所在的目录中查找被包含的文件。

flush 属性：该属性表示当输出缓冲区满时，是否清空缓冲区。该属性值为 boolean 型，默认值为 false，通常情况下设为 true。

<jsp:param>子标识用于在包含文件时向被包含的动态页面中传递参数，一个<jsp:include>标识中可以有多个<jsp:param>。

include 指令是指把其他页面的 JAVA 代码（源码）加进来，跟本页面的代码合并在一起，相当于把源码从那个页面复制到本页面中来，然后再编译。并且由于本页面编译时已经包含了别的文件的源码，所以以后其他页面更改时，本页面并不理会，因为已经编译过了。

<jsp:include>动作是指两个页面的代码运行完以后，再把包含的那个页面运行后的 HTML 结果页面加到本页面运行后的 HTML 结果页面中来。所以是运行时包含，并且还可以传递参数给被包含的页面。

【例 3-11】使用<jsp:include>和 include 指令包含文件。

top.jsp 文件代码如下。

```
<center>
```

```
    <img src="images/image1.png" width=100%>
</center>
```

JEX.jsp 文件代码如下。

```
<%@ page contentType="text/html; charset=gb2312" %>
<%
   out.print ("<br>我爱记歌词") ;
%>
```

content.txt 文件代码如下。

```
<p>五星红旗迎风飘扬
<p>胜利歌声多么嘹亮
<p>歌唱我们亲爱的祖国
<p>从此走向繁荣富强
```

jspIncludeExample.jsp 文件代码如下。

```
<%@ page contentType="text/html; charset=gb2312" %>
<html>
<%@ include file="top.html"%>
<jsp:include page="JEx.jsp" flush="true"/><br>
<%@ include file="content.txt"%>
</html>
```

【程序说明】

分别使用 JSP 静态包含和动态包含的方法将 top.html、JEx.jsp、content.txt 文件包含进 jspIncludeExample.jsp 文件中。

打开 IE 浏览器，地址栏输入 http://localhost:8080/MyFirstWeb/jspIncludeExample.jsp，单击转到按钮，如图 3-15 所示。

【运行结果】

jspIncludeExample.jsp 运行结果，如图 3-15 所示。

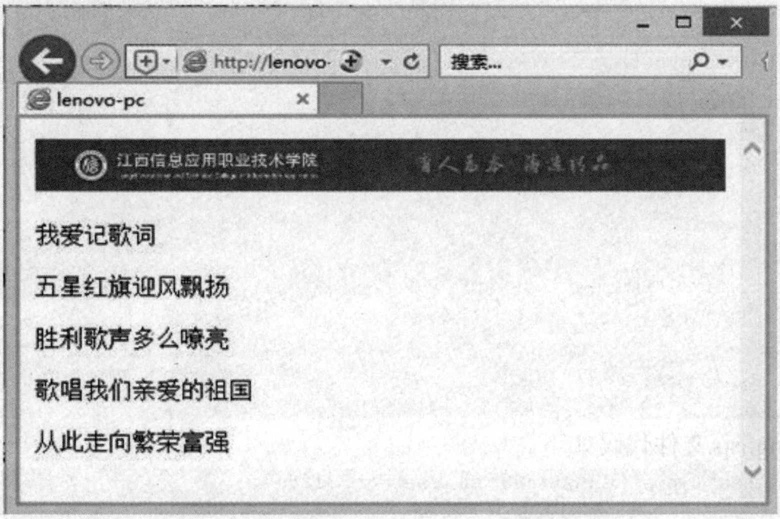

图 3-15　jspIncludeExample.jsp 运行结果

3.4.2 <jsp:forward>

<jsp:forward>动作标识用来将请求转发到另外一个 JSP、HTML 或 Servlet 中。当该标识被执行后，当前页面将不再被执行，而是去执行该标识指定的目标文件。请求被转向到的目标文件必须是内部的资源，即当前应用程序中的资源。

该标识使用的格式如下。

```
<jsp:forward page="文件路径 | 表示路径的表达式"/>
```

如果转发的目标是一个动态文件，还可以向该文件中传递参数，使用格式如下。

```
<jsp:forward  page= "目标文件的路径" flush="true|false">
    <jsp:param name="参数名称" value="参数值"/>
</jsp:forward >
```

page 属性：该属性指定了目标文件的路径。如果该值是以“/”开头，表示在当前应用的根目录下查找文件，否则就在当前路径下查找目标文件。

<jsp:param>子标识用来向动态的目标文件中传递参数。

重点提示，<jsp:forward>标识实现的是请求的转发操作，而不是请求重定向。它们之间的区别就是进行请求转发时，存储在 request 对象中的信息会被保留并被带到目标页面中；而请求重定向是重新生成一个 request 请求，然后将该请求重定向到指定的 URL，所以事先存储在 request 对象中的信息都不存在了。

【例 3-12】判断时间 forward 到不同页面。

time.jsp 文件代码如下。

```
<%@page contentType="text/html; charset=gb2312" %>
<%@page import="java.util.Date" %>
<html>
<head>
<title>判断时间 forward 到不同页面</title>
</head>
<body>
<%
Date dat = new Date () ;
if (dat.getHours ()  <= 12) {
%>
<jsp:forward page="AmGreeting.jsp"/>
<%}
else{
%>
<jsp:forward page="PmGreeting.jsp"/>
<%}
%>
</body>
</html>
```

AmGreeting.jsp 文件代码如下。

```
<%@page contentType="text/html; charset=gb2312" %>
<html>
<body>
<h1>上午好! </h1>
```

```
</body>
</html>
```

PmGreeting.jsp 文件代码如下。

```
<%@page contentType="text/html; charset=gb2312" %>
<html>
<body>
<h1>下午好! </h1>
</body>
</html>
```

【程序说明】

在 time.jsp 文件中，根据当前时间，forward 到不同的页面中去，如果是早上跳转到 AmGreeting.jsp 页面中，显示“上午好”；如果是下午跳转到 PmGreeting.jsp，显示“下午好”。

打开 IE 浏览器，地址栏输入 http://localhost:8 080/MyFirstWeb/time.jsp，单击转到按钮，如图 3-16 所示。

【运行结果】

time.jsp 跳转结果，如图 3-16 所示。

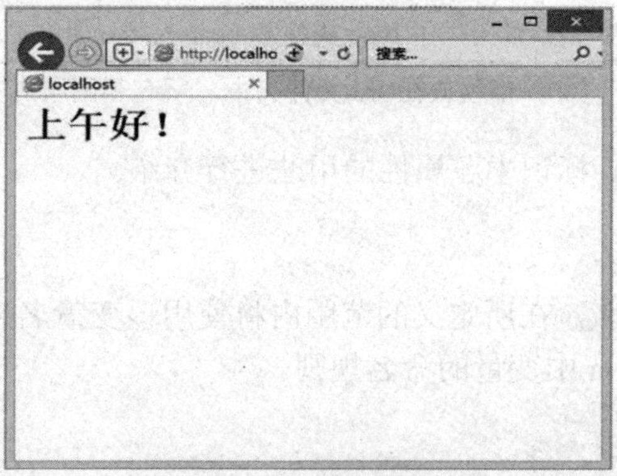

图 3-16　time.jsp 跳转结果

3.4.3　<jsp:useBean>

<jsp:useBean>动作标识用于定位或实例化一个 JavaBean 对象（首先寻找对象如果没找到就创建对象 JavaBean)，其实是一个 Java 类，封装了一些常用的复杂的操作。一般可以使用 JavaBean 进行数据库连接、实现业务逻辑等，可以使得前台显示和后台业务逻辑更好地分离。使用 JavaBean 有利于代码重用，提高程序结构清晰性，这些 Java 类放在“WEB-INF/classes”目录内，可以使用<jsp:useBean >进行实例化，并指定一个名字和作用域。

JSP 语法格式如下。

```
<jsp:useBean  id= "Bean_name" scope= "scope_value"  class= "class_name"
  beanName= "ser_filename"  type= "class_or_interface_name" >
   optional properties tags
<jsp:useBean >
```

jsp.useBean 的属性说明，如表 3-2 所示。

表 3-2　jsp.useBean 的属性说明

属性	用法
id	命名引用该 Bean 的变量。如果能够找到 id 和 scope 相同的 Bean 实例，jsp:useBean 动作将使用已有的 Bean 实例而不是创建新的实例
class	指定 Bean 的完整包名
scope	指定 Bean 在哪种上下文内可用，可以取 page、request、session 和 application 四个值之一 （1）page（是默认值）表示该 Bean 只在当前页面内可用（保存在当前页面的 Page Context 内） （2）request 表示该 Bean 在当前的客户请求内有效（保存在 Servlet Request 对象内） （3）session 表示该 Bean 对当前 Http Session 内的所有页面都有效 （4）application 表示该 Bean 对所有具有相同 Servlet Context 的页面都有效 scope 之所以很重要，是因为 jsp:useBean 只有在不存在具有相同 id 和 scope 的对象时才会实例化新的对象；如果已有 id 和 scope 都相同的对象则直接使用已有的对象，此时 jsp:useBean 开始标记和结束标记之间的任何内容都将被忽略
Type	指定引用该对象的变量的类型，它必须是 Bean 类的名字、超类名字、该类所实现的接口名字之一。请记住变量的名字是由 id 属性指定的
beanName	指定 Bean 的名字。如果提供了 type 属性和 bean Name 属性，允许省略 class 属性

注：Web 项目中所有的 Java 源文件都须放在 src 文件夹中，所有和网页有关的文件都须放在 Web Root 中。

下面将对<jsp:useBean>标识中各属性的用法进行介绍。

1．id 属性

该属性指定一个变量名，在所定义的范围内将使用该变量名来对所创建的 Bean 实例进行引用。该变量必须符合 Java 中变量的命名规则。

2．class 属性

class 属性指定了一个完整的类名，class=“package.className”，其中 package 表示类包的名字，className 表示类的 class 文件名称。通过 class 属性指定的类不能是抽象的。在没有设置 type 属性时，必须设置 class 属性。

3．scope 属性

该属性指定了所创建 Bean 实例的存取范围，省略该属性时的值为 page。<jsp:useBean>标识被执行时，首先会在 scope 属性指定的范围来查找指定的 Bean 实例。如果该实例已经存在，则引用这个 Bean，否则创建，并将其存储在 scope 属性指定的范围内。scope 属性具有的可选值如下。

（1）page：指定了所创建的 Bean 实例只能够在当前的 JSP 文件中使用，包括通过 include 指令静态包含的页面中有效。

（2）request：所创建的 Bean 实例在当前页面以及跳转页面中有效。指定了所创建的 Bean 实例可以在请求范围内进行存取，在请求被转发至的目标页面中可通过 request 对象的 getAttribute（“id 属性值”）方法获取创建的 Bean 实例。一个请求的生命周期是从客户端向服务器发出一个请求到服务器响应这个请求给用户后结束。所以请求结束后，存储在其中的 Bean

的实例也就失效了。

（3）session：指定了所创建的Bean实例的有效范围为session。session的生命周期是从用户进入网站到用户结束访问网站（浏览器关闭）所经过的这段时间，也就是用户浏览网站所花费的时间。session是当用户访问Web应用时，服务器为用户创建的一个对象，不同的用户对应不同的session对象。例如当用户登录站点时，系统就会为它建立一个唯一的session对象，以便于区别其他用户。这个session对象记录该用户的个人信息，而当该用户退出网站时，该session对象就会随之消失。服务器通过session的ID值来区分不同的用户。针对某一个用户而言，在该范围中的对象可被多个页面共享。注意：可以使用session对象的getAttribute（“id属性值”）方法获取存储在session中的Bean实例。

（4）application：该范围指定了所创建的Bean实例的有效作用域从服务器启动开始到服务器关闭结束。application对象是在服务器启动时创建的，被多个用户共享。所有访问该application对象（范围）的用户共享存储于该对象（范围）中的Bean实例。注意：可以使用application对象的getAttribute（“id属性值”）方法获取存在于application中的Bean实例。

4．type属性

type属性用于设置由id属性指定的变量的类型。使用type属性来设置变量类型的使用格式如下。

```
<jsp:useBean id="us" type="com.Bean.UserInfo" scope="session"/>
```

如果在session范围内，已经存在了名为“us”的实例，则将该实例转换为type属性指定的UserInfo类型（必须是合法的类型转换:us的类型必须是type属性指定的类型或其子类类型。例如：UserInfo us =new StudentInfo（）)；若指定的实例不存在（同时不存在class属性）将抛出“bean us not found within scope”异常。

5．beanName属性

beanName属性与type属性可以指定同一个类，在<jsp:useBean>标识中beanName属性与type属性一起使用时的格式如下。

```
<jsp:useBean id="us" beanName="com.Bean.UserInfo"
type="com.Bean.UserBase"/>
```

假设UserBase类为UserInfo类的父类。该标识被执行时，程序首先创建了一个以type属性的值为类型，以id属性值为名称的变量us，并赋值为NULL。然后在session范围内来查找这个名为“us”的Bean实例。如果存在，则将其转换为type属性指定的UserBase类型（类型转换必须是合法的）并赋值给变量us；如果实例不存在，那么将通过instantiate()方法从UserInfo类中实例化一个类并将其转换成UserBase类型后赋值给变量us。最后将变量us存储在session范围内。

class与beanName的区别如下。

（1）class指定Bean的完整包名。

（2）beanName指定Bean的名字。如果没有使用class和BeanName指定type，Bean将不会被实例化。

（3）如果提供了type属性和beanName属性，允许省略class属性。

（4）不能同时使用 class和beanName。

【例 3-13】<jsp:useBean>实例 1。

jspuseBeanExample.jsp 文件代码如下。

```
<%@ page language="java" import="java.util.*" pageEncoding="utf-8"%>
<%@ page contentType="text/html; charset=gb2312" %>
<html>
  <head>
    <title>jsp:useBean 实例</title>
  </head>
  <body>
    <h1>
    <jsp:useBean id="time" class="java.util.Date"></jsp:useBean>
     北京时间：<%=time %>
    </h1>
  </body>
</html>
```

【运行结果】

jspuseBeanExample.jsp 运行结果，如图 3-17 所示。

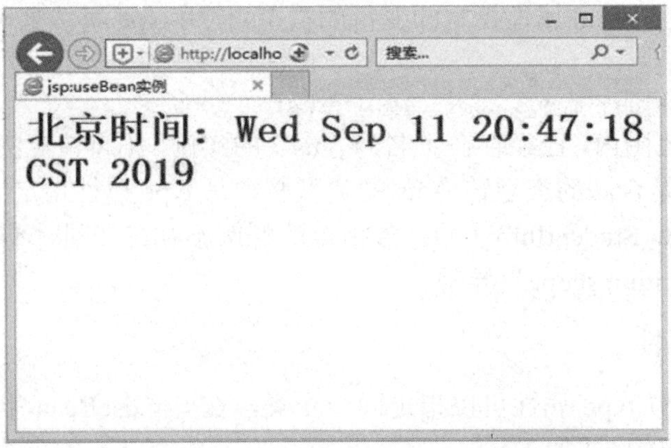

图 3-17 jspuseBeanExample.jsp 运行结果

【例 3-14】<jsp:useBean>实例 2。

useBeanBeanNameExample.jsp 文件代码如下。

```
<%@ page language="java" import="java.util.*" pageEncoding="utf-8"%>
<%@ page contentType="text/html; charset=gb2312" %>
<html>
  <head>
    <title>jsp:useBeanBeanName 实例</title>
  </head>
  <body>
    <h1>
    <jsp:useBean id="time" type="java.io.Serializable" beanName="java.util.Date"/>
     北京时间：<%=time %>
    </h1>
  </body>
</html>
```

【运行结果】

useBeanBeanNameExample.jsp 运行结果如图 3-18 所示。

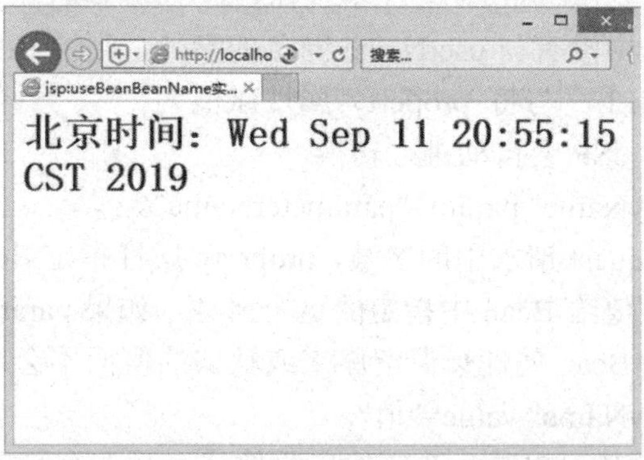

图 3-18 useBeanBeanNameExample.jsp 运行结果

3.4.4 <jsp:setProperty>

<jsp:setProperty>标识在通常情况下与<jsp:useBean>标识一起使用，用来设置该 Bean 的属性值。将调用 Bean 中的 setXxx（）方法将请求中的参数赋值给由<jsp:useBean>标识创建的 JavaBean 中对应的简单属性或索引属性。该标识的使用格式如下。

```
<jsp:setProperty
    name="Bean 实例名"
    {
     property="*" |
        property="propertyName" |
        property="propertyName" param="parameterName" |
        property="propertyName" value="值"
    }
/>
```

（1）name 属性。

name 属性用来指定一个存在 JSP 中某个范围中的 Bean 实例。<jsp:setProperty>标识将会按照 page、request、session 和 application 的顺序来查找这个 Bean 实例，直到第一个实例被找到。若任何范围内不存在这个 Bean 实例，则会抛出异常。

（2）property="*"。

property 属性取值为“*”时，则 request 请求中所有参数的值将被一一赋给 Bean 中与参数具有相同名字的属性。如果请求中存在值为空的参数，那么 Bean 中对应的属性将不会被赋值为 NULL；如果 Bean 中存在一个属性，但请求中没有与之对应的参数，那么该属性同样不会被赋值为 NULL。在这两种情况下的 Bean 属性都会保留原来或默认的值。

该种使用方法要求请求中参数的名称和类型必须与 Bean 中属性的名称和类型一致。通过表单传递的参数都是 String 类型的，所以 JSP 会自动将这些参数转换为 Bean 中对应属性的类型。如表 3-3 所示给出了 JSP 自动将 String 类型转换为其他类型时所调用的方法。

（3）property="propertyName"。

property 属性取值为 Bean 中的属性时，则只会将 request 请求中与该 Bean 属性同名的一个参数的值赋给这个 Bean 属性。更进一步讲，如果 property 属性指定的 Bean 属性为 userName，那么指定 Bean 中必须存在 setUserName（）方法，否则会抛出类似于下面的异常。

```
Cannot find any information on property 'userName' in a bean of type 'com.Bean.UserInfo'
```

在此基础上，如果请求中没有与 userName 同名的参数，则该 Bean 属性会保留原来或默认的值，而不会被赋值为 NULL。与将 property 属性赋值为“*”一样，当请求中参数的类型与 Bean 中属性类型不一致时，JSP 会自动进行转换。

（4）property="propertyName" param="parameterName"。

param 属性指定一个 request 请求中的参数，property 属性指定 Bean 中的某个属性。该使用方法允许将请求中的参数赋值给 Bean 中指定的这个属性。如果 param 属性指定参数的值为空，那么由 property 属性指定的 Bean 属性会保留原来或默认的值而不会被赋为 NULL。

（5）property="propertyName" value="值"。

其中，value 属性指定的值可以是一个字符串数值或表示一个具体值的 JSP 表达式或 EL 表达式。该值将被赋给 property 属性指定的 Bean 属性。

当 value 属性指定的是一个字符串时，如果指定的 Bean 属性与其类型不一致时，则会根据表 3-3 中的方法将该字符串值自动转换成对应的类型。

当 value 属性指定的是一个表达式时，那么该表达式所表示的值的类型必须与 property 属性指定的 Bean 属性一致，否则会抛出“argument type mismatch”异常。

通常<jsp:setProperty>标识与<jsp:useBean>标识一起使用，但这并不是绝对的。字符串值自动转换成对应的类型，如表 3-3 所示。

表 3-3　字符串值自动转换成对应的类型

其他类型	转换方法
boolean	java.lang.Boolean.valueOf（String）.booleanValue（）
Boolean	java.lang.Boolean.valueOf（String）
byte	java.lang.Byte.valueOf（String）.byteValue（）
Byte	java.lang.Byte.valueOf（String）
double	java.lang.Double.valueOf（String）.doubleValue（）
Double	java.lang.Double.valueOf（String）
int	java.lang.Integer.valueOf（String）.intValue（）
Integer	java.lang.Integer.valueOf（String）
float	java.lang.Float.valueOf（String）.floatValue（）
Float	java.lang.Float.valueOf（String）
long	java.lang.Long.valueOf（String）.longValue（）
Long	java.lang.Long.valueOf（String）

【例 3-15】

<jsp:setProperty>实例，setPropertyExample.jsp 代码如下。

```
<%@ page language="java" import="java.util.*" pageEncoding="utf-8"%>
<%@ page contentType="text/html; charset=gb2312" %>
<html>
  <head>
    <title>jsp:setProperty 实例</title>
  </head>
  <body>
    <h1>
    <jsp:useBean id="time" class="java.util.Date">
    <jsp:setProperty property="hours" name="time" param="hh"/>
    <jsp:setProperty property="minutes" name="time" value="49"/>
    <jsp:setProperty property="seconds" name="time" param="*"/>
    </jsp:useBean>
    设置属性之后的时间:
    <%=time %>
     <br/>
    现在是<%=time.getHours () %>时,
    <%=time.getMinutes () %>分,
    <%=time.getSeconds () %>秒
    </h1>
  </body>
</html>
```

【程序说明】

<jsp:setProperty>动作对时间的三个属性分别进行设置：使用 param 属性将 hours 属性设置为“hh”，使用 value 属性将 minutes 属性设置为固定的 49，使用 param=“*”的方法，将对应的请求参数传递给 seconds。

【运行结果】

setPropertyExample.jsp 运行结果，如图 3-19 所示。

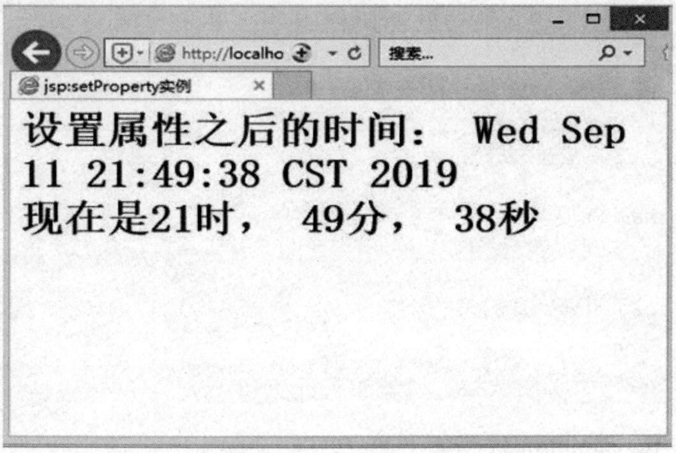

图 3-19　setPropertyExample.jsp 运行结果

3.4.5　<jsp:getProperty>

<jsp:getProperty>属性用来从指定的 Bean 中读取指定的属性值，并输出到页面中。该 Bean

必须具有 getXxx（）方法。<jsp:getProperty>标识的使用格式如下。

```
<jsp:getProperty name="Bean 实例名" property="propertyName"/>
```

（1）name 属性

name 属性用来指定一个存在某 JSP 范围中的 Bean 实例。<jsp:getProperty>标识将会按照 page、request、session 和 application 的顺序来查找这个 Bean 实例，直到第一个实例被找到。若任何范围内不存在这个 Bean 实例则会抛出“Attempted a bean operation on a NULL object”异常。

（2）property 属性

该属性指定了要获取由 name 属性指定的 Bean 中的哪个属性的值。若指定的值为“userName”，那么 Bean 中必须存在 getUserName（）方法。否则会抛出下面的异常：Can not find any information on property 'userName' in a bean of type “此处为类名”。如果指定 Bean 中的属性是一个对象，那么该对象的 toString（）方法被调用，并输出执行结果。

【例 3-16】创建一个用户注册的例子来介绍这三个动作元素的使用方法。

在 javeBeanDemo 项目的 src 文件夹下建立一个 com.po 的包，包中创建名为 users.java 类，代码如下。

```
package com.po;
public class users {
private String username;//用户姓名
private String password;//登录密码
private int age;//年龄
public users () {
}
public String getUsername () {
    return username;
}
public void setUsername (String username) {
    this.username = username;
}
public String getPassword () {
    return password;
}
public void setPassword (String password) {
    this.password = password;
}
public int getAge () {
    return age;
}
public void setAge (int age) {
    this.age = age;
}
}
```

用户登录文件 register.html 代码如下。

```
<%@ page contentType="text/html; charset=gb2312" language="java"%>
<center>
   <img src="image1.png" width=100%>
   <h3>用户登录</h3>
</center>
<form action="register.jsp" method="get" >
  <table width="298"  border="0" align="center" cellpadding="2" cellspacing="1">
```

```
    <tr>
      <td align="right">用户名: </td>
      <td align="left"><input name="username" type="text"  size="15"></td>
    </tr>
    <tr>
      <td  align="right">密　码: </td>
      <td align="left"><input name="password" type="password" size="15"></td>
    </tr>
    <tr>
    <tr>
      <td  align="right">年龄: </td>
      <td align="left"><input name="age" type="text" size="15"></td>
    </tr>
    <tr>
      <td colspan="2" align="center"><input type="submit" value="登录">
      <input type="reset"  value="取消"></td>
    </tr>
  </table>
</form>
```

register,jsp 文件代码如下。

```
<%@ page language="java" import="java.util.*" pageEncoding="utf-8"%>
<%@ page contentType="text/html; charset=gb2312"  %>
<jsp:useBean id="user" scope="page" class="com.po.users"></jsp:useBean>
<jsp:setProperty property="*" name="user"/>
<html>
  <body>
    注册成功<br>
  <hr>使用 bean 属性方法:
  <br>
  用户名:
  <%=user.getUsername ()  %>
  <br>
  密码:
  <%=user.getPassword ()  %>
   <br>
  年龄:
  <%=user.getAge () %>
  <hr>使用 getProperty 方法:
  <br>
  用户名:
  <jsp:getProperty property="username" name="user"/>
  <br>
  密码:
  <jsp:getProperty property="password" name="user"/>
   <br>
  年龄:
  <jsp:getProperty property="age" name="user"/>
  </body>
</html>
```

【程序说明】

Register.jsp 文件使用<jsp:useBean>、<jsp:setProperty>和<jsp:getProperty>三个动作元素来处理用户填写的信息，并且将结果显示在页面上。

打开 IE 浏览器，地址栏输入 http://localhost:8080/javaBeanDemo/register.html，单击【转到】按钮，注册界面如图 3-20 所示。填入信息提交之后，显示用户注册信息界面如图 3-21 所示。

【运行结果】

注册界面、显示用户注册信息界面，如图 3-20 和图 3-21 所示。

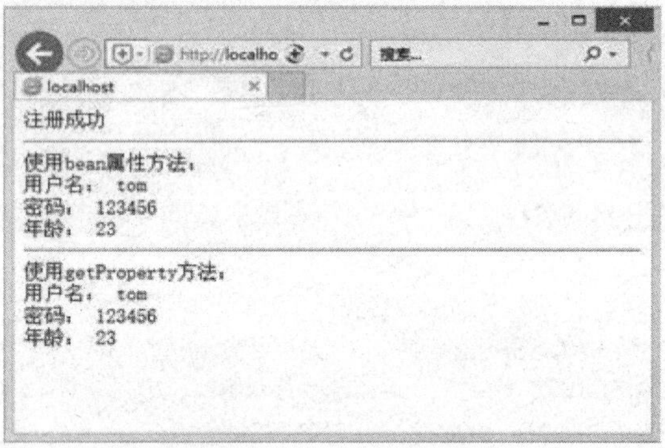

图 3-20　注册界面

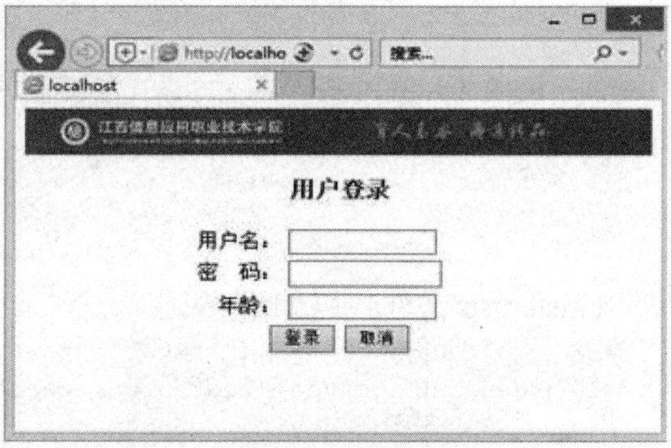

图 3-21　显示用户注册信息界面

3.4.6　<jsp:param>

<jsp:param>动作用于在页面之间传递参数。在使用 jsp:param 动作时，必须配<jsp:include>、<jsp:forward>和<jsp:plugin>使用。jsp:param 动作的语法格式如下。

```
<jsp:param name= “参数名称”  value="参数值"/>
```

对于<jsp:param>动作的使用，需注意以下几点。

（1）必须要设定其 name 属性表示传递参数的名称，value 属性用来设定该参数的值。

（2）JSP 操作元素和 HTML 不同，设定元素的属性时必须加上双引号 ""。

（3）在 JSP 程序中以如下的程序代码来获取该参数的值。

```
request.getParameter ("参数名称") ;
```

【例 3-17】使用<jsp:param>动作传递参数。

jspParamExample.jsp 文件代码如下。

```
<%@ page contentType="text/html; charset=gb2312" language="java"%>
 <img src="images/image1.png" width=100%>
<% String str="This a String";%>
<jsp:forward page="jspParamExample_1.jsp" >
     <jsp:param name="myString" value="<%=str%>" />
</jsp:forward>
```

jspParamExample_1.jsp 文件代码如下。

```
<%@ page contentType="text/html; charset=gb2312" language="java"%>
 <img src="images/image1.png" width=100%>
<center>
<%
```

```
 String str=request.getParameter ("myString") ;
%>
   <h3>传递的字符串是:<BR>
    <%=str%>
</center>
```

【运行结果】

jspParamExample.jsp 运行结果，如图 3-22 所示。

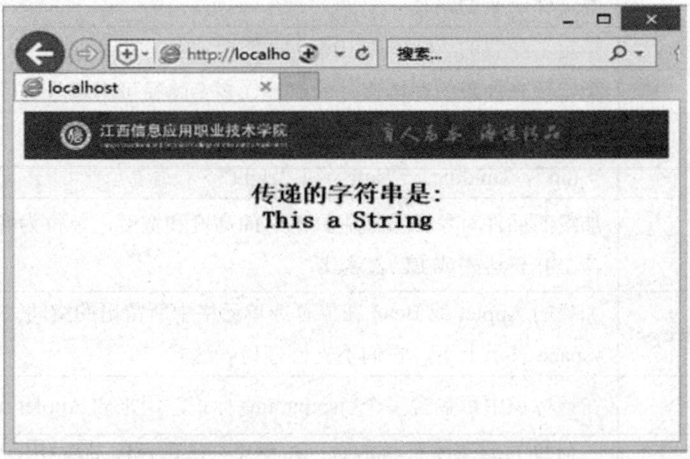

图 3-22　jspParamExample.jsp 运行结果

3.4.7　<jsp:plugin>

使用<jsp:plugin>标识可以在页面中插入 Java Applet 小程序或 JavaBean 程序组件，能够在客户端运行。该标识会根据客户端浏览器的版本转换成<object>或<embed>HTML 元素。

该标识的使用格式如下。

```
<jsp:plugin
type="bean|applet"
code="classFileName"
codebase="classFileDirectoryName"
name="instanceName"
align="left|right|top|middle|bottom"
width="width"
height="height"
hspace="horizontalSpace"
vspace="verticalSpace"
archive="archiveURL,…"
>
<jsp:params>
<jsp:param name="propertyName" value="propertyValue"/>
…
</jsp:params>
<jsp:fallback>text message</jsp:fallback>
</jsp:plugin>
```

<jsp:plugin>标识中的各属性的简要介绍如表 3-4 所示。

表 3-4　<jsp:plugin>标识中各属性的简要介绍

属性	说明
type	该属性指定了所要加载的插件对象的类型，可选值为“bean”和“applet”
code	指定了要加载的 Java 类文件的名称。该名称可包含扩展名和类包名，如“com.applet.MyApplet.class”
codebase	默认值为当前访问的 JSP 页面的路径，该属性用来指定 code 属性指定的 Java 类文件所在的路径
name	指定了加载的 Applet 或 Bean 的名称
archive	指定预先加载的存档文件的路径，多个路径可用逗号进行分隔
align	加载的插件对象在页面中显示时的对齐方式。可选值为“bottom”“top”“middle”“left”和“right”
height 和 width	加载的插件对象在页面中显示时的高度和宽度，单位为像素。这两个属性值支持 JSP 表达式或 EL 表达式
hspace 和 vspace	加载的 Applet 或 Bean 在屏幕或单元格中所留出的空间大小，hspace 表示左右，vspace 表示上下，它们不支持任何表达式
<jsp:params>	在该标识中可包含多个<jsp:param>标识，用来向 Applet 或 Bean 中传递参数
<jsp:fallback>	当加载 Java 类文件失败时，用来显示给用户提示信息

3.4.8　<jsp:fallback>

<jsp:fallback>是<jsp:plugin>的子标识，当使用<jsp:plugin>标识加载 Java 应用程序或 JavaBean 失败时，可通过<jsp:fallback>标识向用户输出提示信息。该标识的使用格式如下。

```
<jsp:plugin>
<jsp:fallback>
错误信息
</jsp:fallback>
</jsp:plugin>
```

3.5　JSP 注释

由于一个 JSP 页面可以混合 Java、JSP、HTML 标记，所以 JSP 页面中就有了多种注释方法。其中，HTML 注释在经由 JSP 编译而成的 HTML 源代码中是可见的；JSP 注释并不放在由 JSP 编译过程创建的 HTML 文档中，这些注释不能作为页面源代码的一部分通过浏览器看到；Java 注释也可以出现在 JSP 文件的 Java 程序段中，在浏览器中也是不可见的。在 JSP 中包含 Java 注释违反了分离 Java、HTML 代码的原则。下面主要介绍以下两种注释方法。

①JSP 页面中的隐藏注释。

②JSP 页面中的 HTML 注释。

1．JSP 页面中的隐藏注释（Hidden Comment）

JSP 语句中的隐藏注释嵌入在 JSP 程序的源代码中，使用隐藏注释的目的并不是提醒用户。

（1）方便程序设计和开发人员阅读程序，增强程序的可读性。一个优秀程序员的良好注释风格对于整个项目开发组以及长远使用来说很重要。

（2）增强程序可读性的同时又顾及程序系统的安全性，用户如果通过 Web 浏览器查看该 JSP 页面，看不到隐藏注释中注释的内容。

JSP 页面中的隐藏注释具体形式如下。

```
<%-- 注释内容 --%>
```

【例 3-18】隐藏注释的用法。

HiddenCommentDemo.jsp 文件代码。

```
<%@ page language="java" contentType="text/html; charset=gb2312"%>
<html>
<head><title>隐藏注释测试</title></head>
<body>
<h2>隐藏注释</h2>
<%-- 在页面源代码中，这个注释是看不见的 --%>
</body>
</html>
```

【程序说明】

JSP 编译器将不会对<%-- --%>之间的语句进行编译，不会显示在客户的浏览器中，也不会在源代码中看到。将此程序执行后，在浏览器上显示图 3-23 所示的结果。查看源文件，注释的语句没有显示出来。

【运行结果】

HiddenCommentDemo.jsp 运行，如图 3-23 所示。

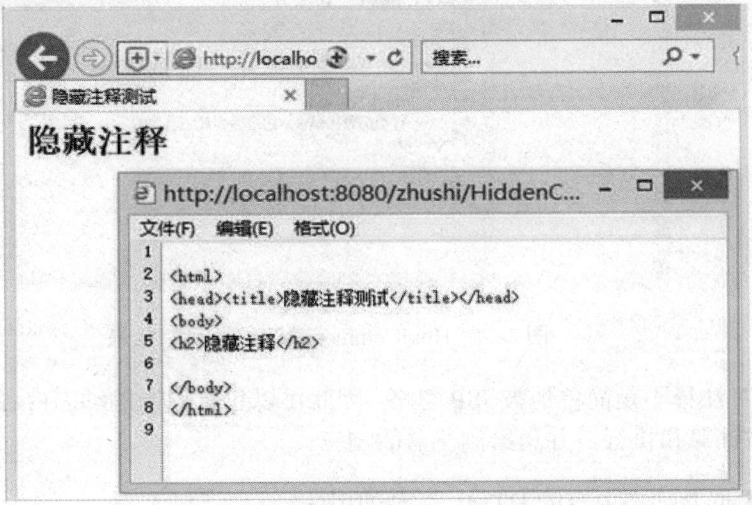

图 3-23 HiddenCommentDemo.jsp 运行

2. JSP 页面中的 HTML 注释

JSP 页面中的 HTML 注释又称为显示注释，用户能够在客户端看到注释内容，具体形式如下。

```
<!-- 注释内容 -->
```

【例 3-19】HTML 注释的用法。

HtmlCommentDemo.jsp 文件代码如下。

```
<%@ page language="java" contentType="text/html; charset=gb2312"%>
<html>
<head><title>HTML 注释测试</title></head>
<body>
<h2>HTML 注释</h2>
<!-- 在页面源代码中，这个注释能被看见的 -->
</body>
</html>
```

【程序说明】

当<!-- -->出现在 JSP 页面时，不被加入 JSP 响应中，而是出现在生成的 HTML 代码中，此代码将发送给浏览器；然后有浏览器负责忽略此注释。

【运行结果】

HtmlCommentDemo.jsp 运行结果，如图 3-24 所示。

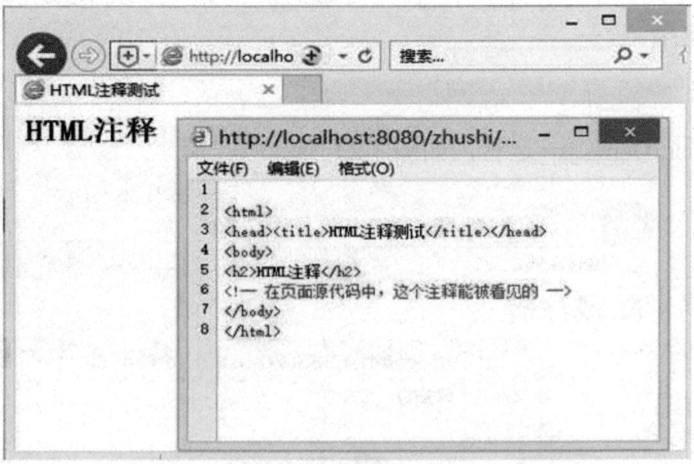

图 3-24 HtmlCommentDemo.jsp 运行结果

由于 HTML 注释不是简单地被 JSP 忽略，因此可以包含内嵌的动态内容。HTML 注释内的 JSP 表达式将被计算和执行，并送给浏览器的响应。

【例 3-20】嵌套动态内容的 HTML 注释的用法。

HtmlCommentDemo2.jsp 文件代码。

```
<%@ page language="java" contentType="text/html; charset=gb2312"%>
```

```
<%@page import="java.util.Date"%>
<html>
<head><title>HTML 注释测试 2</title></head>
<body>
<h2>HTML 注释 2</h2>
<!-- 北京时间<%= (new Date () .toString ()) %> -->
在源文件中包含当前时间:
<%= (new Date () .toString ())  %>
</body>
</html>
```

【程序说明】

在以上代码中，HTML 注释当中使用 JSP 表达式嵌套了时间函数，该表达式将会被计算和执行。执行程序后可在浏览器上显示结果。查看源文件，HTML 注释中的时间会被计算并且显示出来。

【运行结果】

HtmlCommentDemo2.jsp 运行结果，如图 3-25 所示。

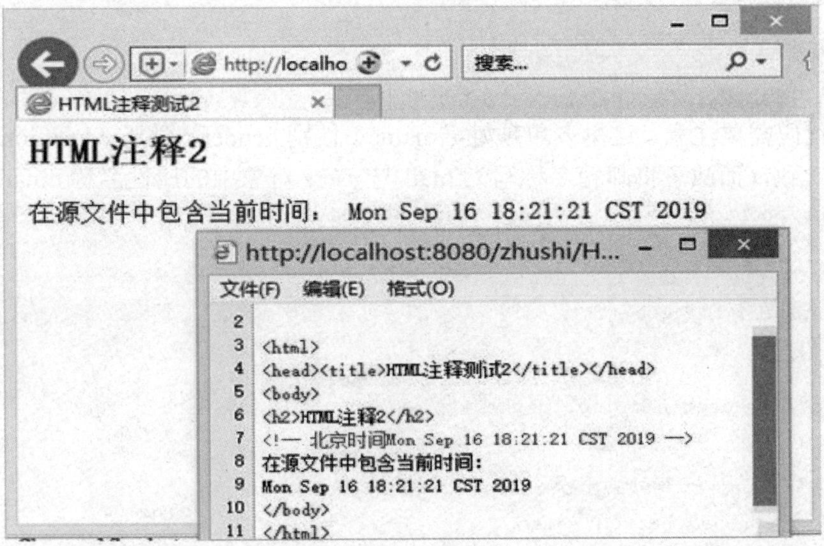

图 3-25　HtmlCommentDemo2.jsp 运行结果

完成任务，文件代码如下。

users 类。

```
package javabean;
public class users {
private String name;
private String gender;
private String education;
private String email;

public String getName ()  {
```

```
        return name;
    }
    public void setName (String name) {
        this.name = name;
    }
    public String getGender () {
        return gender;
    }
    public void setGender (String gender) {
        this.gender = gender;
    }
    public String getEducation () {
        return education;
    }
    public void setEducation (String education) {
        this.education = education;
    }
    public String getEmail () {
        return email;
    }
    public void setEmail (String email) {
        this.email = email;
    }
}
```

reg.jsp 代码需要注意，这里表单项姓名 name、性别 gender、学历 education 与对象 users 中的属性名称一致，而故意将邮箱名称写为 mail 与 users 对象中的属性名称 email 不一致。

```
<%@ page language="java"  pageEncoding="GBK"contentType="text/html; charset=gb2312"%>
<html>
<head>
<title>注册信息</title>
</head>
<body>
<form action="userInfo.jsp" method="post">
    姓名：<input type="text" name="name"/><br/>
    性别：<input type="radio" name="gender" value="man"
        checked="checked"/>man
        <input type="radio" name="gender" value="woman"/>woman <br/>
    学历：<select name="education">
            <option value="select">请选择</option>
            <option value="high_school_student">high_school_student</option>
            <option value="undergraduate">undergraduate</option>
            <option value="graduate">graduate</option>
            <option value="doctor">doctor</option>
        </select> <br/>
    邮箱：<input type="text" name="mail"/><br/>
        <input type="submit" value="提交"/>
</form>
</body>
```

```
</html>
```

userInfo.jsp 代码如下。

```
<%@ page language="java" pageEncoding="GBK"contentType="text/html; charset=gb2312"%>
<html>
<head>
<title>用户信息</title>
</head>
<body>
<jsp:useBean id="user" class="javabean.users"/>
<jsp:setProperty property="*" name="user"/>
<jsp:setProperty property="email" param="mail" name="user"/>
姓名：<jsp:getProperty property="name" name="user"/> <br/>
性别：<jsp:getProperty property="gender" name="user"/> <br/>
学历：<jsp:getProperty property="education" name="user"/> <br/>
邮箱：<jsp:getProperty property="email" name="user"/>
</body>
</html>
```

【运行结果】

HtmlCommentDemo2.jsp 运行结果，如图 3-26 所示。

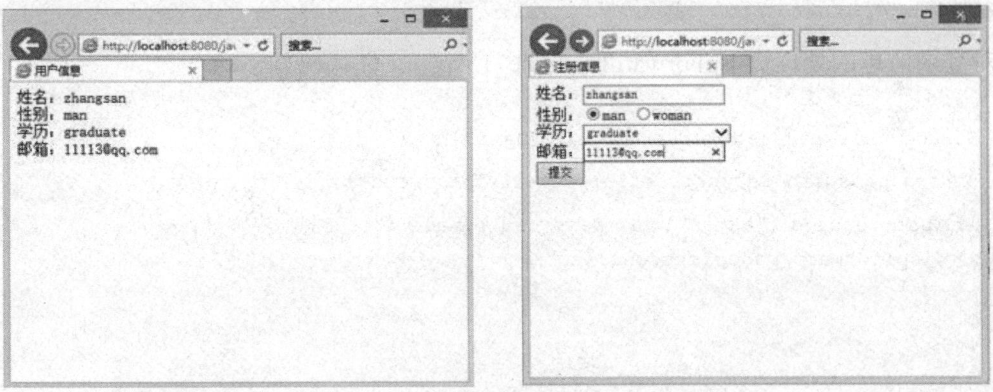

图 3-26　reg.jsp 运行结果

综合案例：购物车——登录界面实现

利用 JSP 编程技术实现一个简单购物车——登录界面实现程序，具体要求如下。

（1）用 JSP 编写一个登录页面，登录信息中有用户名和密码，分别用两个按钮来提交登录信息。

（2）编写一个 JSP 程序来处理用户提交的登录信息，如果用户名为“admin”且密码为“123”时，采用 JSP 动作指令跳转到登录成功页面；否则采用 JSP 动作跳转到温馨提示界面，并且能使用超链接让用户重新登录。

【例 3-21】购物车用户登录。

登录界面 jspForwardExample.jsp，文件代码如下。

```
<%@ page contentType="text/html; charset=gb2312" language="java"%>
   <img src="images/image1.png" height="100" width="100">
<center>
   <h3>用户登录</h3>
</center>
<form action="jspForwardExample_1.jsp" method="post" >
  <table width="298"  border="0" align="center" cellpadding="2" cellspacing="1">
    <tr>
      <td align="right">用户名：</td>
      <td align="left"><input name="user" type="text"  size="15"></td>
    </tr>
    <tr>
      <td  align="right">密  码：</td>
      <td align="left"><input name="password" type="password" size="15"></td>
    </tr>
    <tr>
      <td colspan="2" align="center"><input type="submit" value="登录">
      <input type="reset"  value="取消"></td>
    </tr>
  </table>
</form>
```

对登录信息的处理页 jspForwardExample_1.jsp，文件代码如下。

```
<%
  String user=request.getParameter ("user") ;
  String password=request.getParameter ("password") ;
  if (user.equals ("admin")  && password.equals ("123"))  { %>
     <jsp:forward page="success.jsp"/>
  <% }
  else
  { %>
    <jsp:forward page="fail.jsp"/>
  <% } %>
```

对于登录成功的用户，跳转到登录成功界面 succsee.jsp，文件代码如下。

```
<%@ page contentType="text/html; charset=gb2312" language="java"%>
<img src="images/image1.png" height="100" width="100">
<h3 align=center><font color=red>登录成功</font></h3>
```

对于登录失败的用户，进行温馨的页面提示界面 fail.jsp，文件代码如下。

```
<%@ page contentType="text/html; charset=gb2312" language="java"%>
<h3 align=center><font color=red><a href="jspForwardExample.jsp">登录失败，请重新登录
</font></h3>
```

【程序说明】

在 jspForwardExample_1.jsp 文件中，使用 request.getParameter（）方法获取 jspForwardExample.jsp 页面传过来的用户名和密码参数，并根据传递的参数进行判断。如果用户名和密码

都正确，则页面请求转发至 succsee.jsp；否则请求转发至 fail.jsp。

输入 http://localhost:8 080/MyFirstWeb/jspForwardExample.jsp，单击【转到】按钮，显示如图 3-27 所示。在输入登录信息后，单击登录按钮，登录成功后显示如图 3-28 所示窗口，登录失败显示窗口如图 3-29 所示。

【运行结果】

jspForwardExample.jsp 运行结果、登录成功界面、登录失败界面，如图 3-27、图 3-28 和图 3-29 所示。

图 3-27　jspForwardExample.jsp 运行结果

图 3-28　登录成功界面

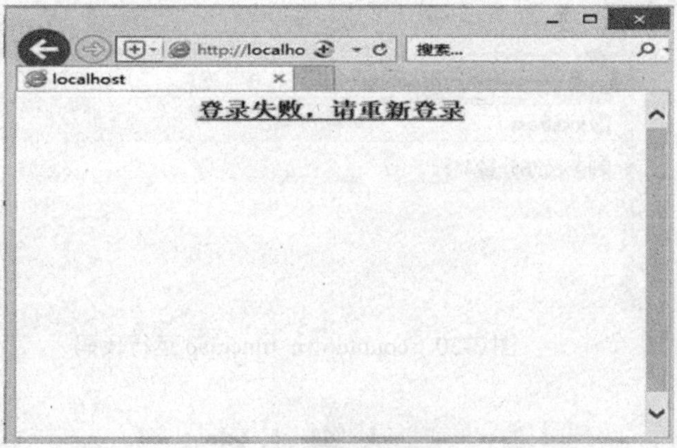

图 3-29 登录失败界面

拓展案例：倒计时定时器

在线考试系统的时间控制是通过时间同步来实现真真正正的倒计时的，因此定时器是经常使用到的工具，使用 JSP 技术编写一个程序，在页面上实现倒计时 30 分钟的动态显示效果。

【例 3-22】倒计时定时器。

countdown_timer.jsp 文件代码如下。

```
<%@ page language="java" import="java.util.*" pageEncoding="UTF-8"%>
<%@page import="java.text.SimpleDateFormat"%>
```

```
<%@page import="java.text.DateFormat"%>
<div id="showTimes"></div>
<%
 long current_time=System.currentTimeMillis () ;//当前时间的毫秒数
 long time=1800000;//间隔时间
 %>
<script>
var second = <%= time / 1000%>; // 剩余秒数
// 写一个方法，将秒数转化为分钟、秒
var toDays = function () {
var s = second % 60; // 秒
var mi =  (second - s)  / 60 % 60; // 分钟
return "剩余：" + mi + "分钟" + s + "秒";
}
//然后写一个定时器
window.setInterval (function () {
 second --;
 document.getElementById ("showTimes") .innerHTML = toDays  () ;
}, 1000) ;
</script>
```

【运行结果】

countdown_timer.jsp 运行代码，如图 3-30 所示。

图 3-30　countdown_timer.jsp 运行代码

本章小结

本章首先介绍了 JSP 基础语法知识，包括脚本标识、指令标识和动作标识；其次介绍了 page 指令和 include 指令；最后介绍了三大脚本标识的声明、表达式、脚本代码等。通过本章的学习，帮助读者熟练掌握 JSP 语法。

习题 3

一、选择题

1．可以在以下哪个（　　）标记之间插入 Java 程序片？

A．<% 和 %>　　B．<% 和 />

C．</　和 %>　　D．<% 和　!>

2．JSP 的 Page 编译指令的属性 Language 的默认值是（　　）。

A.Java　　B．BC

C. C#　　D．DSQL

3．可以在以下哪个（　　）标记之间插入变量与方法声明？

A．<% 和 %>　　B．<%! 和 %>

C．</ 和 %>　　D．<% 和　!>

4．下列（　　）注释为隐藏型注释。

A．<!-- 注释内容 [<%= 表达式 %>] -->

B．<!-- 注释内容　-->

C．<%-- 注释内容 --%>

D．<!—[<%= 表达式 %>] -->

5．test.jsp 文件如下，试图运行时，将发生（　　）。

```
<html>
    <% String str=NULL;%>
    str is <%=" str" %>
</html>
```

A．转译期错误　　B．编译期错误

C．运行后，浏览器上显示：str is NULL　　D．运行后，浏览器上显示：str is str

6．在 JSP 中，（　　）动作用于将文件包含入 JSP 页面。

A．page【当前页】　　B．forward 【转发】

C．include　　D．taglib【导入库】

7．下列说法中错误的是（　　）。

A．<jsp:plugin>元素用于在浏览器中播放或显示一个对象

B．Jsp:param 操作被用来以“名—值”对的形式为其他标签提供附加信息

C．<jsp:fallback>是<jsp:plugin>动作的一部分，并且只能在<jsp:plugin>动作中使用。

D．以上说法全不对

8．要设置某个 JSP 页面为错误处理页面，以下 page 指令正确的是（　　）。

A．<%@ page extends= “true” %>

B．<%@ page isErrorPage= “true” %>

C．<%@ page info= “true”%>

D．<%@ page errorPage= “true” %>

9．在 JSP 中使用<jsp:forward　page = "newworld.jsp" /> 后浏览器地址栏内的内容（　　）。

A．发生变化　　B．不发生变化

C．错误用法　　D．可能变化

10．下面关于 jsp:setProperty 说法中错误的是（　　）。

A．jsp:setProperty 用来设置已经实例化的 Bean 对象的属性

B．name 属性：表示要设置属性的是哪个 Bean

C．property 属性表示要设置哪个属性

D．value 属性用来指定 Bean 属性的值，且该属性必须存在

二、问答题

1．简述 JSP 页面的基本组成。
2．include 标记与 include 动作标记有什么区别？
3．两种跳转方式分别是什么？有什么区别？
4．在 JSP 页面输出 hello world 至少三种方式。

三、编程题

1．编写一个 JSP 页面，页面显示内容是九九乘法表。

2．请创建一个 JSP，主要功能是：分别为两个整数变量赋值，然后求取其中较大的值，假定两个整形变量的值分别是 1 和 13。要求运行结果页面是：现在比较 1 与 13 的大小，较大的值是 13。

3．用 JSP 编写一个页面，页面显示内容是当前日期。

第 4 章　JSP 内置对象

本章主要介绍 JSP 的内置对象，内置对象是指在 JSP 页面系统中已经默认内置的 Java 对象，这些对象不需要开发人员声明即可使用。在 JSP 页面中，可以通过存取 JSP 内置对象实现与 JSP 页面和 Servlet 环境的相互访问。每个内置对象均有对应所属的 ServletAPI 类型。

学习目标

- 掌握 request、response session 对象。
- 熟悉 application、out 对象。
- 了解其他内置对象。

任务陈述

使用内置对象编写代码，统计页面访问者人数，即页面计数。每一个用户访问一次页面就计数一次，只要获取上一个用户访问结束后的计数信息就可以统计出页面当前访问次数。

Application 对象中可以保留 Web 应用程序有关的所有信息，并且 Application 对象的生命周期是从服务器启动开始至服务器停止，所以可以把计数信息保存至 Application 对象。

相关知识

4.1　request 对象

request 对象的作用是与客户端交互，收集客户端的 Form、Cookies、超链接，或者收集服务器端的环境变量。request 对象是从客户端向服务器发出请求，包括用户提交的信息以及客户端的一些信息。客户端可通过 HTML 表单或在网页地址后面提供参数的方法提交数据，然后服务器通过 request 对象的相关方法来获取这些数据。request 的各种方法主要用来处理客户端浏览器提交的请求中的各项参数和选项。是 HttpServletRequest 的实例。

4.1.1　获取客户端提交数据

在 Web 应用程序中，需要经常完成用户与网站的交互。当用户填写表单后，需要把数据提交给服务器处理，服务器获取到这些信息并进行处理。request 对象的 getParameter（）方法，可以用来获取用户提交的数据。

获取请求参数的方法如下。

```
String userName = request.getParameter ("name") ;
```

参数 name 与 HTML 标记 name 属性对应，如果参数值不存在，则返回一个 NULL 值，该方法的返回值为 String 类型。

【例 4-1】request.getParameter（"name"）示例.

login.jsp 程序代码如下。

```
<%@ page contentType="text/html; charset=utf-8" %>
<html>
<head>
<title>用户登录</title>
</head>
<body>
当前页面是 login.jsp
<form id="form1" name="form1" action="login_deal.jsp">
  用户名:
  <input name="username" type="text" id="username" />
  <br />
  密  码:
<input name="pwd" type="text" id="pwd" />
  <br />
  <br />
  <input type="submit" name="Submit" value="提交" />
  <input type="reset" name="Submit2" value="重置" />
</form>
</body>
</html>
```

login_deal.jsp 程序代码如下。

```
<%@ page contentType="text/html; charset=utf-8"%>
<html>
<head>
<title>处理结果</title>
</head>
<body>
当前页面是 login_deal.jsp<br>
<%
String str=request.getParameter ("username") ;
String username=new String (str.getBytes ("ISO-8859-1") ,"utf-8") ;
String pwd=request.getParameter ("pwd") ;
out.println ("用户名为: "+username) ;
out.println ("密码为: "+pwd) ;
%>
</body>
</html>
```

【程序说明】

（1）login.jsp 文件中含有一个表单，表单中有两个文本框用来收集用户输入的数据，点击表单中的提交按钮，页面跳转至 login_deal.jsp 文件。

（2）login_deal.jsp 文件中使用 request.getParameter（）方法分别获取两个文本框的值并通过使用 out.println（）方法将这两个值输出至客户端。

（3）使用 new String（str.getBytes（"ISO-8859-1"）,"utf-8"）方法对获取到的第一个文本框的值进行中文乱码处理。

【运行结果】

ogin.jsp 运行结果、login_deal.jsp 运行结果，如图 4-1 和图 4-2 所示。

图 4-1　ogin.jsp 运行结果

图 4-2　login_deal.jsp 运行结果

4.1.2　在作用域中管理属性

request 对象具有请求域，即完成客户端的请求之前，该对象一直有效。使用 request 对象的 setAttribute（"name",obj）方法，可以把数据 obj 保存在 request 范围内。请求转发后的页面使用 getAttribute（"name"）方法就可以取得数据 obj。

【例 4-2】在作用域中管理属性示例。

setAttribute.jsp 程序代码如下。

```
<%@ page contentType="text/html; charset=gb2312" language="java" errorPage="" %>
<html>
<head>
<title>处理结果</title>
</head>
<body>
当前页面是 setAttribute.jsp<br>
<%
request.setAttribute ("error","很抱歉！您输入的用户名或密码不正确！")；
%>
<jsp:forward page="error.jsp" />
</body>
</html>
```

error.jsp 程序代码如下。

```
<%@ page contentType="text/html; charset=gb2312" language="java" errorPage="" %>
<html>
<head>
<title>处理结果</title>
</head>
<body>
当前页面是 error.jsp<br>
```

```
<%
out.println ("错误提示信息为: "+request.getAttribute ("error")) ;
%>
</body>
</html>
```

【程序说明】

（1）setAttribute.jsp 文件使用 request.setAttribute（"error","很抱歉！您输入的用户名或密码不正确！"）方法将内容为"很抱歉！输入的用户名或密码不正确！"的 String 对象保存至 request 范围并为该 String 对象取名为"error"，然后使用<jsp:forward page="error.jsp" />跳转至 error.jsp。

（2）error.jsp 文件使用 request.getAttribute（"error"）方法从 request 范围中获取名字为"error"的对象，并将该对象通过 out.println（）方法输出至客户端。

【运行结果】

setAttribute.jsp 运行结果，如图 4-3 所示。

图 4-3　setAttribute.jsp 运行结果

4.1.3　客户端提交方式

客户端向服务器端提交请求的方式有两种：get 和 post，区别如下。

（1）get 将表单中的数据按照 variable=value 的形式，添加到 action 所指向的 URL 后面，并且两者使用“?”连接，而各个数据之间使用“&”连接；如 http://www.mdm.com/test.asp?name=asd&password=sad，数据会直接显示在 url 上，就像用户点击一个链接一样。post 方法通过 HTTP post 机制，将表单内各字段名称与其内容放置在 HTML 表头（header）内一起传送给服务器端交由 action 属性所指的程序处理。

（2）get 是不安全的，因为在传输过程，数据被放在请求的 URL 中。如今，有的很多服务器、代理服务器或者用户代理都会将请求 URL 记录到日志文件中，然后放在某个地方，这样就可能会有一些隐私的信息被第三方看到。另外，用户也可以在浏览器上直接看到提交的数据，一些系统内部消息将会一同显示在用户面前。post 的所有操作对用户来说都是不可见的。

（3）get 传输的数据量小，这主要是因为受 URL 长度限制；而 post 可以传输大量的数据。

（4）get 是默认的提交方式。

4.1.4　reques 常用方法

客户端的请求信息被封装在 request 对象中，通过 request 对象可以了解客户的需求，然后做出响应。除了上述几个重要方法以外，request 还有其他常用方法。

request 对象常用方法，如表 4-1 所示。

表 4-1 request 对象常用方法

常用方法	方法介绍
String getParameter（String name）	返回 name 指定参数的参数值
String[] getParameterValues（String name）	返回包含参数 name 的所有值的数组
void setAttribute（String,Object）	存储此请求中的属性
Object getAttribute（String name）	返回指定属性的属性值
String getContentType（）	得到请求体的 MIME 类型
String getProtocol（）	返回请求用的协议类型及版本号
String getServerName（）	返回接受请求的服务器主机名
int getServerPort（）	返回服务器接受此请求所用的端口号
String getCharacterEncoding（）	返回字符编码方式
void setCharacterEncoding（）	设置请求的字符编码方式
int getContentLength（）	返回请求体的长度（以字节数）
String getRemoteAddr（）	返回发送此请求的客户端 IP 地址
String getRealPath（String path）	返回一虚拟路径的真实路径
String request.getContextPath（）	返回上下文路径

获取客户信息示例，getInfo.jsp 程序代码如下。

```
<%@ page contentType="text/html; charset=gb2312" language="java" errorPage=""%>
<html>
<head>
<title>获取客户信息</title>
</head>
<body>
客户提交信息的方式：<%=request.getMethod () %>
<br>使用的协议：<%=request.getProtocol () %>
<br>获取客户端请求访问的服务器上资源的绝对路径：<%=request.getRequestURI () %>
<br>获取提交数据的客户端 IP 地址：<%=request.getRemoteAddr () %>
<br>获取服务器端口号：<%=request.getServerPort () %>
<br>获取服务器的名称：<%=request.getServerName () %>
<br>获取客户端的机器名称：<%=request.getRemoteHost () %>
<br>获取客户端所请求的脚本文件的文件路径:<%=request.getServletPath () %>
<br>获得 Http 协议定义的文件头信息 Host 的值:<%=request.getHeader ("host") %>
<br>获得 Http 协议定义的文件头信息 User-Agent 的值:<%=request.getHeader ("user-agent") %>
</body>
</html>
```

【程序说明】

（1）通过 jsp 表达式输出 getMethod（）的返回值，返回客户端提交请求的方式：get 或 post，默认为 get。

（2）通过 jsp 表达式输出 getProtocol（）的返回值，返回访问 Web 应用程序使用的协议。

（3）通过 jsp 表达式输出 getRequestURI（）的返回值，返回请求访问的服务器上资源的绝对路径（开头的“/”代表服务器）。

（4）通过 jsp 表达式输出 getRemoteAddr（）的返回值，返回客户端 IP 地址。

（5）通过 jsp 表达式输出 getServerPort（）的返回值，返回当前使用的服务器的端口号。

（6）通过 jsp 表达式输出 getServerName（）的返回值，返回服务器的名字。

（7）通过 jsp 表达式输出 getRemoteHost（）的返回值，返回客户端的机器名。

（8）通过 jsp 表达式输出 getServletPath（）的返回值，返回请求访问的资源的绝对路径。

【运行结果】

getInfo.jsp 运行结果，如图 4-4 所示。

客户提交信息的方式：GET
使用的协议：HTTP/1.1
获取客户端请求访问的服务器上资源的绝对路径：/w/getInfo.jsp
获取提交数据的客户端IP地址：0:0:0:0:0:0:0:1
获取服务器端口号：8080
获取服务器的名称：localhost
获取客户端的机器名称：0:0:0:0:0:0:0:1
获取客户端所请求的脚本文件的文件路径:/getInfo.jsp
获得Http协议定义的文件头信息Host的值:localhost:8080
获得Http协议定义的文件头信息User-Agent的值:Mozilla/5.0 (Windows NT 6.1) AppleWebKit/537.36 (KHTML, like Gecko) Chrome/63.0.3239.132 Safari/537.36

图 4-4　getInfo.jsp 运行结果

4.1.5　访问安全信息

request 对象提供了对安全属性的访问，request 对象安全属性访问方法，如表 4-2 所示。

表 4-2　request 对象安全属性访问方法

方法	方法介绍
String getParameter（String name）	返回 name 指定参数的参数值
String[] getParameterValues（String name）	返回包含参数 name 的所有值的数组
void setAttribute（String,Object）	存储此请求中的属性
Object getAttribute（String name）	返回指定属性的属性值
String getContentType（）	得到请求体的 MIME 类型
String getProtocol（）	返回请求用的协议类型及版本号
String getServerName（）	返回接受请求的服务器主机名
int getServerPort（）	返回服务器接受此请求所用的端口号
String getCharacterEncoding（）	返回字符编码方式
void setCharacterEncoding（）	设置请求的字符编码方式
int getContentLength（）	返回请求体的长度（以字节数）
String getRemoteAddr（）	返回发送此请求的客户端 IP 地址
String getRealPath（String path）	返回一虚拟路径的真实路径
String request.getContextPath（）	返回上下文路径

4.2　response 对象

response 对象和 request 对象相对应，用于响应客户请求，向客户端输出信息。response 对象是 javax.servlet.http.HttpServletResponse 接口类的对象，封装了 JSP 产生的响应，并发送到客户端以响应客户端的请求。请求的数据可以是各种数据类型和文件。

4.2.1　重定向网页

在 JSP 页面中，可以使用 response 对象中的 sendRedirect（）方法将客户请求重定向到一个不同的页面。例如，将客户请求转发到 login_ok.jsp 页面的代码如下。

```
response.sendRedirect ("login_ok.jsp") ;
```

请求重定向方法，如表 4-3 所示。

表 4-3　请求重定向方法

方法	方法介绍
sendRedirect（String location）	使用指定的重定向位置 URL 向客户发送重定向响应，可以使用相对 URL
sendError（int number）	使用指定的状态码向客户发送错误响应
sendError（int number,String msg）	使用指定的状态码和描述性消息向客户发送错误响应

重定向网页示例，login_deal.jsp 程序代码如下。

```
<%@ page contentType="text/html; charset=gb2312" language="java" errorPage="" %>
<html>
<head>
<title>处理结果</title>
</head>
<body>
<%
String username="abc";
String pwd="123";
if (!username.equals ("") && !pwd.equals (""))
{
   request.setAttribute ("k","aaa") ;
   response.sendRedirect ("login_ok.jsp") ;
}
else
{
   response.sendError (500) ;
}
%>
</body>
</html>
```

login_ok.jsp 程序代码如下。

```
<%@ page contentType="text/html; charset=gb2312" language="java" errorPage="" %>
<html>
<head>
```

```
<title>处理结果</title>
</head>
<body>
<%=request.getAttribute ("k") %>
登录成功!
</body>
</html>
```

【程序说明】

（1）在 login_deal.jsp 文件中创建了 username 和 pwd 两个变量。如果这两个变量的值都不为空则执行 if 语句将内容为“aaa”的 String 对象保存至 request 并取名为 k，然后以请求重定向的方式跳转至 login_ok.jsp。

（2）在 login_ok.jsp 文件中通过 request.getAttribute（"k"）获取 k 的值并输出至网页。输出结果为 NULL，因为 login_deal.jsp 以请求重定向的方式跳转至 login_ok.jsp，相当于客户端重新发出请求访问 login_ok.jsp。即两个页面不是一次请求一个 request，所以 login_deal.jsp 页面中保存至 request 的名字为 k 的属性在 login_ok.jsp 页面中通过 request 无法获取。

【运行结果】

login_deal.jsp 运行结果如图 4-5 所示。

图 4-5　login_deal.jsp 运行结果

4.2.2　请求重定向和请求转发的区别

重定向和请求转发都可以让浏览器获得另外一个 URL 所指向的资源，但两者的内部运行机制有很大的区别。

（1）当使用请求转发时，服务器将使用一个内部的方法来调用目标页面。新的页面继续处理同一个请求，而浏览器不知道这个过程（是服务器端跳转，无论跳转了多少个页面仍然是一个请求，即多个页面共享一个请求 request）。与之相反，重定向方式的含义是第一个页面通知浏览器发送一个新的页面请求（是客户端跳转即客户端发出新的请求，跳转页面对应不同的请求，即每个页面都有 request）。

（2）当使用请求重定向时，浏览器中所显示的地址（URL）会变成跳转到的新页面的地址（URL），而当使用请求转发时，浏览器地址栏（URL）保持不变。

（3）通常情况下请求转发速度更快，而且能保持 request 内的对象，即请求转发共用一个 request，所以是第一选择。但是由于在转发之后，浏览器中 URL 仍然指向开始页面，此时如果重载当前页面，开始页面将会被重新调用。如果不想看到这样的情况，则选择重定向。请求重定向的速度比请求转发慢，因为浏览器还得发出一个新的请求，并且因为重定向方式产生了一个新的请求，所以经过一次重定向后，request 内的对象将无法使用。

（4）对于 sendRedirect 如果传递的 URL 以“/”开头，开头的“/”代表服务器（它是相对于整个服务器（Web 站点）的根目录）；对于 forward 如果传递的 URL 以"/"开头，开头的"/"代表当前项目（它是相对于当前 Web 应用程序的根目录）。

4.2.3　设置 HTTP 响应报头

http 响应报文由响应行、响应头和响应体三部分组成。具体内容如下。

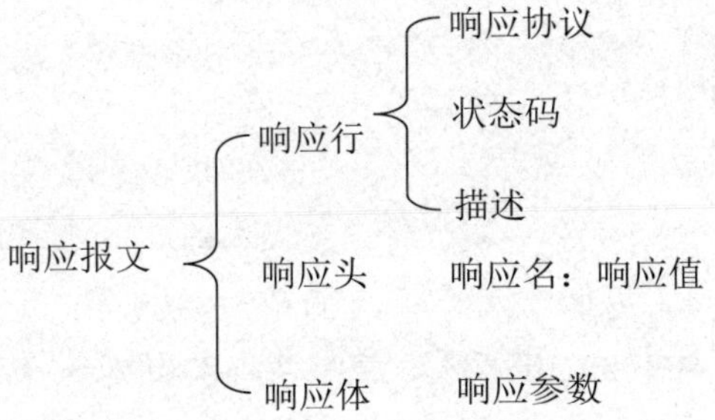

（1）响应行主要包括：响应协议（这个与请求协议对应，比如 http）、状态码 200、状态码的描述 OK。

（2）响应头是常见的响应名对应的响应值。

（3）响应参数是真正需要的从数据库中取出的数据。

设置 HTTP 响应报头的方法如表 4-4 所示。

表 4-4　设置 HTTP 响应报头的方法

方法	方法介绍
setDateHeader（String name,long date）	使用给定的名称和日期值设置一个响应报头，如果指定的名称已经设置，则新值会覆盖旧值
setHeader（String name,String value）	使用给定的名称和值设置一个响应报头，如果指定的名称已经设置，则新值会覆盖旧值
setHeader（String name,int value）	使用给定的名称和整数值设置一个响应报头，如果指定的名称已经设置，则新值会覆盖旧值
addHeader（String name,long date）	使用给定的名称和值设置一个响应报头
addDateHeader（String name,long date）	使用给定的名称和日期值设置一个响应报头
containHeader（String name）	返回一个布尔值，它表示是否设置了已命名的响应报头
addIntHeader（String name,int value）	使用给定的名称和整数值设置一个响应报头
setContentType（String type）	为响应设置内容类型，其参数值可以为 text/html，text/plain，application/x_msexcel 或 application/msword
setContentLength（int len）	为响应设置内容长度
setLocale（java.util.Locale loc）	为响应设置地区信息

response 对象的 addHeader（）和 setHeader（）可以动态添加新的响应头和头值，如果这个头值事先已经存在，则原来的头被覆盖。

【例 4-3】定时刷新页面示例。

程序代码如下。

```
<%@ page contentType="text/html;charset=utf-8"%>
<%@ page import="java.util.Date"%>
<html>
  <head>
    <title>My JSP 'refresh.jsp' starting page</title>
  </head>
  <body>
   <%
    Date date=new Date () ;
    response.setHeader ("refresh","5") ;
   %>
    页面每隔 5 秒刷新一次<br/>
    现在时间：<%=date.toLocaleString () %>
  </body>
</html>
```

【程序说明】

Date date=new Date（）生成当前时间 date。

response.setHeader（"refresh","5"）设置响应头，即每隔 5 秒自动刷新一次。

【运行结果】

refresh.jsp 运行结果，如图 4-6 所示。

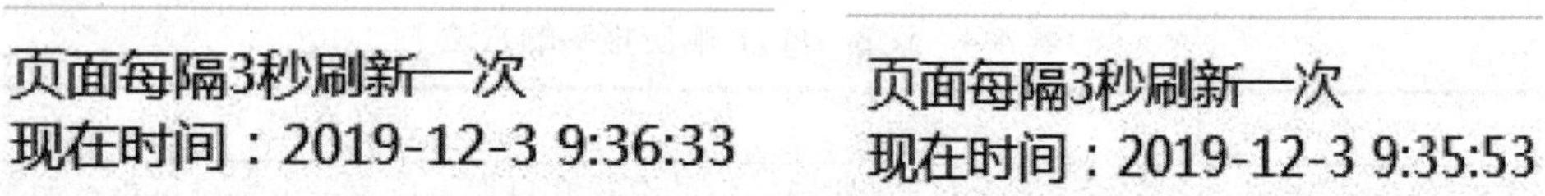

图 4-6　refresh.jsp 运行结果

【例 4-4】将 JSP 页面保存为 word 文档示例。

程序代码如下。

```
<%@ page contentType="text/html; charset=gb2312"%>
<%
if (request.getParameter ("submit1") !=NULL) {
  response.setContentType ("application/msword;charset=gb2312") ;
}
%>
<html>
<head>
<title></title>
</head>
<body>
平平淡淡才是真！
快快乐乐才是福！
<form action="" method="post" name="form1">
  <input name="submit1" type="submit" id="submit1" value="保存为 word">
</form>
```

```
</body>
</html>
```

【程序说明】

（1）contentType 属性用来设置客户端以不同形式及编码展示服务器响应，客户端收到响应后，根据 contentType 的值对响应做对应的处理。Page 指令可以设置 contentType 的值，而 response 对象可以调用 setContentType（）方法修改 contentType 的值。

（2）因为 form 表单 action=""，所以点击 form 表单上“保存为 word”提交按钮后程序再次执行当前页面，此时 if（request.getParameter（"submit1"）!=NULL）为“true”执行 response.setContentType（"application/msword;charset=gb2312"）将当前 jsp 页面保存为 word。

【运行结果】

ontentType.jsp 运行结果，如图 4-7 所示。

图 4-7　contentType.jsp 运行结果

4.2.5　缓冲区配置

响应缓冲区就相当于 C 语言使用 printf 输出函数时使用的缓冲区，所有的输出不会立马输出至屏幕上，而是先进入缓冲区，等到刷新（flush）时再将缓冲区中的内容显示至屏幕。响应缓冲区是 PrintWriter 的缓冲区，输出内容先暂存在响应缓冲区 buffer 中，一旦符合某些条件就将缓冲区的内容发送至客户端（flush）。管理缓冲区的方法，如表 4-5 所示。

表 4-5　管理缓冲区的方法

方法	方法介绍
flushBuffer（）	手动强制把缓冲区中内容发送给客户
getBufferSize（）	返回响应所使用的实际缓冲区大小，如果没使用缓冲区，则该方法返回 0。返回值单位为字节
setBufferSize（int size）	为响应设置缓冲区大小
isCommitted（）	返回一个 boolean，判断响应是否已经提交；一般在 reset（）调用之前先调用该函数以确认响应是否提交
reset（）	清除缓冲区存在的所有数据，同时清除状态码和报头。如果缓冲区为空的时候清除，则会报错
flushBuffer（）	手动强制把缓冲区中内容发送给客户

【例 4-5】缓冲区配置示例。

代码如下。

```
<%@ page contentType="text/html; charset=gb2312"%>
<html>
<head>
<title>处理结果</title>
</head>
<body>
<%
out.print ("缓冲区大小: "+response.getBufferSize () +"<br>") ;
out.print ("缓冲区内容强制提交前<br>") ;
out.print ("输出内容是否提交: "+response.isCommitted () +"<br>") ;
response.flushBuffer () ;
out.print ("缓冲区内容强制提交后<br>") ;
out.print ("输出内容是否提交: "+response.isCommitted () +"<br>") ;
%>
</body>
</html>
```

【程序说明】

（1）response.getBufferSize（）方法获取响应缓冲区大小，返回值为 int，单位为字节。

（2）response.isCommitted（）方法判断响应是否提交。如果在调用 response.isCommitted（）之前调用了 flushBuffer（）则 response.isCommitted（）返回 true，否则返回 false。

【运行结果】

buffer.jsp 运行结果，如图 4-8 所示。

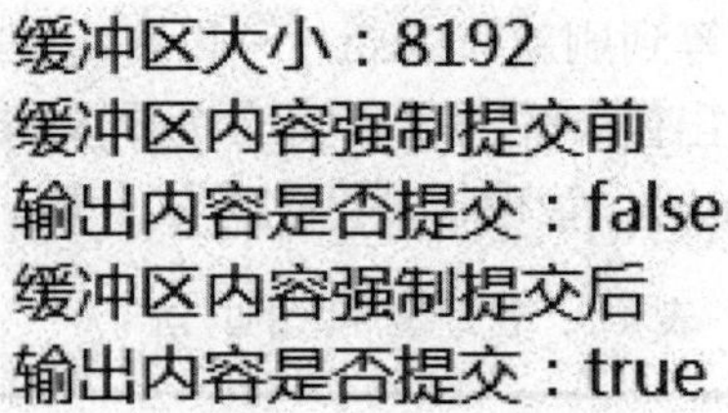

图 4-8　buffer.jsp 运行结果

4.3　session 对象

4.3.1　session 对象概述

HTTP 协议是一种无状态协议。当一个客户向服务器发出请求以及接收请求，并返回响应后，该连接就被关闭了，此时服务器端不保留连接的有关信息，因此下一次同一个客户端再次向服务器发出请求，服务器已没有以前的连接信息，此时将不能判断这一次连接和以前的连接是否属于同一客户。为了弥补这一缺点，JSP 提供了一个 session 对象，服务器针对每一位访问的用户都会创建一个 session 对象。即一个 session 对象对应一个用户，只要用户一直在访问服务器上的 Web 应用程序，session 对象就一直存在，服务器和客户端之间的连接就会一直保持下去，系统默认在 30 分钟内。如果客户端不向服务器发出请求，session 对象就会自动消失，本次访问就一直在进行，所以一个 session 对象又称为一次会话。

4.3.2　在作用域中管理属性

session 对象使用 setAttribute（）和 getAttribute（）方法保存及获取对象。setAttribute（）方法用于将对象存储在 session 范围（session 对象）中，语法格式如下。

```
session.setAttribute (String name,Object value)。
```

参数 name 为对象名称，value 为要保存的对象本身。

getAttribute（String name）方法用于从 session 范围（session 对象）中通过对象名获取对象，语法格式如下。

```
session.getAttribute (String name) ;
```

参数 name 为对象名称。

【例 4-6】 创建及获取客户会话示例。

通过 setAttribute（）方法，将数据保存在 session 中，并通过 getAttribute（）方法取得数据的值。

index.jsp 程序代码如下。

```
<%@ page language="java" import="java.util.*" pageEncoding="gb2312"%>
<%
session.setAttribute ("information","向 session 中保存数据") ;
response.sendRedirect ("forward.jsp") ;
%>
```

forward.jsp 程序代码如下。

```
<%@ page language="java" import="java.util.*" pageEncoding="gb2312"%>
<% out.print (session.getAttribute ("information")) ;%>
```

【程序说明】

（1）index.jsp 文件将内容为“向 session 中保存数据”的属性保存至 session 范围并取名为 information。然后以请求重定向的方式跳转至 forward.jsp。

（2）forward.jsp 文件从 session 中取出名字为 information 的属性值并输出，由于 index.jsp 文件是将 information 属性保存至 session 范围。所以即使是以请求重定向方式跳转至 forward.jsp，forward.jsp 文件仍然可以从 session 中获取到 information 的属性值。

【运行结果】

index.jsp 运行结果，如图 4-9 所示。

图 4-9　index.jsp 运行结果

4.3.3　从 session 对象中移除指定的对象

removeAttribute（）用于从 session 中删除指定名称的绑定对象，调用此方法后再调用 getAttribute（Stringname），不能获取指定名称的绑定对象。removeAttribute（）方法的语法格式如下。

```
session.removeAttribute (String name);
```

参数 name 为 session 对象的属性名，代表要移除的对象名。

【例 4-7】从会话中移除指定对象示例。

index.jsp 程序代码如下。

```
<%@ page language="java" import="java.util.*" pageEncoding="gb2312"%>
<%
session.setAttribute ("information","向 session 中保存数据");
response.sendRedirect ("forward.jsp");
%>
```

forward.jsp 程序代码如下。

```
<%@ page language="java" import="java.util.*" pageEncoding="gb2312"%>
<%
    session.removeAttribute ("information");
  if (session.getAttribute ("information") == NULL) {
        out.print ("session 对象中的 information 已经不存在了");
    }else{
        out.print (session.getAttribute ("information"));
    }
%>
```

【程序说明】

（1）index.jsp 文件将内容为“向 session 中保存数据的属性”保存至 session 范围并取名为 information。然后以请求重定向的方式跳转至 forward.jsp。

（2）forward.jsp 文件从 session 中移除名字为 information 的属性，if 条件表达式为 true 输出“session 对象中的 information 已经不存在了”。

【运行结果】

index.jsp 运行结果，如图 4-10 所示。

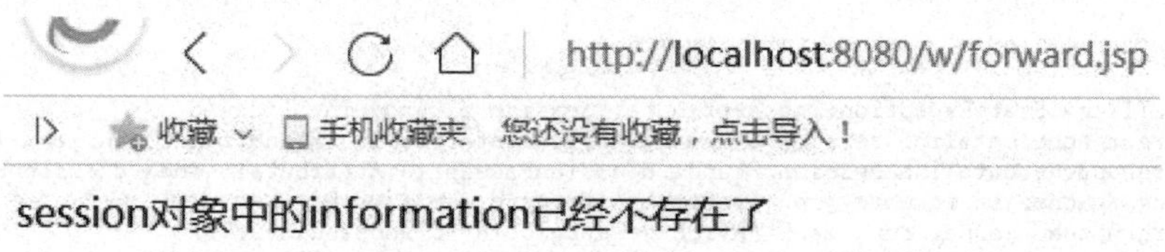

图 4-10　index.jsp 运行结果

4.3.4　销毁 session 对象

session 对象使用 invalidate（）方法将 session 设置为无效（销毁此 session 对象，将 session 对象中的全部内容删除，session 对象中绑定的所有对象也都不存在了），如果 session 对象已经失效，就不能再使用有关方法。如果使用，将抛出 Session already invalidated 异常。

invalidate（）方法的语法格式如下。

```
session.invalidate () ;
```

【例 4-8】销毁 session 对象示例。

index.jsp 程序代码如下。

```
<%@ page language="java" import="java.util.*" pageEncoding="gb2312"%>
<%
session.setAttribute ("information","向 session 中保存数据") ;
response.sendRedirect ("forward.jsp") ;
%>
```

forward. jsp 程序代码如下。

```
<%@ page language="java" import="java.util.*" pageEncoding="gb2312"%>
<%
    session.invalidate () ;
  if  (session.getAttribute ("information")  == NULL)  {
       out.print ("session 对象中的 information 已经不存在了") ;
   }else{
       out.print (session.getAttribute ("information")) ;
   }
%>
```

【程序说明】

（1）index.jsp 文件将内容为“向 session 中保存数据”的属性保存至 session 范围并取名为 information。然后以请求重定向的方式跳转至 forward.jsp。

（2）forward.jsp 文件中的 session.invalidate（）方法销毁了 session 对象，session 对象被销毁后就不能再使用 session 对象调用方法，所以程序报错。

【运行结果】

index.jsp 运行结果，如图 4-11 所示。

```
root cause

java.lang.IllegalStateException: getAttribute: Session already invalidated
	org.apache.catalina.session.StandardSession.getAttribute(StandardSession.java:1032)
	org.apache.catalina.session.StandardSessionFacade.getAttribute(StandardSessionFacade.java:110)
	org.apache.jsp.forward_jsp._jspService(forward_jsp.java:59)
	org.apache.jasper.runtime.HttpJspBase.service(HttpJspBase.java:70)
	javax.servlet.http.HttpServlet.service(HttpServlet.java:803)
	org.apache.jasper.servlet.JspServletWrapper.service(JspServletWrapper.java:393)
	org.apache.jasper.servlet.JspServlet.serviceJspFile(JspServlet.java:320)
	org.apache.jasper.servlet.JspServlet.service(JspServlet.java:266)
	javax.servlet.http.HttpServlet.service(HttpServlet.java:803)
```

图 4-11　index.jsp 运行结果

4.3.5　session 对象的生命周期

session 对象是用于存放用户与 Web 服务器之间的会话，即服务器为客户端开辟的存储空间。由于客户端与服务器之间的会话是无状态的机制，则 session 对象可用于关联访问、用户登录等功能上。session 对象存储在服务器的内存中（为了高速存取）。

session 对象何时生效。

session 对象在用户第一次访问服务器时创建，需要注意只有访问 JSP、Servlet 等程序时才会创建 session 对象，只访问 HTML、IMAGE 等静态资源并不会创建 session 对象，可调用 request.getSession（）强制生成 session 对象。

session 对象失效的具体内容如下。

（1）如果用户长时间没有向服务器发出访问请求，服务器会把该用户对应的 session 对象从服务器内存中清除，此时 session 对象便失效。Tomcat 中 session 对象的默认失效时间为 30 分钟。

（2）调用 session 对象的 invalidate 方法。

（3）关闭浏览器。

session 对象管理生命周期的方法，如表 4-6 所示。

表 4-6　session 对象管理生命周期的方法

方法	方法介绍
getLastAccessedTime（）	返回客户端上一次发送与此会话关联的请求的时间（该时间是自格林威治标准时间 1970 年 1 月 1 日午夜起经过的毫秒数）
getMaxInactiveInterval（）	以秒为单位返回一个会话内两个请求的最大时间间隔，Servlet 容器在客户访问期间保存这个会话处于打开状态
setMaxInactiveInterval（int interval）	以秒为单位指定在服务器小程序容器使该会话无效之前的客户请求之间的最长时间，也就是超时时间

【例 4-9】session 对象生命周期示例。

MyJsp1.jsp 程序代码如下。

```
<%@ page language="java" import="java.util.*" pageEncoding="gb2312"%>
<html>
  <head>
    <title>My JSP 'MyJsp1.jsp' starting page</title>
```

```
  </head>
  <body bgcolor="#55ffff">
    <%
     String strSessionID=session.getId () ;
     boolean boo=session.isNew () ;
     session.setMaxInactiveInterval (3) ;
     %>
     <p>当前 jsp1
     <br>session 对象的 ID 是: <%=strSessionID %>
     <br>是否新创建的 session 对象: <%=boo %>
     <%
     out.print ("<br>允许的最长发呆时间为: "+session.getMaxInactiveInterval ()) ;
      %>
     <br><a href="MyJsp2.jsp">到 MyJsp2 页面</a>
  </body>
</html>
```

MyJsp2.jsp 程序代码如下。

```
<%@ page language="java" import="java.util.*" pageEncoding="gb2312"%>
<html>
  <head>
        <title>My JSP 'MyJsp2.jsp' starting page</title>
  </head>
  <body bgcolor="#00bfff">
     <%
     String strSessionID=session.getId () ;
     boolean boo=session.isNew () ;
     session.setMaxInactiveInterval (3) ;
     %>
     <p>当前 jsp2
     <br>session 对象的 ID 是: <%=strSessionID %>
     <br>是否新创建的 session 对象: <%=boo %>
     <%
     out.print ("<br>允许的最长发呆时间为: "+session.getMaxInactiveInterval ()) ;
      %>
     <br><a href="MyJsp1.jsp">到 MyJsp1 页面</a>
   </body>
</html>
```

【程序说明】

（1）MyJsp1.jsp 文件通过 session.getId（）获取当前 session 对象的 ID 号，然后用 isNew（）判断当前 session 对象是否为一个新的 session 对象。用 session.setMaxInactiveInterval（3）设置超时为 3 秒，即客户端超过 3 秒没向服务器发出请求，那么该 session 对象就被销毁。然后通过 JSP 表达式把当前 session 对象的 ID 号、判断结果、超时时间输出至页面。

（2）MyJsp2.jsp 的功能和 MyJsp1.jsp 一致。

（3）通过链接在两个页面之间切换，判断超过 3 秒系统是否会创建新的 session 对象。

【运行结果】

MyJsp1.jsp 运行结果，MyJsp2.jsp 运行结果，如图 4-12 和图 4-13 所示。

图 4-12　MyJsp1.jsp 运行结果

图 4-13　MyJsp2.jsp 运行结果

4.4　application 对象

4.4.1　application 对象概述

application 对象用于保存所有应用程序中的公有数据，当服务器启动时会自动创建 application 对象，只要没有关闭服务器，application 对象将一直存在，所有用户可以共享 application 对象。application 对象与 session 对象的区别是：每一用户都对应一个 session 对象，所有访问同一个应用程序的用户共享一个 application 对象，即一个 application 对象对应多个 session 对象。一个用户可以发出多次请求，即一个 session 对象对应多个 request 对象。application 对象是 javax.servlet.ServletContext 接口的实例，Servlet Context 提供了对应用程序环境属性的访问，可以把 Servlet Context 想象为一个公共空间，可以被所有用户访问。

WEB 服务器启动时，会为每个 WEB 应用程序都创建一个对应的 Servlet Context 对象（Servlet 上下文对象，即 application 对象），代表当前 WEB 应用程序。每一个 WEB 应用程序都有且只有一个与之相关的 Servlet Context 对象（application 对象）。一个 WEB 应用中的所有 Servlet 共享同一个 Servlet Context 对象。Servlet Context 对象提供了对应用程序中所有 Servlet 所共有的各种资源和功能的访问，提供了对应用程序环境参数的访问。

4.4.2 访问应用程序初始化参数

Web.xml 学名部署描述符文件，是 Web 应用程序的配置文件。运行 Web 应用程序时，Web 服务器会读取 Web.xml 配置文件。Web.xml 文件中的<context-param>标签用来设置应用程序初始化参数，当服务器读到<context-param>配置时，会将内容设置到 Servlet Context 对象中，在程序中能通过 Servlet Context 对象取得 Web.xml 文件配置的值。通过此方式，可以将一些信息放置在 Web.xml 文件中进行配置，避免使用一些硬编码方式写在代码中，从而更好地提高了程序的可移植性。application 对象访问应用程序初始化参数的方法，如表 4-7 所示。

表 4-7　application 对象访问应用程序初始化参数的方法

方法	方法介绍
getInitParameter（String name）	返回一个已命名的初始化参数的值
getInitParameterNames（）	返回所有已定义的应用程序初始化参数名称的枚举

【例 4-10】访问应用程序初始化参数示例。

Web.xml 程序代码如下。

```
<?xml version="1.0" encoding="UTF-8"?>
<Web-app>
  <welcome-file-list>
    <welcome-file>index.jsp</welcome-file>
  </welcome-file-list>
<context-param>
   <param-name>database_host1</param-name>
   <param-value>192.168.1.17</param-value>
</context-param>
<context-param>
   <param-name>database_host2</param-name>
   <param-value>192.168.1.66</param-value>
</context-param>
</Web-app>
```

index.jsp 程序代码如下。

```
<%@ page language="java" import="java.util.*" pageEncoding="utf-8"%>
<%
java.util.Enumeration enema=application.getInitParameterNames () ;
//String p=application.getInitParameter ("database_host2") ;
//out.println (p) ;
while (enema.hasMoreElements ()) {
String name= (String) enema.NextElement () ;
String value=application.getInitParameter (name) ;
out.println (name+",") ;
out.println (value) ;
out.print ("<br>") ;
}
%>
```

【程序说明】

（1）在 Web.xml 文件中，使用 context-param 元素进行 Web 应用初始化参数配置，每个 context-param 配置一个参数。该元素有两个子元素：param-name 配置 Web 参数名和 param-value 配置 Web 参数值。

（2）在 index.jsp 文件中，使用 application 的 getInitParameterNames（）来获取 Web.xml 文件配置的所有参数名字，再通过使用 application 的 getInitParameter（String paramName）参数名来获取参数值。

【运行结果】

login_deal.jsp 运行结果如图 4-14 所示。

database_host1, 192.168.1.17
database_host2, 192.168.1.66

图 4-14 login_deal.jsp 运行结果

4.4.3 在作用域中管理属性

与 session 对象和 request 对象一样，可以在 application 对象中设置属性。在 session 中设置的属性只是在当前客户的会话范围内有效。客户超过保存时间不发送请求时，session 对象将被回收，而在 application 对象中设置的属性在整个应用程序范围内是有效的。即使所有的用户都不发送请求，只要不关闭应用服务器，在其中设置的属性一直有效。application 对象在作用域中管理属性的方法，如表 4-8 所示。

表 4-8 application 对象在作用域中管理属性的方法

方法	方法介绍
removeAttribute（String name）	从 Servlet Context 对象中删除指定名称的属性
setAttribute（String name,Object object）	使用指定名称和指定对象在 Servlet Context 的对象中进行关联
getAttribute（String name）	从 Servlet Context 的对象中获取一个指定对象
getAttributeNames（）	返回存储在 Servlet Context 对象中属性名称的枚举数据

【例 4-11】application 对象在作用域中管理属性示例。

index.jsp 程序代码如下。

```
<%@ page language="java" pageEncoding="utf-8"%>
<!DOCTYPE    html    PUBLIC    "-//W3C//DTD    HTML    4.01    Transitional//EN"
"http://www.w3.org/TR/html4/loose.dtd">
<html>
    <head>
     <title>APPLICATION 测试</title>
    </head>
    <body>
     <!-- JSP 声明 -->
        <%! int i;
```

```
        %>
        <!-- 将 i 值自加后放入 application 的变量内 -->
        <%application.setAttribute ("counter",String.valueOf (++i)) ;%>
        <!-- 直接输出 application 变量值 -->
        <%=application.getAttribute ("counter") %>
      </body>
   </html>
```

app.jsp 程序代码如下。

```
   <%@ page language="java" contentType="text/html;
   charset=gb2132"  pageEncoding="utf-8"%>
      <!DOCTYPE    html    PUBLIC    "-//W3C//DTD    HTML    4.01    Transitional//EN"
"http://www.w3.org/TR/html4/loose.dtd">
      <html>
      <head>
      <title>APPLICATION 测试 2</title>
      </head>
      <body>
      <!-- JSP 声明 -->
      <%! int i;
      %>
      <!-- 直接输出 application 变量值 -->
      <%=application.getAttribute ("counter") ; %>
      </body>
      </html>
```

【程序说明】

（1）index.jsp 页面中声明了一个整型变量 i，String.valueOf（++i）让变量 i 先自加 1，然后将 i 的值转换成 String 对象。接下来通过 application.setAttribute("counter",String.valueOf(++i)) 存入 application 范围，并且在 application 范围内取名为 counter，实现了每次刷新该页面时，存储在 application 里面的 counter 属性值都会加 1。

（2）app.jsp 页面的 application.get Attribute（"counter"）表示从 application 范围中取出名字为 counter 的属性值。虽然 app.jsp 页面和 index.jsp 页面没有任何的关系，但 app.jsp 页面同样能够访问到 application 的属性。因为 application 的属性对于整个 Web 应用的 JSP、Servlet 来说都是共享的。

【运行结果】

index.jsp 运行结果和 app.jsp 运行结果分别如图 4-15 和图 4-16 所示。

图 4-15　index.jsp 运行结果

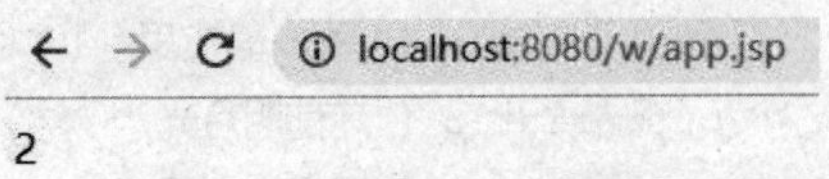

图 4-16　app.jsp 运行结果

4.5 out 对象

out 对象主要用来向客户端输出各种数据类型的内容，并且管理应用服务器上的输出缓冲区，缓冲区默认值一般是 8 KB，可以改变默认值。在使用 out 对象输出数据时，可以对数据缓冲区进行操作，及时清除缓冲区中的残余数据，为其他的输出让出缓冲空间。数据输出完毕后，要及时关闭输出流。out 对象被封装为 javax.servlet.jsp.JspWriter 类的对象，在实际中应用中 out 对象会通过 JSP 容器变换为 java.io.PrintWriter 类的对象。

4.5.1 缓冲区管理

在 JSP 页面中，out 对象除了输出以外，另一个重要功能就是对缓冲区进行管理。

通过 out 对象调用 clear（）方法清除缓冲区的内容。这类似于重置响应流，以便重新开始操作。如果响应已经提交，则会有产生 IOException 异常的副作用。另一种方法 clearBuffer（）清除缓冲区的“当前”内容，而且即使内容已经提交给客户端，也能够访问该方法。out 对象用于管理响应缓冲区的方法，如表 4-9 所示。

表 4-9 out 对象管理响应缓冲区的方法

方法	方法介绍
clear（）	清空缓冲区
clearBuffer（）	清空当前区的内容
close（）	先刷新流，然后关闭流
flush（）	刷新流
getBufferSize（）	以字节为单位返回缓冲区的大小
getRemaining（）	返回缓冲区中没有使用的字符的数量
isAutoFlush（）	返回布尔值，自动刷新还是在缓冲区溢出时抛出 IOException 异常

【例 4-12】out 常用方法。

示例如下。

```
<%@ page contentType="text/html; charset=utf-8"%>
<html>
  <head>
   <title>My JSP 'index.jsp' starting page</title>
  </head>
  <body>
  <h1>out 内置对象</h1>
   <%
   out.println ("<h2>静夜思</h2>") ;
   out.println ("床前明月光<br>") ;
   out.println ("疑是地上霜<br>") ;
   out.println ("举头望明月<br>") ;
   out.println ("低头思故乡<br>") ;
   out.flush () ;
```

```
    // out.clear () ;清空缓冲区
    %>
     缓冲区大小：<%=out.getBufferSize () %><br>
     缓冲区剩余大小：<%=out.getRemaining () %><br>
     是否自动清空缓冲区：<%=out.isAutoFlush () %>
    </body>
   </html>
```

【程序说明】

（1）通过 out 对象连续输出 5 行静态内容。

（2）用 getBufferSize（）方法获取缓冲区大小，返回整型值。用 getRemaining（）方法获取缓冲区剩余大小。用 isAutoFlush（）方法判断是否自动清空缓冲区内容，返回布尔型的值。这三个方法的返回值用 out 对象输出。

【运行结果】

index.jsp 运行结果，如图 4-17 所示

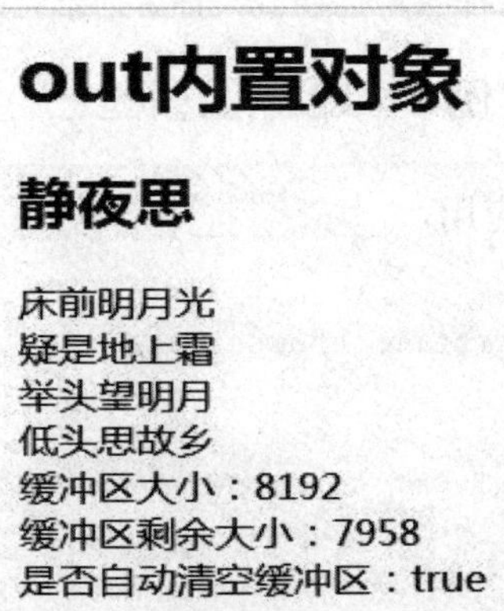

图 4-17　index.jsp 运行结果

4.5.2　向客户端输出数据

out 对象的另外一个很重要的功能就是向客户输出内容。由于 JspWriter 是由 java.io.Writer 派生而来，因此它的使用与 java.io.Writer 很相似。例如，在 JSP 页面中输出一句话，代码如下。

```
<%out.println ("JSP 内置对象") %>
```

4.6　exception 对象

4.6.1　exception 对象概述

exception 内置对象用来处理 JSP 文件执行时发生的所有错误和异常。exception 对象和 Java 的所有对象一样，都具有系统的继承结构，exception 对象几乎定义了所有异常情况。异常和常

见的错误有所不同，错误指的是可以预见的，并且知道如何解决的情况，一般在编译时可以发现。异常是指在程序执行过程中不可预料的情况，由潜在的错误机率导致。在 Java 中，利用“try/catch”关键字来处理异常情况。

在 JSP 页面中如果出现异常，会生成 exception 对象。 exception 对象会被传送到 page 指令中 errorPage 属性指定的错误页面，在错误页面中使用 exception 对象处理异常。在使用 exception 对象必须在当前页面的 page 指令里设置 isErrorPage=true 才可以使用。exception 对象常用方法，如表 4-10 所示。

表 4-10　exception 对象常用方法

方法	方法介绍
getMessage（）	该方法返回异常消息字符串
getLocalizedMessage（）	该方法返回本地化语言的异常错误
printStackTrace（）	显示异常的栈跟踪轨迹
toString（）	返回关于异常错误的简单信息描述
fillInStackTrace（）	写异常错误的栈执行轨迹

4.6.2　exception 对象应用实例

【例 4-13】exception 对象应用。

index.jsp 程序代码如下。

```
<%@ page contentType="text/html; charset=gb2312"  errorPage="error.jsp" %>
<html>
<head>
<meta http-equiv="Content-Type" content="text/html; charset=gb2312" />
<title></title>
</head>
<body>
<%
   int a=100;
   int b=0;
      out.println ("结果="+ (a/b)) ;
%>
</body>
</html>
```

error.jsp 程序代码如下。

```
<%@ page contentType="text/html; charset=gb2312" isErrorPage="true"%>
<html>
<head>
<title></title>
</head>
<body>
错误提示为: <%=exception.getMessage () %>
</body>
</html>
```

【程序说明】

（1）index.jsp 文件的 page 指令设置 errorPage="error.jsp"表示当该文件发生异常时将会自动跳转至 error.jsp。

（2）error.jsp 文件中用内置对象 exception 调用 getMessage（）方法输出异常有关信息，该页面要使用 exception 对象必须在 page 指令中设置 isErrorPage="true"，如果不设置则 isErrorPage 属性取默认值"false"将不能使用 exception 对象。

【运行结果】

index.jsp 运行结果，如图 4-18 所示。

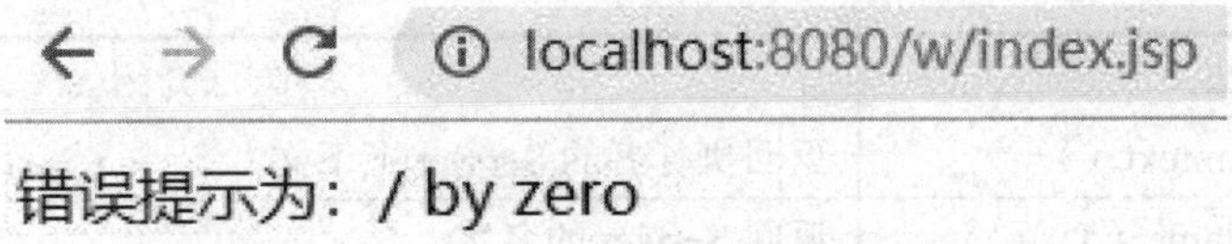

图 4-18　index.jsp 运行结果

4.7　其他内置对象

4.7.1　pageContext 对象

pageContext 对象是一个比较特殊的对象。相当于页面中所有其他对象功能的最大集成者，可以访问到本页中所有其他对象。pageContext 对象是 javax.servlet.jsp.PageContext 类的实例对象，提供了对 JSP 页面所有的对象及命名空间的访问，创建和初始化都由容器来完成。pageContext 对象的常用方法，如表 4-11 所示。

表 4-11　pageContext 对象的常用方法

方法	方法介绍
forward（java.lang.String relativeUtlpath）	把页面转发到另一个页面或者 servlet 组件上
getAttribute（java.lang.String name[,int scope]）	scope 参数是可选的，该方法用来检索特定的已经命名的对象范围，还可以调用 getAttributeNameInScope（）方法，检索对某个特定范围的每个属性 String 字符串名称枚举
getException（）	返回当前的 Exception 对象
getRequest（）	返回当前的 request 对象
getResponse（）	返回当前的 response 对象
getServletConfig（）	返回当前页面的 ServletConfig 对象
invalidate（）	返回 Servlet Context 对象，全部销毁
setAttribute（）	设置默认页面范围或特定对象范围之中的已命名对象
removeAttribute（）	删除默认页面范围或特定对象范围之中的已命名对象

说明：pageContext 对象在实际 JSP 开发过程中很少使用。因为 request 和 response 等对象可以直接调用方法进行使用，如果通过 pageContext 来调用其他对象有些麻烦。

4.7.2 config 对象

config 对象属于 javax.servlet.ServletConfig，config 对象代表当前 JSP 配置信息，JSP 页面通常无须配置，因此也就不存在配置信息。该对象在 JSP 页面中非常少用，在 Servlet 则用处相对较大。因为 Servlet 需要配置在 Web.xml 文件中，可以指定配置参数。config 对象的常用方法，如表 4-12 所示。

表 4-12 config 对象的常用方法

方法	方法介绍
getServlet Context（）	返回执行者的 Servlet 上下文
getServletName（）	返回 Servlet 的名字
getInitParameter（）	返回名字为 name 的初始参数的值
getInitParameterNames（）	返回这个 JSP 的所有的初始参数的名字

4.7.3 page 对象

page 对象有点类似于 Java 编程中的 this 指针，就是指当前 JSP 页面本身。page 是 java.lang.Object 类的对象。page 对象常用的方法，如表 4-13 所示。

表 4-13 page 对象常用的方法

方法	方法介绍
getServlet Context（）	返回执行者的 Servlet 上下文
getServletName（）	返回 Servlet 的名字
getInitParameter（）	返回名字为 name 的初始参数的值
getInitParameterNames（）	返回这个 JSP 的所有的初始参数的名字

完成任务，文件代码如下。

```
<%@ page contentType="text/html; charset=gb2312" language="java" errorPage="" %>
<html xmlns="http://www.w3.org/1999/xhtml">
<head>
<title>计数器</title>
</head>
<body>
<%
int number=0;
if (application.getAttribute ("number") ==NULL) {
    number=1;
}else{
    number=Integer.parseInt ((String) application.getAttribute ("number")) ;
    number=number+1;
```

```
}
out.print ("您是第"+number+"位访问者！") ;
application.setAttribute ("number",String.valueOf (number)) ;
%>
</body>
</html>
```

【运行结果】

counter.jsp 运行结果，如图 4-19 所示。

图 4-19　counter.jsp 运行结果

综合案例：作用域的应用

【例 4-14】在进行页面跳转的时候，利用 JSP 的作用域传递数据，具体要求如下。

（1）用 JSP 编写一个首页面 index.jsp，首页面中有用户名文本框，点击提交按钮提交用户名信息至 session.jsp。

（2）在 session.jsp 页面中获取用户名信息，并输出至页面，同时在页面中输入最喜欢去的地方至文本框，点击提交按钮提交至 result.jsp。

（3）在 result.jsp 页面中获取用户名和最喜欢去的地方并输出。

index.jsp：提供用户输入用户名的文本框，并提交到 session.jsp 页面中

```
<%@ page language="java" contentType="text/html; charset=utf-8"%>
<html>
<head>
<meta http-equiv="Content-Type" content="text/html; charset=utf-8">
<title>session 对象的使用-index.jsp</title>
</head>
<body>
<form id="form1" name="form1" method="post" action="session.jsp">
   <div align="center">
      <table width="28%" border="0">
         <tr>
            <td width="36%">
               <div align="center">您的名字是: </div>
            </td>
            <td width="64%">
               <label>
                  <div align="center">
                     <input type="text" name="name" />
                  </div>
```

```
                    </label>
                </td>
            </tr>
            <tr>
                <td colspan="2">
                    <label>
                        <div align="center">
                            <input type="submit" name="Submit" value="提交" />
                        </div>
                    </label>
                </td>
            </tr>
        </table>
    </div>
</form>
</body>
</html>
```

session.jsp：将用户名保存到 session 中，并让用户输入最喜欢去的地方至文本框。

```
<%@ page language="java" contentType="text/html; charset=utf-8"%>
<html>
<head>
<title>session 对象的使用-session.jsp</title>
</head>
<body>
<%
 String name=new String(request.getParameter("name").getBytes("ISO-8859-1"),"utf-8");
 session.setAttribute("name", name);
 %>
    <div align="center">
        <form id="form1" name="form1" method="post" action="result.jsp">
            <table width="28%" border="0">
                <tr>
                    <td>您的名字是：</td>
                    <td><%=name%></td>
                </tr>
                <tr>
                    <td>您最喜欢去的地方是：</td>
                    <td><label>
                        <input type="text" name="address" />
                    </label></td>
                </tr>
                <tr>
                    <td colspan="2"><label>
                        <div align="center">
                            <input type="submit" name="Submit" value="提交" />
                        </div>
                    </label></td>
                </tr>
            </table>
        </form>
    </div>
```

```
</body>
</html>
```

result.jsp：获取 session 中的用户名对象，再获取 session.jsp 页面提交过来的最喜欢去的地方，并在页面中显示出来。

```
<%@ page language="java" contentType="text/html; charset=utf-8"%>
<html>
<head>
<meta http-equiv="Content-Type" content="text/html; charset=utf-8">
<title>session 对象的使用-result.jsp</title>
</head>
<body>
<%
  String name= (String) session.getAttribute ("name") ;
  String s=new String(request.getParameter("address").getBytes("ISO-8859-1"),"utf-8");
 %>
    <form id="form1" name="form1" method="post" action="">
        <table width="28%" border="0">
            <tr>
                <td colspan="2"><div align="center"><strong>
                    显示答案
                </strong></div></td>
            </tr>
            <tr>
                <td width="49%"><div align="left">
                    您的名字是:
                </div></td>
                <td width="51%"><label><div align="left">
                    <%=name %>
                </div></label></td>
            </tr>
            <tr>
                <td><label><div align="left">
                    您最喜欢去的地方是:
                </div></label></td>
                <td><div align="left">
                    <%=s%>
                </div></td>
            </tr>
        </table>
    </form>
</body>
</html>
```

【程序说明】

（1）在 index.jsp 中输入用户名至文本框并提交跳转至 session.jsp 页面。

（2）在 session.jsp 中将用户名信息保存到 session 中，并让用户输入最喜欢去的地方至文本框，提交跳转至 result.jsp 页面。

（3）在 result.jsp 中获取 session 中的用户名对象，再获取 session.jsp 页面提交过来的信息，并在页面中显示出来。

【运行结果】

result.jsp 运行结果，如图 4-22 所示。

图 4-20　index.jsp 运行结果

图 4-21　session.jsp 运行结果

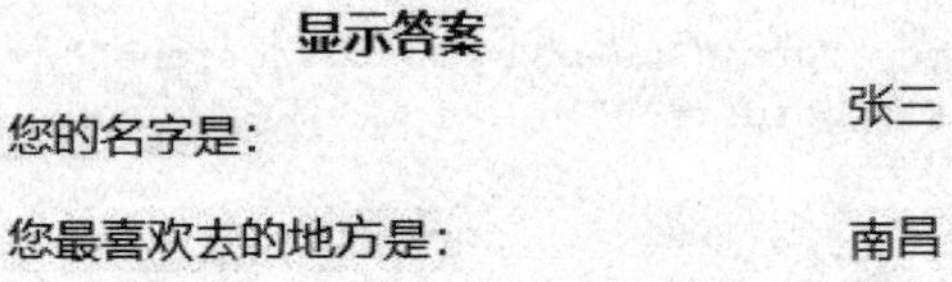

图 4-22　result.jsp 运行结果

拓展案例

【例 4-15】编写一个 JSP 应用程序，应用程序包含两个页面。一个页面含有表单，表单上含有文本框、复选框、单选框，提交至另一个页面；另一个页面能够获得表单上的所有参数，并获得参数的所有参数值。

Main1.jsp

```
<%@ page language="java" contentType="text/html; charset=gb2312"%>
<html>
<head>
    <title>表单</title>
</head>
<body>
<center>
<form action="Main.jsp" method="post">
<table>
   <tr>
     <td>姓  名:</td>
     <td><input type="text" name="name"/></td>
   </tr>
   <tr>
     <td>年  龄:</td>
     <td><input type="text" name="age"/></td>
   </tr>
   <tr>
```

```
      <td>性  别:</td>
      <td>
        <input type="radio" name="sex" value="Male">男
        <input type="radio" name="sex" value="Female">女
      </td>
    </tr>
    <tr>
      <td>电话号码:</td>
      <td><input type="tel" name="tel"/></td>
    </tr>
    <tr>
      <td>爱  好:</td>
      <td>
        <input type="checkbox" name="hobby" value="Music">音乐
        <input type="checkbox" name="hobby" value="Video">影视
        <input type="checkbox" name="hobby" value="Read">阅读
        <input type="checkbox" name="hobby" value="Game">游戏
      </td>
    </tr>
    <tr>
      <td colspan="2">
      <input type="submit" value="提交"> <input type="reset" value="重置">
     </td>
    </tr>
</table>
</form>
</center>
</body>
</html>
```

Main.jsp

```
<%@ page language="java" contentType="text/html;charset=UTF-8" import="java.util.*"%>
<html>
  <head>
    <title>获得所有的参数名和值</title>
  </head>
  <body>
    <%          Map mapParameter = request.getParameterMap () ;
    String [] strName =  (String[])  mapParameter.get ("name") ;
    out.println ("姓名: " + strName[0] + "<br>") ;
    String [] strAge =  (String[])  mapParameter.get ("age") ;
    out.println ("年龄: " + strAge[0] + "<br>") ;
    String [] strSex =  (String[])  mapParameter.get ("sex") ;
    out.println ("性别: " + strSex[0] + "<br>") ;
    String [] strTel =  (String[])  mapParameter.get ("tel") ;
    out.println ("电话号码: " + strTel[0] + "<br>") ;
```

```
    String [] strHobby = (String[]) mapParameter.get ("hobby") ;
    out.println ("爱好: ") ;
    for (String hobby : strHobby)
    {
      out.println (hobby) ;
    }
 %>
</body>
</html>
```

【运行结果】

Main1.jsp 运行结果、Main.jsp 运行结果，如图 4-23 和图 4-24 所示。

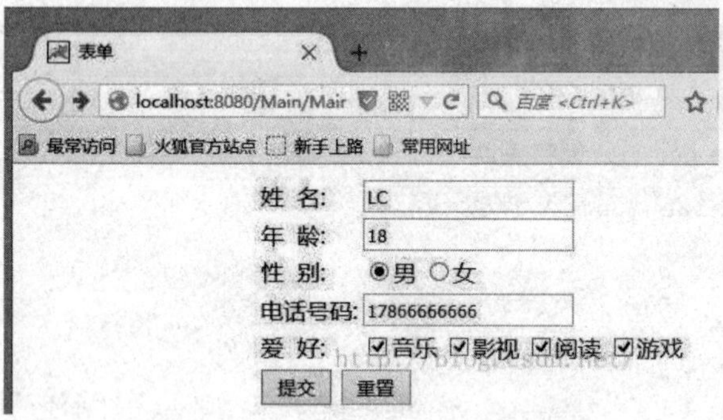

图 4-23　Main1.jsp 运行结果

图 4-24　Main.jsp 运行结果

本章小结

本章首先介绍了 response 对象、session 对象等；其次介绍了 application 对象；最后介绍了 out 对象、其他内置对象等。通过本章的学习，帮助读者对 JSP 的内置对象有了进一步的认知。

习题 4

一、选择题

1．下面不属于 JSP 内置对象的是（　　）。

A．out 对象　　B．respone 对象　　C．application 对象　　D．page 对象

2．以下哪个对象提供了访问和放置页面中共享数据的方式（　　）。

A．pageContext　　B．response　　C．request　　D．session

3．调用 getCreationTime（）可以获取 session 对象创建的时间，该时间的单位是（　　）。

A．秒　　B．分秒　　C．毫秒　　D．微秒

4．当 response 的状态行代码为哪个时，表示用户请求的资源不可用。（　　）

A．101　　B．202　　C．303　　D．404

5．一个典型的 HTTP 请求消息包括请求行、多个请求头和（　　）。

A．响应行　　B．信息体　　C．响应行　　D．响应头

6．在 JSP 中为内建对象定义了 4 种作用范围，即 Application Scope、Session Scope、Page Scope 和（　　）四个作用范围。

A．Request Scope　　B．Response Scope　　C．Out Scope　　D．Writer Scope

7．out 对象是一个输出流，其输出各种类型数据并换行的方法是（　　）。

A．out.print（）　　B．out.newLine（）　　C．out.println（）　　D．out.write（）

8．out 对象是一个输出流，其输出换行的方法是（　　）。

A．out.print（）　　B．out.newLine（）　　C．out.println（）　　D．out.write（）

9．out 对象是一个输出流，其输出不换行的方法是（　　）。

A．out.print（）　　B．out.newLine（）　　C．out.println（　）　　D．out.write（）

10．Form 表单的 method 属性能取下列哪项的值？（　　）

A．submit　　B．puts　　C．post　　D．out

11．能在浏览器的地址栏中看到提交数据的表单提交方式是（　　）。

A．submit　　B．get　　C．post　　D．out

12．可以利用 request 对象的哪个方法获取客户端的表单信息？（　　）

A．request．getParameter（）　　B．request．outParameter（）

C．request．writeParameter（）　　D．request．handlerParameter（）

13．可以利用 JSP 动态改变客户端的响应，使用的语法是（　　）。

A．response.setHeader（）　　B．response.outHeader（）

C．response.writeHeader（）　　D．response.handlerHeader（）

14．JSP 页面中 request．getParamter（String ）得到的数据，其类型是（　　）。

A．Double　　B．int　　C．String　　D．Integer

15．JSP 页面程序片中可以使用下列哪个方法将 strNumx=request．getParamter（“ix”）得到的数据类型转换为 Double 类型？（　　）

A．Double.parseString（strNumx）　　B．Double.parseDouble（strNumx）

C．Double.parseInteger（strNumx）　　D．Double.parseFloat（strNumx）

16．<select>用于在表单中插入一个下拉菜单，它需与哪个标记配合使用？（　　）

A．<list>　　B．<item>　　C．<dot>　　D．<option>

17．当利用 request 的方法获取 Form 中元素时，默认情况下字符编码是哪个？（　　）

A．ISO-8859-1　　B．GB2312　　C．GB3000　　D．ISO-8259-1

18．下面不属于<input>标记中的 name 属性取值的是（　　）。

A．text　　B．radio　　C．checkbox　　D．picture

19．下面不属于<input>标记中的 name 属性取值的是（　　）。

A．password　　B．hidden　　C．submit　　D．textarea

20．<select>用于在表单中来定义下拉列表框和滚动列表框控件，下面哪个属性指定列表框默认选项？（　　）

A．size　　B．value　　C．selected　　D．checked

21．<select>用于在表单中来定义下拉列表框和滚动列表框控件，哪个属性指定列表框的类型？（　　）

A．size　　B．value　　C．selected　　D．checked

22．<textarea>子标记用来定义一个多行文本区，哪个属性指定文本框的行数？（　　）

A．cols　　B．value　　C．rows　　D．size

23．JavaScript 执行表单验证一般都发生在用户单击“提交”按钮后，数据提交服务器之前，onValidate（）函数返回值为 true 时（　　）。

A．验证不通过，提交数据给服务器

B．验证不通过，不提交数据给服务器

C．验证通过，提交数据给服务器

D．验证通过，不提交数据给服务器

二、判断题

1．Tomcat 服务器支持直接使用 application 对象。（　　）

2．out 对象是一个输出流，它实现了 javax.servlet.JspWriter 接口，用来向客户端输出数据。（　　）

3．利用 response 对象的 sendRedirect 方法只能实现本网站内的页面跳转，但不能传递参数。（　　）

4．respone 对象主要用于向客户端发送数据。（　　）

5．contentType 属性用来设置 JSP 页面的 MIME 类型和字符编码集，取值格式为“MIME 类型”或“MIME 类型；charset=字符编码集”，response 对象调用 addHeader 方法修改该属性的值。（　　）

6．Post 属于表单的隐式提交信息方法。（　　）

7．<select>标记用于在表单中插入一个下拉菜单。（　　）

8．表单信息的验证只能放在服务器端执行。（　　）

9．网页中只要使用 gb2312 编码就不会出现中文乱码。（　）

10．表单提交的信息就封装在 HTTP 请求消息的信息体部分，用户使用 request 对象的 getParameter 方法可以得到通过表单提交的信息。（　）

11．request 对象的 getRemoteHost（）方法是既能获取客户机的名称，又能获取客户 IP 地址的方法。（　）

12．同一个客户在同一个 Web 服务目录中的 session 对象是相同的，在不同的 Web 服务目录中的 session 对象是不相同的。（　）

13．session 对象是 HttpSession 接口类的实例，由客户端负责创建和销毁，所以不同客户的 session 对象不同。（　）

14．public long session.setMaxInactiveInterval（）设置最长发呆时间，单位毫秒。（　）

15．session 对象可以用来保存用户会话期间需要保存的数据信息。（　）

16．url 重写可以把 session 对象的 id 作为 url 参数传带过去，可以使用 request 对象的 encodeURL（""）。（　）

17．application 对象对所有用户都是共享的，任何对它的操作都会影响到所有的用户。（　）

18．application 对象可以用来保存数据。（　）

三、填空题

1．out 对象的________方法，功能是输出缓冲的内容。
2．JSP 的__________对象用来保存单个用户访问时的一些信息。
3．response 对象的___________________方法可以将当前客户端的请求转到其他页面去。
4．当客户端请求一个 JSP 页面时，JSP 容器会将请求信息包装在___________对象中。
5．response.setHeader（“Refresh”“5”）的含义是指页面刷新时间为___________。
6．在 JSP 中为内置对象定义了 4 种作用范围，即__________、__________、__________和__________　四个作用范围。
7．表单的提交方法包括___________和___________方法。
8．表单标记中的___________属性用于指定处理表单数据程序 url 的地址。
9．<select>标记中的 size 属性默认值为___________。

四、思考题

1．简述 JSP 中常用的内置对象。
2．简述 request 对象和 response 对象的作用。
3．session 对象与 application 对象有何区别？
4．网页中的表单如何定义，通常表单中包含哪些元素？
5．如何处理表单提交的汉字？
6．一个用户在不同的 Web 服务目录的 session 相同吗？
7．内置对象的 4 个作用范围？什么情况下 session 会关闭？
8．response.sendRedirect（URL）方法的作用？
9．是不是所有 Web 服务目录共用一个 application？
10．怎样使用 request、session 和 application 对象进行参数存取？

第 5 章　JavaBean 技术

本章主要介绍了 JavaBean 组件及其分类、编写、技术规范、调用。JavaBean 组件是利用 Java 语言编写的组件，好比一个封装好的容器，使用者并不知道其内部是如何构造的，但却具有适应用户要求的功能。每个 JavaBean 都实现了一个特定的功能，通过合理地组织不同功能的 JavaBean 可以快速生成一个全新的应用程序。

学习目标

- 掌握值 JavaBean 和工具 JavaBean 的创建及使用。
- 掌握值 JavaBean 和工具 JavaBean 的属性。
- 熟悉 JavaBean 的分类。
- 熟悉值 JavaBean 和工具 JavaBean 的作用。

任务陈述

在页面表单上填写个人信息，页面提交后个人信息在程序中被保存起来，然后输出至另一个页面。

分析：首先掌握值 JavaBean 是用来收集、存储表单数据的 java 类成员变量跟表单数据一一对应；其次表单提交后，在程序中用<jsp:setProperty>动作标识把表单上的数据赋给值 JavaBean 对象的成员变量，即将表单数据保存至值 JavaBean 对象；最后通过<jsp:getProperty>动作标识取出值 JavaBean 对象成员变量的值输出至页面。

相关知识

5.1　JavaBean 的概述

5.1.1　什么是 JavaBean

JavaBean 是一种可重用的 Java 组件，可以被 Applet、Servlet、JSP 等 Java 应用程序调用，也可以可视化地被 Java 开发工具使用。包含属性（properties）、方法（methods）、事件（events）等特性。

JavaBean 是一种软件组件模型，像 ActiveX 控件一样，提供已知的功能，可以轻松重用并集成到应用程序中的 java 类。任何可以用 Java 代码创造的对象都可以利用 JavaBean 进行封装。通过合理组织具有不同功能的 JavaBean，可以快速生成一个全新的应用程序。如果将应用程序比作一辆汽车，那么 JavaBean 就好比组成这辆汽车的不同零件。对软件开发人员来说，JavaBean 带来的最大的优点是提高了代码的可重用性，并且对软件的可维护性起到了积极作用。

5.1.2 JavaBean 功能特点

用户可以使用 JavaBean 将功能、处理、值、数据库访问和其他任何可以用 java 代码创造的对象进行打包，并且其他的开发者可以通过内部的 JSP 页面、Servlet、其他 JavaBean、applet 程序等来使用这些对象。用户可以认为 JavaBean 提供了一种随时随地复制和粘贴的功能，而不用关心任何改变。

JavaBean 是可复用的平台独立的软件组件，开发者可以在软件构造器工具中对其直接进行可视化操作。软件构造器工具可以是 Web 页面构造器、可视化应用程序构造器、GUI 设计构造器或服务器应用程序构造器。构造器工具也可以是一个包含了 bean 的复合文档的文档编辑器。

JavaBean 可以是简单的 GUI 要素，如按钮或滚动条；也可以是复杂的可视化软件组件，如数据库视图。有些 JavaBean 是没有 GUI 表现形式的，但这些 JavaBean 仍然可以使用应用程序构造器可视化地进行组合。一个 JavaBean 和一个 JavaApplet 相似，是一个非常简单的遵循某种严格协议的 Java 类。

JavaBean 可以看成是一个黑盒子，即只需要知道其功能而不必了解其内部结构的软件组件。黑盒子只介绍和定义其外部特征和与其他部分有关的接口，如按钮、窗口、颜色、形状、句柄等。通过将系统看成使用黑盒子关联起来的通信网络，可以忽略黑盒子内部的系统细节，从而有效地控制系统的整体性能。

5.2 JavaBean 分类

JavaBean 的种类按照功能可以分为可视化和不可视化两类。可视化的 JavaBean 就是拥有 GUI 图形用户界面，对最终用户可见。不可视化的 JavaBean 不要求继承，更多的被使用在 JSP 中，通常情况下用来封装业务逻辑、数据分页逻辑、数据库操作和事物逻辑等。可以实现业务逻辑和前台程序的分离，提高了代码的可读性和易维护性，使系统更健壮更灵活。随着 JSP 的发展，JavaBean 更多的应用在非可视化领域，并且在服务器端应用方面表现出了越来越强的生命力。

JavaBean 可分为两种：一种是有用户界面（user interface ，UI）的 JavaBean；另一种是没有用户界面，主要负责处理事务（如数据运算，操纵数据库）的 JavaBean。JSP 通常访问的是后一种 JavaBean。没有用户界面的 JavaBean 分为值 JavaBean 和工具 JavaBean。

5.2.1 值 JavaBean

值 JavaBean，通常用来封装页面表单数据，作为表单数据的容器，根据表单数据创建。

【例 5-1】值 JavaBean 代码示例。

User.java 程序代码如下。

```
package com.yxq.bean;
```

```
public class User {//值javaBean
   private String userName;
   private String userPass;
   public String getUserName () {
        return userName;
   }
   public void setUserName (String userName) {
      this.userName = userName;
   }
   public String getUserPass () {
    return userPass;
   }
   public void setUserPass (String userPass) {
    this.userPass = userPass;
   }
}
```

index.jsp 程序代码如下。

```
<%@ page pageEncoding="UTF-8"%>
<html>
<head>
  <title>值javabean</title>
</head>
<body>
  <form action="doLogon.jsp">
    姓名:<input type="text" name="userName" size="20"><br>
    密码:<input type="text" name="userPass" size="20"><br>
    <input type="submit" value="提交">
  </form>
</body>
</html>
```

doLogon.jsp 程序代码如下。

```
<%@ page  pageEncoding="utf-8" import="com.yxq.bean.User"%>
<html>
  <head>
   <title>My JSP 'doLogon.jsp' starting page</title>
  </head>
  <body>
   <%
   String name=request.getParameter ("userName") ;
   name=new String (name.getBytes ("ISO-8859-1") ,"utf-8") ;

   String password=request.getParameter ("userPass") ;
   password=new String (password.getBytes ("ISO-8859-1") ,"utf-8") ;

   User user=new User () ;
   user.setUserName (name) ;
```

```
    user.setUserPass (password) ;
    %>
    <center>
        <b>用户名: <%=user.getUserName () %>
         <b>密码: <%=user.getUserPass () %>
    </center>
  </body>
</html>
```

【程序说明】

（1）定义 User 类，User 类是值 JavaBean，用来保存 index.jsp 表单上的数据。

（2）index.jsp 文件的表单上定义了两个文本框 userName 和 userPass，点击提交按钮后跳转至 doLogon.jsp。

（3）doLogon.jsp 文件中通过 request.getParameter（）方法获取两个文本框的值，并通过 new String（name.getBytes（“ISO-8859-1”），“utf-8”）方法处理中文乱码。定义 User 对象将两个文本框的值赋给 User 对象的成员变量，即将表单文本框的值保存至值 JavaBean。

【运行结果】

index.jsp 运行结果，如图 5-1 所示。

图 5-1　index.jsp 运行结果

5.2.2　工具 JavaBean

工具 JavaBean：通常用于封装业务逻辑、数据操作等，例如连接数据库，对数据库进行增、删、改、查和解决中文乱码等操作。工具 JavaBean 可以实现业务逻辑与页面显示的分离，提高了代码的可读性与易维护性。

【例 5-2】工具 JavaBean 实现留言板示例，如图 5-2 所示。

图 5-2　doLogon.jsp 运行结果

MyTools.java 程序代码如下。

```
package com.yxq.bean;
import java.io.UnsupportedEncodingException;
public class MyTools{
    public static String change (String str) {//str="<input type=text>"
```

```
        if (str==NULL) str="";
        str=str.replace ("<","&lt;") ;//&lt;input type=text>"
        str=str.replace (">","&gt;") ;//&lt;input type=text&gt;
        return str;
    }
    public static String toChinese (String str)
    {
        if (str==NULL) str="";
        try{
            str=new String (str.getBytes ("ISO-8859-1") ,"utf-8") ;
        }
        catch (UnsupportedEncodingException e)
        {
            str="";
            e.printStackTrace () ;
        }
        return str;
    }
}
```

index.jsp 程序代码如下。

```
<%@ page contentType="text/html;charset=utf-8"%>
<html>
<head>
  <title>
     工具 javabean
  </title>
</head>
<body>
<form action="doWord.jsp" method="post">
    <h2>用户留言</h2>
    标题：<input type="text" name="title" size="30">
    <br>
    内容：<textarea name="content" rows="5" cols="30"></textarea>
    <br><br>
    <input type="submit" value="留言">
    <input type="reset" value="重置">
</form>
</body>
</html>
```

doWord.jsp 程序代码如下。

```
<%@ page contentType="text/html;charset=utf-8" %>
<%@ page import="com.yxq.bean.MyTools" %>
<%
    String title=request.getParameter ("title") ;                    //获取留言标题
    String content=request.getParameter ("content") ;                //获取留言内容
```

```
    title=MyTools.change (title) ;         //调用 change () 方法转换标题中的“<”和“>”字符
    content=MyTools.change (content) ;  //调用 change () 方法转换内容中的“<”和“>”字符
%>
标题：<%=title%><br>
内容：<%=content%><br>
<a href="index.jsp">重新输入</a>
```

【程序说明】

（1）在实现用户留言功能时，要将用户输入的留言标题和留言内容输出到页面中。用户输入的信息中存在 HTML 语法中的“<”和“>”标识，如输入<input type=“text”>，则将该内容输出到页面后，会显示一个文本框。

（2）预先设想的是原封不动地输出用户输入的内容。解决该问题的方法是在输出内容之前，将内容中的“<”和“>”等 HTML 中的特殊字符进行转换，如将“<”转换为“<”，将“>”转换为“>”，这样当浏览器遇到“<”时，就会输出“<”字符。

（3）编写工具 JavaBean—MyTools 类，在 MyTools 类中编写方法 change（String str）对 HTML 中的特殊字符进行转换，在 MyTools 类中编写方法 toChinese（String str）处理中文乱码问题。Web 应用程序中功能性的问题应该由工具 JavaBean 解决，相关实现代码应该写在 java 文件中而不能写在 jsp 文件中。

（4）doWord.jsp 中调用 MyTools.change（）方法实现对 HTML 中的特殊字符进行转换。

【运行结果】

index.jsp 运行结果和 doWord.jsp 运行结果分别如图 5-3 和图 5-4 所示。

图 5-3　index.jsp 运行结果

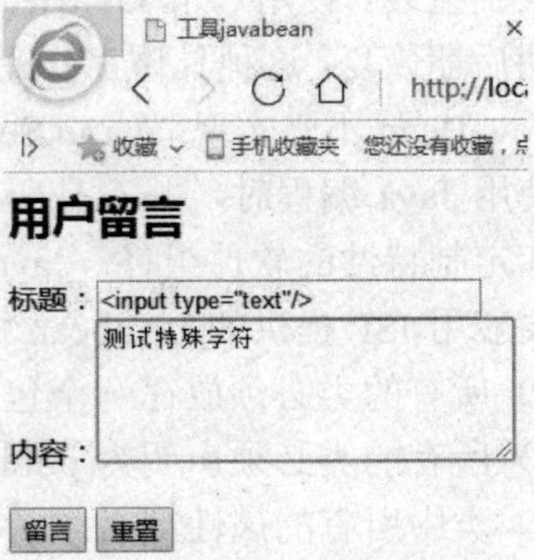

图 5-4　doWord.jsp 运行结果

5.3　JavaBean 编写规范

每个 JavaBean 的功能都不一样，标准的 JavaBean 遵循以下几种规范。

（1）一个 bean 没有必须继承的特定的基类或接口。可视化的 bean 必须继承的类是 java.awt.Component，这样才能添加到可视化容器中去。

（2）非可视化 bean 则不需要继承这个类。有许多 bean 无论是在应用程序构造器工具中，还是在最后创建好的应用程序中，都具有很强的可视化特征，但这并非每个 bean 必须的特征。

（3）JavaBean 为公有类，此类要使用访问权限 public 进行修饰，主要是为了方便 JSP 的访问。

（4）一个 JavaBean 中至少存在一个无参构造方法，此为 JSP 中的标签所使用。JavaBean 定义构造方法时，一定要使用 public 修饰，同时不能要参数。不定义构造方法时，Java 编译器可以构造无参数构造方法。

（5）JavaBean 属性通常可以使用访问权限 private 进行修饰，表示私有属性，但这只能在 JavaBean 内使用。在声明中，使用 public 修饰的则被认为是公有权限，主要是方便与 JSP 进行交互。

（6）提供对应的 setXxx（）和 getXxx（）方法来存取类中的属性，方法中“Xxx”为属性名称，属性的第一个字母应大写。若属性为布尔类型，则可使用 isXxx（）方法代替 getXxx（）方法。

（7）JavaBean 一定要放在包内，使用 package 进行自定义，也可以放在 JavaBean 代码第一行。

（8）对于部署好的 JavaBean 修改后，一定要重新编译字节码文件，同时启动 Tomcat 服务器之后才能够生效。

（9）实现 java.io.Serializable 接口，实现了 java.io.Serializable 接口的类当实例化对象时，对象会被 JVM（Java 虚拟机）转化为一个字节序列并且能够将这个字节序列完全恢复为原来的对象，序列化机制可以弥补网络传输中不同操作系统的差异问题。例如，当一台计算机在 Windows 系统上创建了一个对象，将这个对象序列化，并且通过网络将它发送到一台操作系统为 Linux 的计算机上。这时不必担心因为操作系统不同传输的对象会有所改变，因为这个对象会重新准确组装。使用一个 JavaBean 时，一般情况下是在设计阶段对状态信息进行配置，并在程序启动后期恢复，这种具体工作是由序列化完成的。注意：如果在 JSP 中使用 JavaBean 组件，创建的 JavaBean 不必实现 java.io.Serializable 接口仍然可以运行。

在使用 Java 编程时，并不是所有软件模块都需要转换成 bean。Bean 比较适合于具有可视化操作和定制特性的软件组件。JavaBean 本身就是一个类，属于 Java 的面向对象编程。在 JSP 中如果要应用 JSP 提供的 Javabean 标签来操作简单类的话，此类满足如下的开发要求。

（1）所有的类必须放在一个包中，在 Web 中没有包的类是不存在的。

（2）所有的类必须声明为 public class，这样才能够被外部所访问。

（3）类中所有的属性都必须封装，即使用 private 声明。

（4）封装的属性如果需要被外部操作，则必须编写对应的 setter、getter 方法。

5.4　JavaBean 的组成

一个 JavaBean 由以下 3 部分组成。

（1）属性（properties）。

（2）JavaBean 提供了高层次的属性概念，属性在 JavaBean 中不只是传统的面向对象的概念里的属性，同时还得到了属性读取和属性写入的 API 的支持。属性值可以通过调用适当的 bean

方法进行读写。比如，bean 有一个名字属性，这个属性的值可能需要调用 String getName（）方法读取，而写入属性值可能要需要调用 void setName（String str）方法。

（3）每个 JavaBean 属性通常都应该遵循简单的方法命名规则，JavaBean 还可以对属性值的改变作出及时的反应。比如一个显示当前时间的 JavaBean，如果改变时钟的时区属性，则时钟会立即重画，显示当前指定时区的时间。

通常 JavaBean 中的属性分为以下两种。

1．简单属性（simple）

简单属性就是在 JavaBean 中对应了简单的 setXxx（）和 getXxx（）方法的变量，在创建 JavaBean 时，简单属性最为常用。

在 JavaBean 中，简单属性的 getXxx（）与 setXxx（）方法如下。

```
public void setXxx (type value) ;
public type getXxx () ;
```

其中 type 表示属性的数据类型，若属性为布尔类型，则可使用 isXxx（）方法代替 getXxx（）方法。

【例 5-3】简单属性示例。

User.java 程序代码如下。

```
package com.yxq.bean;
public class User {//值 javaBean
  private String userName;
  private String userPass;
  public String getUserName () {
    return userName;
}
public void setUserName (String userName) {
    this.userName = userName;
}
public String getUserPass () {
    return userPass;
}
public void setUserPass (String userPass) {
    this.userPass = userPass;
}
}
```

index.jsp 程序代码如下。

```
<%@ page pageEncoding="UTF-8"%>
<form action="doLogon.jsp">
    姓名: <input type="text" name="userName" size="20">
    <br>
    密码: <input type="text" name="userPass" size="20">
    <br>
    <input type="submit" value="提交">
</form>
```

register.jsp 程序代码如下。

```
<%@ page pageEncoding="utf-8"%>
<%@ page import="com.yxq.bean.User"%>
<jsp:useBean id="user" class="com.yxq.bean.User" scope="request"/>
<jsp:setProperty name="user" property="*"/>
<html>
  <body>
     用户名：<jsp:getProperty name="user" property="userName"/>
     密码：<jsp:getProperty name="user" property="userPass"/>
  </body>
</html>
```

【程序说明】

（1）定义 User 类，User 类是值 JavaBean，用来保存 index.jsp 表单上的数据。

（2）index.jsp 文件的表单上定义了两个文本框 userName 和 userPass，点击提交按钮后跳转至 register.jsp。

（3）register.jsp 文件中通过<jsp:useBean>定义 User 对象，然后通过<jsp:setProperty name="user" property="*"/>将表单上所有文本框的值赋给 User 对象对应的成员变量。这里要求表单文本框名字和 User 对象成员变量名一一对应。最后通过<jsp:getProperty>将 User 对象的成员变量的值输出至客户端。

【运行结果】

index.jsp 运行结果、register.jsp 运行结果，如图 5-5 和图 5-6 所示。

图 5-5　index.jsp 运行结果

图 5-6　register.jsp 运行结果

2．索引属性（indexed）

需要通过索引访问的属性通常称为索引属性。存在一个大小为 3 的字符串数组，若要获取该字符串数组中指定位置中的元素，需要获取该元素的索引，则该字符串数组就被称为索引属性。

在 JavaBean 中，索引属性的 getXxx（）与 setXxx（）方法如下。

```
public void setXxx (type[] value) ;
public type[] getXxx () ;
public void setXxx (int index,type value) ;
public type getXxx (int index) ;
```

其中 type 表示属性类型，第一个 setXxx( )方法用来为类型为数组的属性赋值；第二个 setXxx( )方法增加了一个表示索引的参数，用来为数组中索引为 index 的元素赋值为 value 指定的值。

第一个 getXxx（）方法用来返回一个数组，第二个 getXxx（）方法增加了一个返回值，用来返回数组中索引为 index 的元素值。

【例 5-4】索引属性示例。

food.java 程序代码如下。

```
import java.io.Serializable;
public class food implements Serializable{
    String[] name=new String[30];
    public String[] getName () {
        return name;
    }
    public void setName (String[] name) {//String[] name={"苹果","橘子","香蕉","西瓜"}
        this.name = name;//this.name={"苹果","橘子","香蕉","西瓜"}
    }
    public String getName (int i) {//方法重载
        return name[i];
    }
    public void setName (int i,String n) {//方法重载
        this.name[i] = n;//this.name[0]="香蕉"
    }
}
```

index.jsp 程序代码如下。

```
<%@ page language="java" import="com.food" pageEncoding="UTF-8"%>
<html>
  <head>
    <title>My JSP 'index.jsp' starting page</title>
  </head>
  <body>
  我最爱吃的食物<br>
    <%
      String[] names={"苹果","橘子","香蕉","西瓜"};
      food f=new food () ;
      f.setName (names) ;//String[] name={"苹果","橘子","香蕉","西瓜"}
      String[] n=f.getName () ;// String[] n={"苹果","橘子","香蕉","西瓜"}
      for (int i=0;i<n.length;i++)
        out.print (n[i]+"<br>") ;
    %>
  </body>
</html>
```

my.jsp 程序代码如下。

```
<%@ page language="java" import="com.food" pageEncoding="UTF-8"%>
<html>
  <head>
    <title>My JSP 'index.jsp' starting page</title>
  </head>
  <body>
```

```
我最爱吃的食物<br>
  <%
   food f=new food () ;
   f.setName (0,"苹果") ;
   f.setName (1,"橘子") ;
   f.setName (2,"香蕉") ;
   f.setName (3,"西瓜") ;
   out.print ("3 号元素是:"+f.getName (3)) ;
  %>
 </body>
</html>
```

【程序说明】

（1）定义 food 类，food 类是值 JavaBean，其中的数组 name 是一个索引属性。

对于索引属性 name，food 类定义了两个 getName( ) 和两个 setName( ) 方法。一对 getName（）和 setName（）用于处理整个数组；另一对 getName（）和 setName（）用于处理数组中指定位置的元素。

（2）index.jsp 文件中创建数组 names，并调用 setName（String[] name）把 names 赋给 food 对象的索引属性 name；然后再调用 getName（）获得索引属性 name 的值，并通过循环输出。

（3）my.jsp 文件中是通过调用 setName（int i,String n）方法为 food 对象的索引属性 name 指定下标上的元素赋值。这里要求 food 类中创建 name 数组时必须为 name 数组分配空间，否则调用 setName（int i,String n）方法时会报错。

【运行结果】

index.jsp 运行结果和 my.jsp 运行结果分别如图 5-7 和图 5-8 所示。

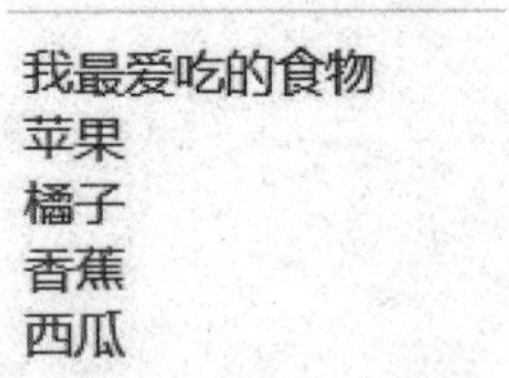

图 5-7 index.jsp 运行结果

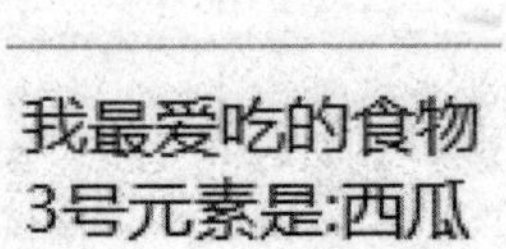

图 5-8 my.jsp 运行结果

通常 JavaBean 中的方法（method）、事件（event）内容具体如下。

（1）方法（method）。

JavaBean 中的方法就是通常的 Java 方法，可以被其他组件在脚本环境中调用。默认情况下，所有 bean 的公有方法都可以被外部调用，但 bean 一般只会引出其公有方法的一个子集。由于 JavaBean 本身是 Java 对象，调用这个对象的方法是与其进行交互的唯一途径。JavaBean 严格遵守面向对象的类设计逻辑，不让外部世界访问其任何字段（没有 public 字段）。这样，方法调用是接触 Bean 的唯一途径。

对有些 Bean 采用调用实例方法的低级机制并不是操作和使用 Bean 的主要途径。公开 Bean 方法在 Bean 操作中降为辅助地位，因为两个高级 Bean 特性属性和事件是与 Bean 进行交互的更好方式。因此 Bean 可以提供要让客户使用的 public 方法，但应当认识到，Bean 设计人员希望看到绝大部分 Bean 的功能反映在属性和事件中，而不是在人工调用和各个方法中。

（2）事件（event）。

Bean 与其他软件组件交流信息的主要方式是发送和接受事件。可以将 bean 的事件支持功能看作是集成电路中的输入输出引脚，工程师将引脚连接在一起组成系统，让组件进行通信。有些引脚用于输入，有些引脚用于输出，相当于事件模型中的发送事件和接收事件。

事件为 JavaBean 组件提供了一种发送通知给其他组件的方法。在 AWT 事件模型中，一个事件源可以注册事件监听器对象。当事件源检测到发生了某种事件时，将调用事件监听器对象中的一个适当的事件处理方法来处理这个事件。由此可见，JavaBean 确实也是普通的 Java 对象，只不过遵循了一些特别的约定而已。

任务实施

```
package com.lyq.bean;

public class Person {
    private String name;
    private int age;
    private String sex;
    private String add;
    public String getName () {
        return name;
    }
    public void setName (String name) {
        this.name = name;
    }
    public int getAge () {
        return age;
    }
    public void setAge (int age) {
        this.age = age;
    }
    public String getSex () {
        return sex;
    }
    public void setSex (String sex) {
        this.sex = sex;
    }
    public String getAdd () {
        return add;
    }
    public void setAdd (String add) {
        this.add = add;
    }

}
```

index.jsp

```
<%@ page language="java" import="java.util.*" pageEncoding="UTF-8"%>
<html>
  <head>
   <title>My JSP 'personindex.jsp' starting page</title>
  </head>
  <body>
   <form action="personreg.jsp" method="post">
   <table align="center" border="1" width="400" height="200">
   <tr>
       <td align="center" colspan="2">添加用户信息</td>
   </tr>
   <tr>
       <td align="center">姓名:</td>
       <td align="center"><input type="text" name="name"/></td>
   </tr>
   <tr>
       <td align="center">年龄:</td>
       <td align="center"><input type="text" name="age"/></td>
   </tr>
   <tr>
       <td align="center">性别:</td>
       <td align="center"><input type="text" name="sex"/></td>
   </tr>
   <tr>
       <td align="center">住址:</td>
       <td align="center"><input type="text" name="add"/></td>
  </tr>
   <tr>
       <td colspan="2" align="center"><input type="submit" value="提交"/></td>
  </tr>
  </table>
   </form>
  </body>
</html>
```

result.jsp

```
<%@ page language="java" import="java.util.*" pageEncoding="UTF-8"%>
<html>
  <head>
   <title>My JSP 'personreg.jsp' starting page</title>
  </head>
  <body>
  <%request.setCharacterEncoding ("UTF-8") ; %>
   <jsp:useBean id="person" class="com.lyq.bean.Person" scope="page">
       <jsp:setProperty name="person" property="*"></jsp:setProperty>
   </jsp:useBean>
   <table align="center" width="400" border="1">
       <tr>
           <td align="center">姓名:</td>
           <td><jsp:getProperty property="name" name="person"/></td>
```

```
        </tr>
        <tr>
            <td align="center">年龄:</td>
            <td><jsp:getProperty property="age" name="person"/></td>
        </tr>
        <tr>
            <td align="center">性别:</td>
            <td><jsp:getProperty property="sex" name="person"/></td>
        </tr>
        <tr>
            <td align="center">地址:</td>
            <td><jsp:getProperty property="add" name="person"/></td>
        </tr>
    </table>
  </body>
</html>
```

【运行结果】

index.jsp 运行结果、result.jsp 运行结果，分别如图 5-9 和图 5-10 所示。

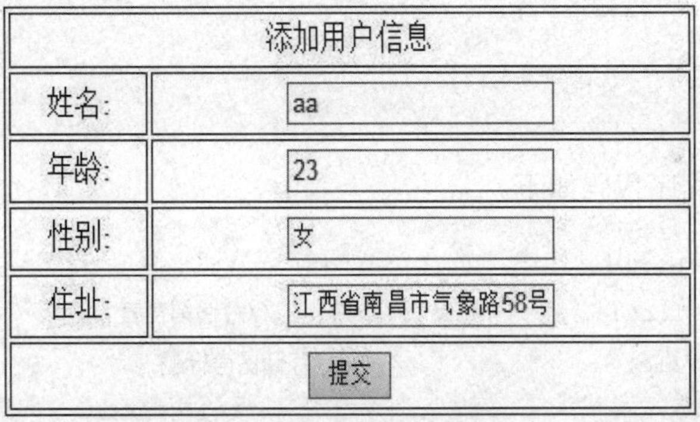

图 5-9　index.jsp 运行结果

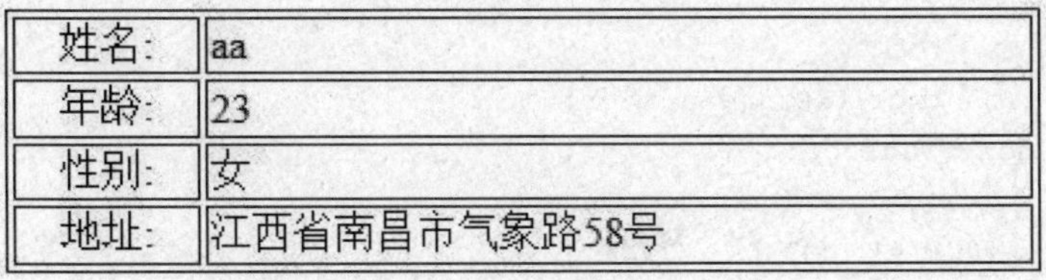

姓名:	aa
年龄:	23
性别:	女
地址:	江西省南昌市气象路58号

图 5-10　result.jsp 运行结果

综合案例：留言板

利用 JSP 编程技术实现一个留言板，具体要求如下。

（1）综合运用值 javaBean 和工具 javaBean。

（2）用 JSP 编写一个留言信息页面，页面上定义表单来收集留言信息。留言信息中有留言者、留言标题、留言内容，通过提交按钮提交留言信息。定义值 javaBean 来收集获取到的页面表单留言信息。

（3）定义工具 javaBean 来处理中文乱码、特殊字符等问题。

【例 5-5】留言板。

MyTools.java 程序代码如下。

```
package com.yxq.toolbean;
import java.io.UnsupportedEncodingException;
public class MyTools {
    public static String toChinese (String str) {
        if (str==NULL)    str="";
        try{
            //通过 String 类的构造方法将，指定的字符串转换为“gb2312”编码
         str=new String (str.getBytes ("ISO-8859-1") ,"gb2312") ;
        }
        catch  (UnsupportedEncodingException e)  {
            str="";
            e.printStackTrace () ;
        }
        return str;
    }
}
```

WordSingle.java 程序代码如下。

```
package com.yxq.valuebean;
public class WordSingle {
    private String author;                          //存储留言者
    private String title;                       //存储留言标题
    private String content;                         //存储留言内容
    public String getAuthor ()  {
        return author;
    }
    public void setAuthor (String author)  {
        this.author = author;
    }
    public String getTitle ()  {
        return title;
    }
    public void setTitle (String title)  {
        this.title = title;
    }
    public String getContent ()  {
        return content;
    }
    public void setContent (String content)  {
        this.content = content;
    }
```

```
}
```

index.jsp 程序代码如下。

```
<%@ page contentType="text/html;charset=gb2312"%>
<html>
<head>
<title>bean</title>
</head>
<body>
<form action="doword.jsp" method="post">
    <table border="1" rules="rows">
        <tr height="30">
            <td>留 言 者：</td>
            <td><input type="text" name="author" size="20"></td>
        </tr>
        <tr height="30">
            <td>留言标题：</td>
            <td><input type="text" name="title" size="35"></td>
        </tr>
        <tr>
            <td>留言内容：</td>
            <td><textarea name="content" rows="8" cols="34"></textarea></td>
        </tr>
        <tr align="center" height="30">
            <td colspan="2">
                <input type="submit" value="提交">
                <input type="reset" value="重置">
            </td>
    </table>
</form>
</body>
<html>
```

doword.jsp 程序代码如下。

```
<%@ page contentType="text/html; charset=gb2312"%>
<jsp:useBean id="myWord" class="com.yxq.valuebean.WordSingle" scope="request">
    <jsp:setProperty name="myWord" property="*"/>
</jsp:useBean>
<jsp:forward page="show.jsp"/>
```

show.jsp 程序代码如下。

```
<%@ page contentType="text/html; charset=gb2312"%>
<%@ page import="com.yxq.toolbean.MyTools" %>
<!-- 获取 request 范围内名称为 myWord 的 WordSingle 类实例 -->
<jsp:useBean id="myWord" class="com.yxq.valuebean.WordSingle" scope="request"/>
<html>
    <title>显示留言信息</title>
    <body>
        <table border="1" height="200" rules="rows">
            <tr>
                <td align="center">留 言 者：</td>
                <!-- 获取留言者后进行转码操作 -->
```

```
                <td><%=MyTools.toChinese (myWord.getAuthor ()) %></td>
            </tr>
            <tr height="30">
                <td align="center">留言标题：</td>
                <!-- 获取留言标题后进行转码操作 -->
                <td><%=MyTools.toChinese (myWord.getTitle ()) %></td>
            </tr>
            <tr>
                <td align="center">留言内容：</td>
                <!-- 获取留言内容后进行转码操作 -->
                <td>
                  <textarea rows="8" cols="34" readonly="true">
                    <%=MyTools.toChinese (myWord.getContent ()) %>
                  </textarea>
                </td>
            </tr>
            <tr><td colspan="2" align="center"><a href="index.jsp">继续留言</a></td>
        </table>
    </body>
</html>
```

【程序说明】

（1）定义工具 JavaBean—MyTools.java 来处理中文乱码问题。

（2）定义值 JavaBean—WordSingle.java 来收集保存页面表单上的所有留言信息。

（3）在 index.jsp 文件中定义了一个表单。表单上有三个文本框分别代表：留言者、留言标题、留言内容。点击提交按钮提交至 doword.jsp 文件。

（4）在 doword.jsp 文件中通过<jsp:useBean>动作标识定义 WordSingle 对象 myWord，并通过<jsp:setPropert>把页面表单上的三个信息赋值给 myWord 的成员变量。请求转发至 show.jsp 页面。

（5）show.jsp 页面通过<jsp:useBean>从 request 范围内取出 myWord 对象，并把 myWord 对象的成员变量的值输出至网页进行展示。

【运行结果】

index.jsp 运行结果、show.jsp 运行结果，如图 5-11 和图 5-12 所示。

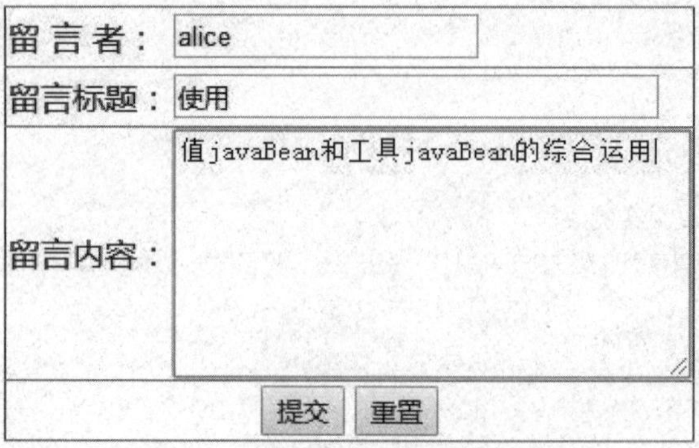

图 5-11　index.jsp 运行结果

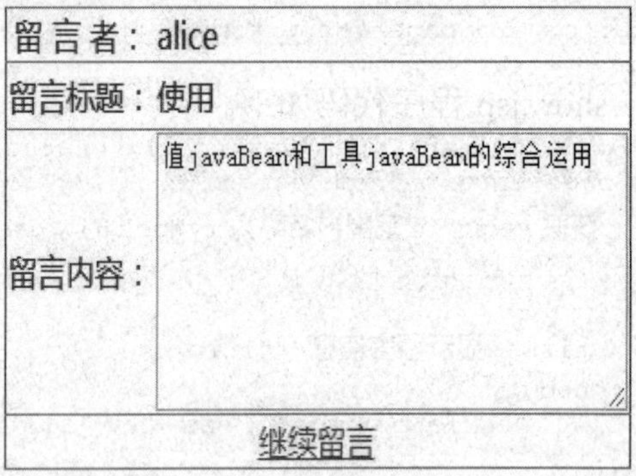

图 5-12　show.jsp 运行结果

拓展案例

在现实生活中，购物车是商场提供给顾客用来存放所挑选的商品的工具，还可以从购物车中拿出不打算购买的商品。在 Web 程序开发中，购物车的概念被应用到了网络电子商城中，用户同样可对购物车进行商品的添加和删除操作，并且购物车会自动计算出用户需要交付的费用。

本节将介绍实现一个简单购物车的实例，具体要求如下。

（1）该购物车实现了商品的添加、删除和清空所有商品。

（2）购物车会自动计算出用户购买商品总共需要交付的费用。

（3）利用 JSP+JavaBean 实现。

【例 5-6】购物车示例。

MyTools.java 程序代码如下。

```
package com.yxq.toolbean;
import java.io.UnsupportedEncodingException;
public class MyTools {
    public static int strToint (String str) {              //将 String 型数据转换为 int 型数据的方
法
        if (str==NULL||str.equals (""))
            str="0";
        int i=0;
        try{
            i=Integer.parseInt (str) ;
        }catch (NumberFormatException e) {
            i=0;
            e.printStackTrace () ;
        }
        return i;
    }
    public static String toChinese (String str) {          //进行转码操作的方法
        if (str==NULL)
            str="";
        try {
            str=new String (str.getBytes ("ISO-8859-1") ,"gb2312") ;
        } catch  (UnsupportedEncodingException e)  {
            str="";
            e.printStackTrace () ;
        }
        return str;
    }
}
```

ShopCar.java 程序代码如下。

```
package com.yxq.toolbean;
import java.util.ArrayList;
import com.yxq.valuebean.GoodsSingle;
```

```
public class ShopCar {
    private ArrayList buylist=new ArrayList () ;          //用来存储购买的商品
    public ArrayList getBuylist ()  {
        return buylist;
    }
    /**
     * @功能 向购物车中添加商品
     * @参数 single 为 GoodsSingle 类对象，封装了要添加的商品信息
     */
    public void addItem (GoodsSingle single) {
        if (single!=NULL) {
            //1、购物车为空
            if (buylist.size () ==0) {                    //如果 buylist 中不存在任何商品
                buylist.add (single) ;
                System.out.println ("if") ;
            }
            //2、购物车里已经存在商品
            else{
                int i=0;
              //遍历 buylist 集合对象，判断该集合中是否已经存在当前要添加的商品
                for (;i<buylist.size () ;i++) {
             //判断从 buylist 集合中获取的当前商品的名称是否与要添加的商品的名称相同
                    GoodsSingle temp= (GoodsSingle) buylist.get (i) ;
             //如果相同，说明已经购买了该商品，只需要将商品的购买数量加 1
                    if (temp.getName () .equals (single.getName ())) {
                            temp.setNum (temp.getNum () +1) ;    //将商品购买数量加 1
                        System.out.println ("elsefor") ;
                        break;                                   //结束 for 循环
                    }
                }
                if (i>=buylist.size ()) {          //说明 buylist 中不存在要添加的商品
                    //存储商品
                    buylist.add (single) ;
                    System.out.println ("elseif") ;
                }
            }
        }
    }
    /**
     * @功能 从购物车中移除指定名称的商品
     * @参数 name 表示商品名称
     */
    public void removeItem (String name) {
```

```
        for (int i=0;i<buylist.size () ;i++) {              //遍历 buylist 集合,查找指定名称的商品
            GoodsSingle temp= (GoodsSingle) buylist.get (i) ;    //获取集合中当前位置的商品
            //如果商品的名称为 name 参数指定的名称
            if (temp.getName () .equals (name)) {
                if (temp.getNum () >1) {                          //如果商品的购买数量大于 1
                    temp.setNum (temp.getNum () -1) ;             //则将购买数量减 1
                    System.out.println ("多斤") ;
                    break;                                        //结束 for 循环
                }
                else if (temp.getNum () ==1) {                    //如果商品的购买数量为 1
                    buylist.remove (i) ;
                    System.out.println ("1 斤") ;
                    break;
                }
            }
        }
    }
    /**
     * @功能 清空购物车
     */
    public void clearCar () {
        buylist.clear () ;                                        //清空 buylist 集合对象
        System.out.println ("qingkong") ;
    }

    public static void main (String[] args)
    {
        GoodsSingle gs=new GoodsSingle () ;
        gs.setName ("苹果") ;
        gs.setNum (1) ;
        gs.setPrice (2.8f) ;
        ShopCar sc=new ShopCar () ;
        sc.addItem (gs) ;
        GoodsSingle gs1=new GoodsSingle () ;
        gs1.setName ("苹果") ;
        gs1.setNum (1) ;
        gs1.setPrice (2.8f) ;
        sc.addItem (gs1) ;
        GoodsSingle gs2=new GoodsSingle () ;
        gs2.setName ("梨") ;
        gs2.setNum (1) ;
```

```
        gs2.setPrice (2.5f) ;
        sc.addItem (gs2) ;

        sc.removeItem ("苹果") ;
        sc.removeItem ("梨") ;
        //sc.clearCar () ;
    }
}
```

GoodsSingle.java 程序代码如下。

```
package com.yxq.valuebean;
public class GoodsSingle {
    private String name;                            //保存商品名称
    private float price;                            //保存商品价格
    private int num;                                //保存商品购买数量
    public String getName () {
        return name;
    }
    public void setName (String name) {
        this.name = name;
    }
    public int getNum () {
        return num;
    }
    public void setNum (int num) {
        this.num = num;
    }
    public float getPrice () {
        return price;
    }
    public void setPrice (float price) {
        this.price = price;
    }
}
```

index.jsp 程序代码如下。

```
<%@ page contentType="text/html;charset=gb2312"%>
<%@ page import="java.util.ArrayList" %>
<%@ page import="com.yxq.valuebean.GoodsSingle" %>
<%!
    static ArrayList goodslist=new ArrayList () ;           //用来存储商品
    static{                                                 //静态代码块
        String[] names={"苹果","香蕉","梨","橘子"};             //商品名称
        float[] prices={2.8f,3.1f,2.5f,2.3f};               //商品价格
        for (int i=0;i<4;i++) {                 //初始化商品信息列表
            //定义一个 GoodsSingle 类对象来封装商品信息
```

```
            GoodsSingle single=new GoodsSingle () ;
            single.setName (names[i]) ;                  //封装商品名称信息
            single.setPrice (prices[i]) ;                //封装商品价格信息
            single.setNum (1) ;                          //封装购买数量信息
            goodslist.add (i,single) ;                   //保存商品到goodslist集合对象中
        }
    }
%>
<%
    session.setAttribute ("goodslist",goodslist) ;          //保存商品列表到session中
    response.sendRedirect ("show.jsp") ;                    //跳转到show.jsp页面显示商品
%>
```

show.jsp 程序代码如下。

```
<%@ page contentType="text/html;charset=gb2312"%>
<%@ page import="java.util.ArrayList" %>
<%@ page import="com.yxq.valuebean.GoodsSingle" %>
<%  ArrayList goodslist= (ArrayList) session.getAttribute ("goodslist") ;  %>
<table border="1" width="450" rules="none" cellspacing="0" cellpadding="0">
    <tr height="50"><td colspan="3" align="center">提供商品如下</td></tr>
    <tr align="center" height="30" bgcolor="lightgrey">
        <td>名称</td><td>价格（元/斤）</td><td>购买</td>
    </tr>
    <%  if (goodslist==NULL||goodslist.size () ==0) { %>
    <tr height="100"><td colspan="3" align="center">没有商品可显示！</td></tr>
    <%
        }
        else{
            for (int i=0;i<goodslist.size () ;i++) {
                GoodsSingle single= (GoodsSingle) goodslist.get (i) ;
    %>
                <tr height="50" align="center">
                    <td><%=single.getName () %></td>
                    <td><%=single.getPrice () %></td>
                    <td><a href="docar.jsp?action=buy&id=<%=i%>">购买</a></td>
                </tr>
    <%
            }
        }
    %>
    <tr height="50">
     <td align="center" colspan="3"><a href="shopcar.jsp">查看购物车</a></td>
    </tr>
</table>
```

shopcar.jsp 程序代码如下。

```
<%@ page contentType="text/html;charset=gb2312"%>
```

```
<%@ page import="java.util.ArrayList" %>
<%@ page import="com.yxq.valuebean.GoodsSingle" %>
<jsp:useBean id="myCar" class="com.yxq.toolbean.ShopCar" scope="session"/>
<%
    ArrayList buylist=myCar.getBuylist () ;//获取实例中用来存储购买的商品的集合
    float total=0;                                    //用来存储应付金额
%>
<table border="1" width="450" rules="none" cellspacing="0" cellpadding="0">
    <tr height="50"><td colspan="5" align="center">购买的商品如下</td></tr>
    <tr align="center" height="30" bgcolor="lightgrey">
        <td width="25%">名称</td>
        <td>价格 (元/斤) </td>
        <td>数量</td>
        <td>总价 (元) </td>
        <td>移除 (-1/次) </td>
    </tr>
    <%  if (buylist==NULL||buylist.size () ==0) { %>
    <tr height="100"><td colspan="5" align="center">您的购物车为空! </td></tr>
    <%
        }
        else
        {
            for (int i=0;i<buylist.size () ;i++) {
                GoodsSingle single= (GoodsSingle) buylist.get (i) ;
                String name=single.getName () ;                     //获取商品名称
                float price=single.getPrice () ;                    //获取商品价格
                int num=single.getNum () ;                          //获取购买数量
                        float money= ((int) ((price*num+0.05f) *10)) /10f;    //计算
当前商品总价，并进行四舍五入
                total+=money;                                   //计算应付金额
    %>
                <tr align="center" height="50">
                    <td><%=name%></td>
                    <td><%=price%></td>
                    <td><%=num%></td>
                    <td><%=money%></td>
                    <td><a href="docar.jsp?action=remove&name=<%=single.getName () %>">
移除</a></td>
                </tr>
    <%
            }
        }
    %>
    <tr height="50" align="center"><td colspan="5">应付总金额: <%=total%></td></tr>
    <tr height="50" align="center">
        <td colspan="2"><a href="show.jsp">继续购物</a></td>
```

```
        <td colspan="3"><a href="docar.jsp?action=clear">清空购物车</a></td>
    </tr>
</table>
```

docar.jsp 程序代码如下。

```
<%@ page contentType="text/html;charset=gb2312"%>
<%@ page import="java.util.ArrayList" %>
<%@ page import="com.yxq.valuebean.GoodsSingle" %>
<%@ page import="com.yxq.toolbean.MyTools" %>
<jsp:useBean id="myCar" class="com.yxq.toolbean.ShopCar" scope="session"/>
<%
    String action=request.getParameter ("action") ;
    if (action==NULL)
        action="";
    if (action.equals ("buy")) {                                          //购买商品
      ArrayList goodslist= (ArrayList) session.getAttribute ("goodslist") ;
      int id=MyTools.strToint (request.getParameter ("id")) ;
        GoodsSingle single= (GoodsSingle) goodslist.get (id) ;
        myCar.addItem (single) ;         //调用 ShopCar 类中的 addItem () 方法添加商品
        response.sendRedirect ("show.jsp") ;
    }
    else if (action.equals ("remove")) {                     //移除商品
        String name=MyTools.toChinese (request.getParameter ("name")) ;    //获取商品名称
        myCar.removeItem (name) ;        //调用 ShopCar 类中的 removeItem () 方法移除商品
        response.sendRedirect ("shopcar.jsp") ;
    }
    else if (action.equals ("clear")) {      //清空购物车
        myCar.clearCar () ;                  //调用 ShopCar 类中的 clearCar () 方法清空购物车
        response.sendRedirect ("shopcar.jsp") ;
    }
    else{
        response.sendRedirect ("show.jsp") ;
    }
%>
```

【运行结果】

show.jsp 运行结果、shopcar.jsp 运行结果和都 docar.jsp 运行结果，分别如图 5-13、图 5-14 和图 5-15 所示。

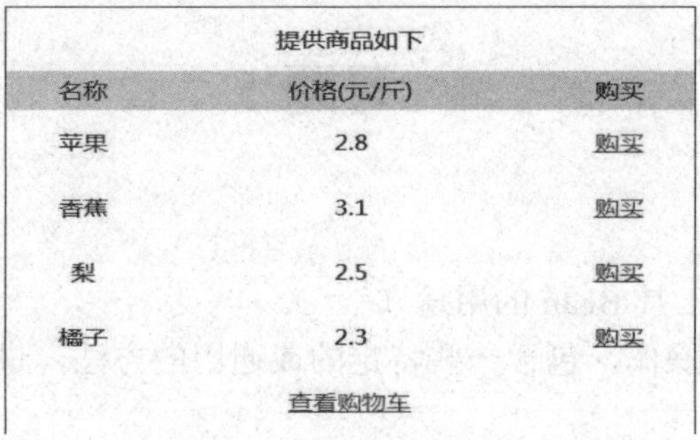

图 5-13　show.jsp 运行结果

购买的商品如下

名称	价格(元/斤)	数量	总价(元)	移除(-1/次)
苹果	2.8	3	8.4	移除
梨	2.5	2	5.0	移除
橘子	2.3	1	2.3	移除
香蕉	3.1	8	24.8	移除

应付总金额：40.5

继续购物　　清空购物车

图 5-14　shopcar.jsp 运行结果

购买的商品如下

名称	价格(元/斤)	数量	总价(元)	移除(-1/次)

您的购物车为空！

应付总金额：0.0

继续购物　　清空购物车

图 5-15　docar.jsp 运行结果

本章小结

本章首先介绍了 JavaBean 功能特点；其次介绍了 JavaBean 的分类；最后介绍了 JavaBean 编写规范。通过本章的学习，读者应熟练掌握 JavaBean 技术的应用，为以后代码编写规范提供了依据。

习题 5

一、选择题

1．下面哪一项属于工具 Bean 的用途（　　）。

A．完成一定运算和操作，包含一些特定的或通用的方法，进行计算和事务处理

B．负责数据的存取

C．接受客户端的请求，将处理结果返回客户端

D．在多台机器上跨几个地址空间运行

2．在 JSP 中使用标记时，不会出现的属性是（　）。

A．name　　B．property　　C．value　　D．以上皆不会出现

3．关于 JavaBean，下列的叙述哪一项是不正确的？（　）

A．JavaBean 的类必须是具体的和公共的，并且具有无参数的构造器

B．JavaBean 的类属性是私有的，要通过公共方法进行访问

C．avaBean 和 Servlet 一样，使用之前必须在项目的 Web.xml 中注册

JavaBean 属性和表单控件名称能很好地耦合，得到表单提交的参数

4．JavaBean 的属性必须声明为 private，方法必须声明为（　）访问类型。

A．private　　B．static　　C．protect　　D．public

5. JSP 页面通过（　）来识别 Bean 对象，可以在程序片中通过 xx.method 形式来调用 Bean 中的 set 和 get 方法。

A．name　　B．class　　C．id　　D．classname

6．JavaBean 的作用范围可以是 page、request、session 和（　）四个作用范围中的一种。

A．application　　B．local　　C．global　　D．class

7．下列哪个作用范围的 bean，请求响应完成则该 Bean 即被释放，不同客户的 Bean 互不相同？（　）

A．application　　B．request　　C．page　　D．session

8．下列哪个作用范围的 Bean，被 Web 服务目录下所有用户共享，任何客户对 Bean 属性的修改都会影响到其他用户？（　）

A．application　　B．request　　C．page　　D．session

9．下列哪个作用范围的 Bean，当客户离开这个页面时，JSP 引擎取消为客户该页面分配的 Bean，释放他所占的内存空间？（　）

A．application　　B．request　　C．page　　D．session

10．使用动作标记可以在 JSP 页面中得到 Bean 实例的属性值，并将其转换为什么类型的数据，发送到客户端？（　）

A．String　　B．Double　　C．Object　　D．Classes

11．使用动作标记可以在 JSP 页面中设置 Bean 的属性，但必须保证 Bean 有对应的什么方法？（　）

A．SetXxx 方法　　B．setXxx 方法　　C．getXxx 方法　　D．GetXxx 方法

12．使用格式给 Bean 的属性赋值，expression 的数据类型和 bean 的属性类型（）。

A．必须一致　　B．可以不一致　　C．必须不同　　D．无要求

13．在 JSP 页面中，使用格式给 Long 类型的 Bean 属性赋值，会调用哪个数据类型转换方法？（　）

A．Long.parseLong（String s）　　B．Integer.parseInt（Stirng s）

C．Double.parseDouble（String s）　　D．不确定

14．下列哪个调用数据类型转换方法会发生 NumberFormatException 异常？（　）

A．Long.parseLong（“1234”）　　B．Integer.parseInt（“1234”）

C．Double.parseDouble（“123.45”）　　D．Integer.parseInt（“123a”）

15．在 JSP 页面中使用格式，用表单参数为 Bean 属性赋值，property=“*”格式，要求 Bean 的属性名字（　　）。

A．必须和表单参数类型一致　　B．必须和表单参数名称一一对应

C．必须和表单参数数量一致　　D．名称不一定对应

16．关于 JavaBean 正确的说法是（　　）。

A．Java 文件与 Bean 所定义的类名可以不同，但一定要注意区分字母的大小写

B．在 JSP 文件中引用 Bean，其实就是用语句

C．被引用的 Bean 文件的文件名后缀为.java

D．Bean 文件放在任何目录下都可以被引用

17．如果使用标记准备取出 bean 的属性值，但名字为 propertyName 的属性在 bean 中不存在，也就是说 bean 中没有这样的属性名 propertyName，也没有 getPropertyName（　　）方法，那么会在浏览器中显示（　　）。

A．错误页面　　B．NULL　　C．0　　D．什么也没有

18．（　　）范围将使 Bean 一直保留到其到期或被删除为止。

A．page　　B．session　　C．application　　D．request

19．（　　）用于获取 Bean 的属性的值。

A. setProperty　　B. setValue　　C. getProperty　　D. getValue

20．JavaBean 的属性可以使用（　　）来访问。

A. 属性　　B. get（）和 set（）方法　　C. 事件　　D. scriptlet

21．（　　）动作用于嵌入现有的 Bean。

A．include　　B．useBean　　C．setProperty　　D．getProperty

22．（　　）是一种可以在一个或多个应用程序中重复使用的组件。

A．jsp 页面　　B．JavaMail　　C．JavaBean　　D．Servlet

二、判断题

1．JavaBean 的属性可读写，编写时 set 方法和 get 方法必须配对。（　　）

2．JavaBean 也是 Java 类，因此也必须有主函数。（　　）

3．JavaBean 组件就是 Java 开发中的一个类，通过封装属性和方法成为具有某种功能和接口的类，所以具有 Java 程序的特点。（　　）

4．Sun 公司把 JavaBean 定义为一个可重复使用的软件组件，类似于电脑的 CPU、硬盘等组件。（　　）

5．JavaBean 分为可视化组件和非可视化组件。（　　）

6．JavaBean 的属性必须声明为 private，方法必须声明为 public 访问类型。（　　）

7．创建 JavaBean 要经过编写代码、编译源文件、配置 JavaBean 这样一个过程。（　　）

8．在 JSP 页面中调用的 Bean 类中如果有构造方法，必须是 public 类型且必有参数。（　　）

9．布置 JavaBean 须在 Web 服务目录的 WEB-INF\classes 子目录下建立与包名对应的子目录，并将字节文件复制到该目录。（　　）

10．Javabean 中，对于 boolean 类型的属性，可以使用 is 代替方法名称中的 set 和 get 前缀，创建 Bean 必须带有包名。（　　）

11．在 JSP 页面中使用 Bean 首先要使用 import 指令将 Bean 引入。(　　)

12．修改了 Bean 的字节码后，要将新的字节码复制到对应的 WEB-INF\classes 目录中，重新启动 tomcat 服务器才能生效。(　　)

13．客户在某个页面修改 session 作用范围 Bean 的属性，在其他页面，该 Bean 的属性会发生同样的变化，不同客户之间的 Bean 也发生变化。(　　)

14．使用动作标记，可以使用表达式或字符串为 Bean 的属性赋值。(　　)

15．使用格式给 Bean 的属性赋值，这个字符串会自动被转化为属性的数据类型。()

16．表单提交后，动作指令才会执行。(　　)

17．JavaBean 中的 name 及 property 区分大小写。(　　)

18．在 JavaBean 中有很多方法，其中包含了主方法。(　　)

19．JavaBean 中的属性既可以是 public 型的，也可以是 private 型的。(　　)

20．JavaBean 中的方法既可以是 public 型的，也可以是 private 型的。(　　)

21．JavaBean 实质上是一个 Java 类，该类可以被 JSP 程序进行直接调用。(　　)

22．编写 JavaBean 可以先不必加入到 JSP 程序中调用，而直接用 main 方法来进行调试，调试好后就可以在 JSP 中使用了。(　　)

三、填空题

1．在 Web 服务器端使用 JavaBean，将原来页面中程序完成的功能封装到__________中，这样能很好地实现。

2．JavaBean 中用一组________方法设置 Bean 的私有属性值，__________方法获得 Bean 的私有属性值。set 和 get 方法名称与属性名称之间必须对应，也就是：如果属性名称为 xxx，那么 set 和 get 方法的名称必须为_________和__________。

3．使用 Bean 首先要在 JSP 页面中使用__________将 Bean 引入。

4．要想在 JSP 页面中使用 Bean，必须首先使用__________在页面中定义一个 JavaBean 的实例。

5．__________属性代表了 JavaBean 的作用范围，它可以是 page、、session 和 application 四个作用范围中的一种。

6．__________和 JSP 想结合，可以实现表现层和商业逻辑层的分离。

7．在 JSP 中可以使用_________操作来设置 Bean 的属性，也可以使用_________操作来获取 Bean 的值。

8．__________操作可以定义一个具有一定生存范围以及一个唯一 id 的 JavaBean 的实例。

9．JavaBean 有四个 scope，它们分别为_________、_________、_________和_________。

四、问答题

1．JavaBean 和一般意义上的 Java 类有何区别？

2．简述值 Bean 的编写方法，有哪些注意点？

3．如何实现一个 Bean 的属性与表单参数的关联？

4．如何在页面的程序片中使用 Bean？

5．简述 request、session 和 application 有效范围的 Bean 生命周期？

第 6 章　Servlet 技术

Servlet 是用 Java 编写的，运行在 Web 服务器上的独立模块。在实际应用中可以灵活地加载和卸下 Servlet 模块，以此提高 Web 服务器功能。本章主要讲解 Servlet 的特点，工作原理及 Servlet 的编程实例。

学习目标

➢ 掌握 Servlet 接口及实现类的使用。
➢ 掌握 Servlet 虚拟路径映射的配置。
➢ 了解 Servlet 的生命周期。
➢ 实现 Servlet、JSP、JavaBean 的结合使用。

任务陈述

配置并开发一个 Servlet 应用，通过 Servlet 完成根据不同的情况实现对应的跳转过程。

分析：例如在登录过程中，在 Servlet 中对账号密码是否匹配进行识别，根据不同的结果做出不同的处理。

相关知识

6.1　Servlet 基础

随着 Web 应用业务需求的增多，动态 Web 资源的开发变得越来越重要。目前，很多企业都提供了开发动态 Web 资源的相关技术。其中比较常见的有 ASP、PHP、JSP 和 Servlet 等。给予 Java 的动态 Web 资源开发，SUN 公司提供了 Servlet 和 JSP 两种技术。本章将针对 Servlet 技术的相关知识进行详细介绍。

6.1.1　Servlet 的概念

Servlet 是用于 Web 服务器端的 Java 小程序，在 Web 服务器端被解释执行，用于处理客户端的请求和产生动态网页内容。与传统的从命令行启动的 Java 应用程序不同，Servlet 由 Web 服务器进行加载，且该 Web 服务器必须包含支持 Servlet 的 Java 虚拟机。

Servlet 与协议和平台无关，运行于支持 Java 的 Web 服务器中，生成动态的 Web 页面，担当客户请求（Web 浏览器或其他 HTTP 客户程序）与服务器响应（HTTP 服务器上的数据库或应用程序）的中间层。一个 Servlet 程序负责处理它所对应的一个或一组 URL 地址的访问请求，接收访问请求信息和产生响应内容。Servlet 程序具有以下基本功能。

（1）获取客户端通过 HTML 的 FORM 表单传递的数据和 URL 后面的参数信息。

（2）创建对客户端的响应消息内容。

（3）访问服务器端的文件系统。

（4）连接数据库并开发基于数据库的应用。

（5）调用其他的 Java 类。

与普通 Java 程序相比，Servlet 只是输入信息的来源和输出结果的目标不一样。因此普通 Java 程序所能完成的大多数任务，Servlet 程序都可以完成。

6.1.2　Servlet 的特点

（1）方便：Servlet 提供了大量的实用工具例程，如处理很难完成的 HTML 表单数据、读取和设置 HTTP 头，以及处理 Cookie 和跟踪会话等。

（2）高效：在传统的 CGI 中，客户机向服务器发出的每个请求都要生成一个新的进程。在 Servlet 中，每个请求将生成一个新的线程，而不是一个完整的进程。Servlet 被调用时，被载入驻留在内存中，直到更改 Servlet，才会被再次加载。

（3）功能强大：Servlet 可以使用 Java API 核心的所有功能，这些功能包括 Web 和 URL 访问、图像处理、数据压缩、多线程、JDBC、RMI、序列化对象等。

（4）安全性：Servlet 可以充分利用 Java 的安全机制，并且可以实现类型的安全性。在 Java 的异常处理机制下，Servlet 能够安全地处理各种错误，不会因为程序上的逻辑错误而导致整体服务器系统的毁灭。

（5）节省投资：有许多廉价甚至免费的 Web 服务器可供个人或小规模网站使用。对于现有的服务器如果不支持 Servlet，想要加上这部分功能也是免费的或只需要极少的投资。具体内容如下。

①模块化：JSP、Servlet、JavaBean 都提供把程序模块化的途径，把整个应用划分为许多离散的模块，各模块负责一项具体的任务，使程序便于理解。每一个 Servlet 可以执行一个特定的任务，Servlet 之间可以互相交流。

②可移植性强：Servlet 是使用 Java 语言来编写的，因此，延续了 Java 在跨平台上的表现，可以在不同的操作系统平台和不同应用服务器平台下移植。几乎所有的主流服务器都直接或通过插件间接支持 Servlet。

③可重用性：Servlet 提供重用机制，可以给应用建立组件或用面向对象的方法封装共享功能。

6.1.3　Servlet 的生命周期

Servlet 生命周期可被定义为从创建直到毁灭的整个过程。以下是 Servlet 遵循的过程。

（1）Servlet 通过调用 init（） 方法进行初始化。

（2）Servlet 调用 service（） 方法来处理客户端的请求。

（3）Servlet 通过调用 destroy（） 方法终止（结束）。

（4）Servlet 是由 JVM 的垃圾回收器进行垃圾回收的。

Servlet 生命周期的方法如下。

1. init（）方法

init 方法被设计成只调用一次。在第一次创建 Servlet 时被调用，在后续每次用户请求时不再调用。因此，用于一次性初始化，就像 Applet 的 init 方法一样。

Servlet 创建于用户第一次调用对应于该 Servlet 的 URL 时，但是也可以指定 Servlet 在服务器第一次启动时被加载。

当用户调用一个 Servlet 时，就会创建一个 Servlet 实例。每一个用户请求都会产生一个新的线程，适当的时候移交给 doGet 或 doPost 方法。init（）方法简单地创建或加载一些数据，这些数据将被用于 Servlet 的整个生命周期。

init 方法的定义如下。

```
public void init() throws ServletException {
 // 初始化代码...
}
```

2. service（）方法

service（）法是执行实际任务的主要方法。Servlet 容器（即 Web 服务器）调用 service（）方法来处理来自客户端（浏览器）的请求，并把格式化的响应写回给客户端。

每次服务器接收到一个 Servlet 请求时，服务器会产生一个新的线程并调用服务。service（）方法检查 HTTP 请求类型（GET、POST、PUT、DELETE 等），并在适当的时候调用 doGet、doPost、doPut，doDelete 等方法。

```
public void service(ServletRequest request,
              ServletResponse response)
    throws ServletException, IOException{
}
```

service（）方法由容器调用，service 方法在适当的时候调用 doGet、doPost、doPut、doDelete 等方法。所以，不用对 service（）方法做任何动作，只需要根据来自客户端的请求类型来重写 doGet（）或 doPost（）即可。

doGet（）和 doPost（）方法是每次服务请求中最常用的方法。下面是这两种方法的特征。

（1）doGet（）方法

GET 请求来自于 URL 的正常请求，或者来自于未指定 METHOD 的 HTML 表单，它由 doGet（）方法处理。

```
public void doGet(HttpServletRequest request,
             HttpServletResponse response)
   throws ServletException, IOException {
   // Servlet 代码
}
```

（2）doPost（）方法

POST 请求来自于特别指定 METHOD 为 POST 的 HTML 表单，由 doPost（）方法处理。

```
public void doPost(HttpServletRequest request,
              HttpServletResponse response)
   throws ServletException, IOException {
```

```
    // Servlet 代码
}
```

3．destroy（）方法

destroy（）方法只会被调用一次，在 Servlet 生命周期结束时被调用。destroy（）方法可以让 Servlet 关闭数据库连接，停止后台线程，把 Cookie 列表或点击计数器写入到磁盘，并执行其他类似的清理活动。

```
public void destroy () {
    // 终止化代码...
}
```

6.1.4 Servlet 的工作过程

Servle 由支出 Servlet 的服务器引擎负责管理运行，该服务器引擎为每一个请求创建一个轻量级的线程并进行管理。Servlet 的工作原理如图 6-1 所示。

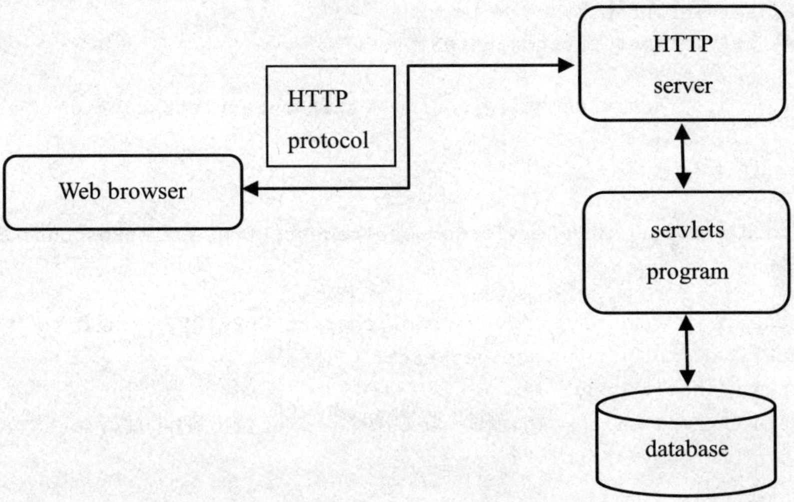

图 6-1 Servlet 的工作原理图

从图 6-1 中可以看出，整个处理流程如下。

（1）读取客户端（浏览器）发送的显式的数据。包括网页上的 HTML 表单，或者也可以是来自 applet 或自定义的 HTTP 客户端程序的表单。

（2）读取客户端（浏览器）发送的隐式的 HTTP 请求数据。包括 cookies、媒体类型和浏览器能理解的压缩格式等。

（3）处理数据并生成结果。这个过程可能需要访问数据库，执行 RMI 或 CORBA 调用，调用 Web 服务，或者直接计算得出对应的响应。

（4）发送显式的数据（即文档）到客户端（浏览器）。该文档的格式可以是多种多样的，包括文本文件（HTML 或 XML）、二进制文件（GIF 图像）、Excel 等。

（5）发送隐式的 HTTP 响应到客户端（浏览器）。包括告诉浏览器或其他客户端被返回的文档类型（例如 HTML），设置 cookies 和缓存参数，以及其他类似的任务。

6.2 Servlet 的开发

Servlet 程序必须通过 Servlet 引擎来启动运行，并且存储目录有特殊要求，需要存储在<WEB 应用程序目录>\WEB-INF\classes\目录中。Servlet 程序必须在 Web 应用程序的 Web.xml 文件中进行注册和映射其访问路径，才可以被 Servlet 引擎加载和被外界访问。

下面以 Eclipse 为开发环境，开发部署一个简单的 Servlet。

6.2.1 创建 Servlet

首先创建一个简单的 Servlet 类，该类包含一个 init（）方法和 service（）方法，其功能是向客户端输出一个字符串。程序 servletTest.java 如下。

```
import java.io.*;
import javax.servlet.*;
import javax.servlet.http.*;
public class servletTest extends HttpServlet
{
   public void init（ServletConfig config） throws ServletException
   {
      super.init（config）;
   }
   public void service（HttpServletRequest reqest,HttpServletResponse response） throws
IOException
   {
      response.setContentType（"text/html;charset=GB2312"）;//设置响应类型
      PrintWriter out = response.getWriter（）;
  out.println（"<html><body>"）;
  out.println（"<font size = 10>测试一段文字从 Servlet 输出到客户端</font>"）;
  out.println（"</body></html>"）;
   }
}
```

【程序说明】

基于 HTTP 协议的 Servlet 必须导入 javax.servlet.*和 javax.servlet.http.*包。

（1）javax.servlet.*：存放于 HTTP 协议无关的一般性 servlet 类。

（2）javax.servlet.http.*：除了继承 javax.servlet.*之外，还增加了 HTTP 协议相关的功能。

6.2.2 Servlet 的配置

仅通过程序是不够的，首先，需要 Servlet 所对应的 API 包。这些包在文件 servlet-api.jar 中，在安装目录 Tomcat 6.0\lib 下找到该文件，将其复制到工程目录下即可。

其次，需要配置 Web.xml 文件，Web.xml 文件在 ROOT\WEB-INF 目录下，编辑该文件。在 http://java.sun.com/xml/ns/javaee/Web-app_2_5.xsd"version="2.5 标记之后填写以下代码。

```
<?xml version="1.0" encoding="UTF-8"?>
<Web-app>
   <servlet>
```

```
        <servlet - name>test</servlet - name>
        <servlet - class>servletTest</servlet - class>
    </servlet>
    <servlet-mapping>
        <servlet - name>test</servlet - name>
        <url - pattern>/testServlet</url - pattern>
    </servlet-mapping>
</Web-app>
```

最后，在上述代码中，首先通过<servlet-name>和<servlet-class>元素声明 Servlet 的名称和类的路径，然后通过<url-pattern>元素声明访问 Servlet 的 URL 映射。

6.3 Servlet 常用 API

本节将介绍 Servlet 中常用接口和种类，使读者对 Servlet 有较全面的了解。

6.3.1 Servlet 接口

Javax.servlet 包中的类与接口封装了一个抽象框架，建立接收请求和产生响应的组件（即 Servlet）。其中，javax.servlet.Servlet 是所有 Java Servlet 的基础接口。Javax.servlet 的主要方法如表 6-1 所示。

表 6-1 Javax.servlet 的主要方法

方法原型	含义
public void destroy（）	当 Servlet 被清除时，Web 容器会调用这个方法，Servlet 可以使用这个方法完成如切断和数据库的连接、保存重要数据等操作
public ServletConfig getServletConfig（）	该方法返回 ServletConfig 对象，该对象可以使 Servlet 和 Web 容器进行通信，如传递初始变量
public void init（ServletConifg config） throws ServletException	该方法再 Servlet 初始化时被调用，在 Servlet 生命周期中，这个方法仅会被调用一次，可以用来设置一些准备工作，如设置数据库连接，读取 Servlet 设置信息等；也可以通过 ServletConfig 对象获得 Web 容器通过的初始化变量
public String getServletInfo（）	返回有关 Servlet 的基本信息，如编程人员姓名、时间等
Public void service （ ServletRequest arg0,ServletResponse arg1 ） throws ServletException,IOException	该方法用来处理 Web 请求，产生 Web 响应的主要方法，可以对 ServletRequest 和 ServletResponse 对象进行操作

6.3.2 ServletConfig 接口

ServletConfig 接口存放在 javax.servlet 包内，是由 Servlet 容器使用的 Servlet 配置对象，用于在 Servlet 初始化时向它传递信息。Servlet 配置对象，如表 6-2 所示。

表 6-2　Servlet 配置对象

方法原型	含义
public String getInitParameter（String arg0）	根据初始化变量名称返回其字符串值
public Enumeration getInitParameterNames（）	返回所有初始化变量的枚举 Enumeration 对象，可以用来查询
public Servlet Context getServlet Context（）	返回 Servlet Context 对象，Java 的 getXxx（）方法大多返回原对象，而不是对象拷贝
public String getServletName（）	返回当前 Servlet 的名称，该名称在 Web.xml 里指定

6.3.3　HttpServletRequst 接口

HttpServletReques 接口用来处理一个对 Servlet 的 HTTP 格式的请求信息。HttpServletReques 接口方法如表 6-3 所示。

表 6-3　HttpServletReque 接口

方法原型	含义
public Cookie[] getCookies（）	返回一个数组，该数组包含这个请求中当前的所有 cookie。如果这个请求中没有 cookie，那么返回一个空数组
public String getMethod（）	返回这个请求使用的 HTTP 方法（例如：GET、POST、PUT）
public String getPathInfo（）	这个方法返回在这个请求的 URL 的 Servlet 路径之后的请求 URL 的额外的路径信息。如果这个请求 URL 包括一个查询字符串，那么在返回值内将不包括这个查询字符串。这个路径在返回之前必须经过 URL 解码。如果在这个请求的 URL 的 Servlet 路径之后没有路径信息，那么这个方法返回空值
public String getPathTranslated（）	这个方法获得这个请求的 URL 的 Servlet 路径之后的额外的路径信息，并将它转换成一个真实的路径。在进行转换前，这个请求的 URL 必须经过 URL 解码。如果在这个 URL 的 Servlet 路径之后没有附加路径信息，那么这个方法返回空值
public String getQueryString（）	返回这个请求 URL 所包含的查询字符串。一个查询字串符在一个 URL 中由一个“？”引出。如果没有查询字符串，那么这个方法返回空值
public String getRemoteUser	返回作了请求的用户名，这个信息用来作 HTTP 用户论证。如果在请求中没有用户名信息，那么这个方法返回空值
public String getRequestedSessionId（）	返回这个请求相应的 session id。如果由于某种原因客户端提供的 session id 是无效的，那么这个 session id 将与在当前 session 中的 session id 不同，与此同时，将建立一个新的 session。如果这个请求没与一个 session 关联，那么这个方法返回空值

（续表）

public String getRequestURI（）	从 HTTP 请求的第一行返回请求的 URL 中定义被请求的资源的部分。如果有一个查询字符串存在，那么这个查询字符串将不包括在返回值当中。例如，一个请求通过 /catalog/books?id=1 这样的 URL 路径访问，这个方法将返回/catalog/books。这个方法的返回值包括了 Servlet 路径和路径信息。如果这个 URL 路径中的的一部分经过了 URL 编码，那么这个方法的返回值在返回之前必须经过解码
public String getServletPath（）	这个方法返回请求 URL 反映调用 Servlet 的部分。例如，一个 Servlet 被映射到/catalog/summer 这个 URL 路径，而一个请求使用了/catalog/summer/casual 这样的路径。反映调用 Servlet 的部分就是指/catalog/summer。如果这个 Servlet 不是通过路径匹配来调用。这个方法将返回一个空值
public HttpSession getSession（） public HttpSession getSession（boolean create）	返回与这个请求关联的当前的有效的 session。如果调用这个方法时没带参数，那么在没有 session 与这个请求关联的情况下，将会新建一个 session。如果调用这个方法时带入了一个布尔型的参数，只有当这个参数为真时，session 才会被建立。为了确保 session 能够被完全维持。Servlet 开发者必须在响应被提交之前调用该方法。如果带入的参数为假，而且没有 session 与这个请求关联。这个方法会返回空值
public boolean isRequestedSessionIdValid（）	这个方法检查与此请求关联的 session 当前是不是有效。如果当前请求中使用的 session 无效，将不能通过 getSession 方法返回
public boolean isRequestedSessionIdFromCookie（）	如果这个请求的 session id 是通过客户端的一个 cookie 提供的，那么该方法返回真，否则返回假
public boolean isRequestedSessionIdFromURL（）	如果这个请求的 session id 是通过客户端的 URL 的一部分提供的，那么该方法返回真，否则返回假 此方法与 isRequestedSessionIdFromUrl 在 URL 的拼写上不同

6.3.4 HttpServletResponse 接口

描述一个返回到客户端的 HTTP 回应。这个接口允许 Servlet 程序员利用 HTTP 协议规定的头信息。HTTP 回应主要方法如表 6-4 所示。

表 6-4 HTTP 回应主要方法

方法原型	含义
public void add cookie（Cookie cookie）	在响应中增加一个指定的 cookie。可多次调用该方法以定义多个 cookie。为了设置适当的头域，该方法应该在响应被提交之前调用

（续表）

public String encodeRedirectURL（String url）	对 sendRedirect 方法使用的指定 URL 进行编码。如果不需要编码，就直接返回这个 URL。之所以提供这个附加的编码方法，是因为在 redirect 的情况下，决定是否对 URL 进行编码的规则和一般情况有所不同。所给的 URL 必须是一个绝对 URL。相对 URL 不能被接收，会抛出一个 IllegalArgumentException。所有提供给 sendRedirect 方法的 URL 都应通过这个方法运行，这样才能确保会话跟踪能够在所有浏览器中正常运行
public String encodeURL（String url）	对包含 session ID 的 URL 进行编码。如果不需要编码，就直接返回这个 URL。Servlet 引擎必须提供 URL 编码方法，因为在有些情况下，将不得不重写 URL。例如，在响应对应的请求中包含一个有效的 session，但是这个 session 不能被非 URL 的（例如 cookie）的手段来维持。所有提供给 Servlet 的 URL 都应通过这个方法运行，这样才能确保会话跟踪能够在所有浏览器中正常运行
public void sendError（int statusCode） throws IOException; public void sendError（int statusCode, String message） throws IOException	用给定的状态码发给客户端一个错误响应。如果提供了一个 message 参数，这将作为响应体的一部分被发出，否则，服务器会返回错误代码所对应的标准信息。调用这个方法后，响应立即被提交。在调用这个方法后，Servlet 不会再有更多的输出
public void sendRedirect（String location） throws IOException	这个方法必须在响应被提交之前调用。调用这个方法后，响应立即被提交。在调用这个方法后，Servlet 不会再有更多的输出。使用给定的路径，给客户端发出一个临时转向的响应（SC_MOVED_TEMPORARILY）。给定的路径必须是绝对 URL。相对 URL 将不能被接收，会抛出一个 IllegalArgumentException
public void setStatus（int statusCode）	这个方法设置了响应的状态码，如果状态码已经被设置，新的值将覆盖当前的值

6.3.5 HTTPServlet 类

在这个类中的 service 方法支持例如 GET、POST 这样的标准的 HTTP 方法。这一支持过程是通过分配到适当的方法（例如 doGet、doPost）来实现的。Service 的主要方法如表 6-5 所示。

表 6-5　service 的主要方法

方法原型	含义
protected void doDelete（HttpServletRequest request, HttpServletResponse response） throws ServletException, IOException	被这个类的 service 方法调用，用来处理一个 HTTP DELETE 操作。这个操作允许客户端请求从服务器上删除 URL，这一操作可能有负面影响。这一方法的默认执行结果是返回一个 HTTP BAD_REQUEST 错误。当要处理 DELETE 请求时，必须重载这一方法

（续表）

方法原型	含义
protected void doGet（HttpServletRequest request,HttpServletResponse response）throws ServletException,IOException	被这个类的 service 方法调用，用来处理一个 HTTP GET 操作。这个操作允许客户端简单地从一个 HTTP 服务器“获得”资源。对这个方法的重载将自动地支持 HEAD 方法。GET 操作应该是安全而且没有负面影响的。这个操作也应该可以安全地重复。这一方法的默认执行结果是返回一个 HTTP BAD_REQUEST 错误
protected void doPost（HttpServletRequest request,HttpServletResponse response）throws ServletException, IOException	被这个类的 service 方法调用，用来处理一个 HTTP POST 操作。这个操作包含请求体的数据，Servlet 应该按照他行事。这个操作可能有负面影响。例如，更新存储的数据或在线购物。这一方法的默认执行结果是返回一个 HTTP BAD_REQUEST 错误。当要处理 POST 操作时，必须在 HttpServlet 的子类中重载这一方法
protected void service（HttpServletRequest request,HttpServletResponse response）throws ServletException,IOException public void service（ServletRequest request, ServletResponse response）throws ServletException, IOException	这是一个 Servlet 的 HTTP—specific 方案，分配请求到这个类的支持这个请求的其他方法。当开发 Servlet 时，在多数情况下不必重载这个方法

6.3.6　GeneicServlet 类

这个类的存在使得编写 Servlet 更加方便。提供了一个简单的方案，这个方案用来执行有关 Servlet 生命周期的方法以及在初始化时对 ServletConfig 对象和 Servlet Context 对象进行说明。Servlet 主要方法如表 6-6 所示。

表 6-6　Servlet 主要方法

方法原型	含义
public void destroy（）	在这里 destroy 方法不做任何其他的工作
public String getInitParameter（String name）	这是一个简便的途径，将会调用 ServletConfig 对象的同名的方法
public ServletConfig getServletConfig（）	返回一个通过这个类的 init 方法产生的 ServletConfig 对象的说明
public String getServletInfo（）	返回一个反映 Servlet 版本的 String
public abstract void service（ServletRequest request, ServletResponse response）throws ServletException, IOException	这是一个抽象的方法，当扩展这个类时，为了执行网络请求必须执行它

（续表）

方法原型	含义
public void init（） throws ServletException public void init（ServletConfig config） throws ServletException	init（ServletConfig config）方法是一个对这个 Servlet 的生命周期进行初始化的简便的途径。 init（）方法是用来对 GenericServlet 类进行扩充的，使用这个方法时，不需要存储 config 对象，也不需要调用 super.init（config）。 init（ServletConfig config）方法会存储 config 对象然后调用 init（）。如果重载了这个方法，必须调用 super.init（config），这样 GenericServlet 类的其他方法才能正常工作
public void log（String msg）public void log（String msg, Throwable cause）	通过 Servlet content 对象将 Servlet 的类名和给定的信息写入 log 文件中

6.4 Servlet 的过滤器与监听器

6.4.1 Servlet 过滤器

Servlet 过滤器可以动态地拦截请求和响应，以变换或使用包含在请求或响应中的信息。

可以将一个或多个 Servlet 过滤器附加到一个 Servlet 或一组 Servlet。Servlet 过滤器也可以附加到 JavaServer Pages（JSP）文件和 HTML 页面。调用 Servlet 前调用所有附加的 Servlet 过滤器。

Servlet 过滤器是可用于 Servlet 编程的 Java 类，可以实现以下目的。

（1）在客户端的请求访问后端资源之前，拦截这些请求。

（2）在服务器的响应发送回客户端之前，处理这些响应。

（3）根据规范建议的各种类型的过滤器。

（4）身份验证过滤器（Authentication Filters）。

（5）数据压缩过滤器（Data compression Filters）。

（6）加密过滤器（Encryption Filters）。

（7）触发资源访问事件过滤器。

（8）图像转换过滤器（Image Conversion Filters）。

（9）日志记录和审核过滤器（Logging and Auditing Filters）。

（10）MIME-TYPE 链过滤器（MIME-TYPE Chain Filters）。

（11）标记化过滤器（Tokenizing Filters）。

（12）XSL/T 过滤器（XSL/T Filters），转换 XML 内容。

过滤器通过 Web 部署描述符（Web.xml）中的 XML 标签来声明，然后映射到您的应用程序的部署描述符中的 Servlet 名称或 URL 模式。

当 Web 容器启动 Web 应用程序时，会在部署描述符中声明的每一个过滤器创建一个实例。

Filter 的执行顺序与在 Web.xml 配置文件中的配置顺序一致，一般把 Filter 配置在所有的 Servlet 之前。Filter 的执行顺序主要方法如表 6-7 所示。

表 6-7 Filter 的执行顺序主要方法

方法原型	含义
public void doFilter（ServletRequest, ServletResponse, FilterChain）	该方法完成实际的过滤操作，当客户端请求方法与过滤器设置匹配的 URL 时，Servlet 容器将先调用过滤器的 doFilter 方法。FilterChain 用户访问后续过滤器
public void init（FilterConfig filterConfig）	Web 应用程序启动时，Web 服务器将创建 Filter 的实例对象，并调用其 init 方法，读取 Web.xml 配置，完成对象的初始化功能，从而为后续的用户请求作好拦截的准备工作（filter 对象只会创建一次，init 方法也只会执行一次）。开发人员通过 init 方法的参数，可获得代表当前 filter 配置信息的 Filter Config 对象
public void destroy（）	Servlet 容器在销毁过滤器实例前调用该方法，在该方法中释放 Servlet 过滤器占用的资源

1．FilterConfig 的使用。

Filter 的 init 方法中提供了一个 FilterConfig 对象。Web.xml 文件配置如下。

```
<filter>
    <filter-name>LogFilter</filter-name>
    <filter-class>com.filter.test.LogFilter</filter-class>
    <init-param>
        <param-name>Site</param-name>
        <param-value>测试</param-value>
    </init-param>
</filter>
```

在 init 方法使用 FilterConfig 对象获取参数。

```
public void  init（FilterConfig config） throws ServletException {
    // 获取初始化参数
    String site = config.getInitParameter（"Site"）;
    // 输出初始化参数
    System.out.println（"网站名称: " + site）;
}
```

2．配置各节点说明。

（1）<filter>指定一个过滤器。具体内容如下。

①<filter-name>用于为过滤器指定一个名字，该元素的内容不能为空。

②<filter-class>元素用于指定过滤器的完整的限定类名。

③<init-param>元素用于为过滤器指定初始化参数，子元素<param-name>指定参数的名字，<param-value>指定参数的值。

④在过滤器中，可以使用 FilterConfig 接口对象来访问初始化参数。

（2）<filter-mapping>元素用于设置一个 Filter 负责拦截的资源。一个 Filter 拦截的资源可通过两种方式来指定：Servlet 名称和资源访问的请求路径。

①<filter-name>子元素用于设置 filter 的注册名称。该值必须是在<filter>元素中声明过的过滤器的名字。

②<url-pattern>设置 filter 所拦截的请求路径（过滤器关联的 URL 样式）。

（3）<servlet-name>指定过滤器所拦截的 Servlet 名称。

（4）<dispatcher>指定过滤器所拦截的资源被 Servlet 容器调用的方式，可以是 REQUEST,INCLUDE,FORWARD 和 ERROR 之一，默认 REQUEST；也可以是用户设置<dispatcher>子元素用来指定 Filter 对资源的多种调用方式进行拦截。

（5）<dispatcher>子元素可以设置的值及意义如下。

①REQUEST：当用户直接访问页面时，Web 容器将会调用过滤器。如果目标资源是通过 Request Dispatcher 的 include（）或 forward（）方法访问时，那么该过滤器就不会被调用。

②INCLUDE：如果目标资源是通过 Request Dispatcher 的 include（）方法访问时，那么该过滤器将被调用。除此之外，该过滤器不会被调用。

③FORWARD：如果目标资源是通过 Request Dispatcher 的 forward（）方法访问时，那么该过滤器将被调用，除此之外，该过滤器不会被调用。

④ERROR：如果目标资源是通过声明式异常处理机制调用时，那么该过滤器将被调用。除此之外，过滤器不会被调用。

6.4.2 Servlet 监听器

程序开发中，经常需要对某些事件进行监听。如监听鼠标单击事件、监听键盘按下事件等，此时就需要使用监听器，监听器在监听的过程中会涉及几个重要组成部分，具体如下。

（1）事件（event）：用户的一个操作，如点击一个按钮、调用一个方法、创建一个对象等。

（2）事件源：产生事件的对象。

（3）事件监听器（listener）：负责监听发生在事件源上的事件。

（4）事件处理器：监听器的成员方法，当事件发生的时候回触发对应的处理器。

当用户进行一个操作触发事件源上的事件时，就会被事件监听器捕捉到。当监听器监听到事件发生时，相应的事件处理器就会对发生的事件进行处理。

事件监听器在进行工作的时候，可分成几个步骤，具体如下。

（1）将监听器绑定在事件源，也就是注册监听器。

（2）事件发生时会触发监听器的成员方法，即事件处理器，传递事件对象。

（3）事件处理器通过事件对象获取事件源，并对事件源进行处理。

在开发 Web 应用程序时，也经常会使用监听器，这个监听器也被称为 Servlet 事件监听器。Servlet 事件监听器实现了特定接口的 Java 程序，专门用于监听 Web 应用程序中 Servlet Context、Http Session 和 Servlet Request 等域对象的创建和销毁过程。监听这些域对象属性的修改以及监听绑定到 Http Session 域中某个对象的状态。

Servlet 中共有 8 种监听器，如表 6-8 所示。

表 6-8　8 种监听器

类型	描述
Servlet ContextListener	用于监听 Servlet Context 对象的创建与销毁过程
Http Session Listener	用于监听 Http Session 对象的创建与销毁过程
Servlet Request Listener	用于监听 Servlet Request 对象的创建和销毁过程
Servlet ContextAttributeListener	用于监听 Servlet Context 对象中的属性改变
HttpSessionAttributeListener	用于监听 Http Session 对象中的属性改变
ServletRequestAttributeListener	用于监听 Servlet Request 对象中的属性改变
HttpSessionBindingListener	用于监听 JavaBean 对象绑定到 Http Session 对象和从 Http Session 对象解绑的事件
HttpSessionActivationListener	用于监听 Http Session 中对象活化和钝化的过程

表 6-8 列举了全部 8 种 Servlet 事件监听器，分别进行了简单的描述。

在描述 Http Session Activation Listener 时涉及到了活化和钝化的概念。Http Session 对象从内存中转移到硬盘的过程称为钝化。HttpSession 对象从持久化的状态变为运动状态的过程称为活化。

上述监听器根据监听事件的不同可以分为 3 类，具体如下。

①用于监听域对象创建和销毁的事件监听器（Servlet Context Listener 接口、Http Session Listener 接口、Servlet Request Listener 接口）。

②用于监听域对象属性增加和删除的事件监听器（Servlet Context Attribute Listener 接口、Http Session Attribute Listener 接口、Servlet Request Attribute Listener 接口）。

③用于监听绑定 Http Session 域中某个对象状态的事件监听器(Http Session Binding Listener 接口、Http Session Activation Listener 接口)。

在 Servlet 规范中，这三类事件监听器都定义了相应的接口，在编写事件监听器程序时只需实现对应接口即可。Web 服务器会根据监听器所实现的接口，注册到被监听的对象上，当触发了某个对象的监听事件时，Web 服务器会调用 Servlet 监听器与之对应的方法对事件进行处理。

（1）创建监听器。

通过编写一个 MyListener 类，在这个类中实现 Servlet ContextListener、Http Session Listener 和 Servlet Request Listener3 个监听接口，并实现这些接口的方法。具体代码如下。

```
import javax.servlet.*;
import javax.servlet.http.*;
public class MyListener implements Servlet ContextListener,
Http Session Listener,Servlet Request Listener{
    public void contextInitialized(Servlet ContextEvent arg0){
        System.out.println("Servlet Context 对象被创建");
    }
    public void contextDestroyed(Servlet ContextEvent arg0){
        System.out.println("Servlet Context 对象被销毁");
    }
    public void requestInitialized(ServletRequestEvent arg0){
        System.out.println("ServletRequest 对象被创建");
    }
```

```
    public void requestDestroyed (ServletRequestEvent arg0) {
        System.out.println ("ServletRequest 对象被销毁") ;
    }
    public void sessionCreated (HttpSessionEvent arg0) {
        System.out.println ("HttpSession 对象被创建") ;
    }
    public void sessionDestroyed (HttpSessionEvent arg0) {
        System.out.println ("HttpSession 对象被销毁") ;
    }
}
```

（2）添加监听器类信息。

在项目下的 Web.xml 文件中，添加 MyListener 事件监听器的信息，具体代码如下。

```
<listener>
    <listener-class>
        cn.xxx.xxx.xxx.MyListener
    </listener-class>
</listener>
```

需要注意的是，对于 Servlet2.3 规范，Web.xml 文件中<listener>元素必须位于所有的<servlet>元素之前以及所有<filter-mapping>元素之后，否则 Web 容器在启动时将会提示错误信息。对于 Servlet2.4 及以后的规范，这些同级元素之间的顺序可以任意排序。

一个完整的 Servlet 事件监听器包括 Listener 类和<listener>配置信息，而一个 Web.xml 文件中可以配置多个监听器。同一种类型的监听器也可以配置多个，触发时服务器会按顺序执行各个监听器的对应方法。

现在创建一个简单的 Servlet 实例。在 Servlet 中实现对用户名密码的验证，通过不同的结果，返回不同的 Web 页面。首先创建一个简单 Web 页面，设计一个简单的表单信息，提供提交用户名、密码等内容。具体代码如下。

```
<body>
    <form action="servlet/TestServlet" method="get">
      <ul>
          <li>账号：<input type="text" name="account"/></li>
          <li>密码：<input type="password" name="pwd"/></li>
          <li><input type="submit" value="登录"/></li>
      </ul>
    </form>
</body>
```

通过该代码，创建的 Web 页面效果如图 6-2 所示。

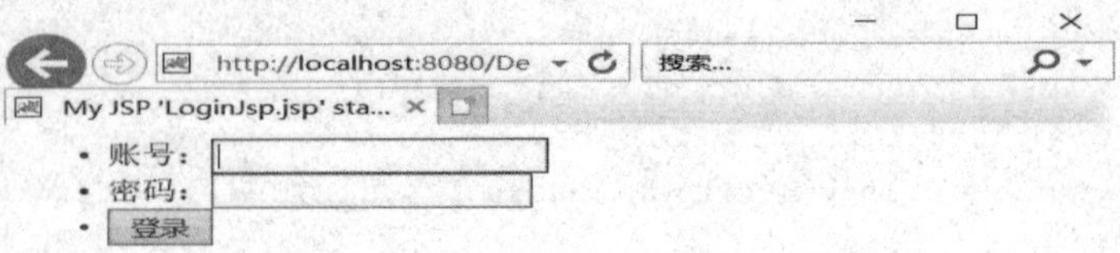

图 6-2　Web 页面结果

接着，创建一个 TestServlet 类，因为是通过 form 表单的 get 来传递信息的。所以需要在 doGet 方法中对数据进行分析处理。具体代码如下。

```
public void doGet (HttpServletRequest request, HttpServletResponse response)
        throws ServletException, IOException {
    response.setContentType ("text/html;charset=GB2312") ;//设置响应类型
    String Account = request.getParameter ("account") ;
    String Pwd = request.getParameter ("pwd") ;
    PrintWriter out = response.getWriter () ;
    if (Account.equals ("admin")  && Pwd.equals ("123")) {
        out.println ("<html><body>") ;
        out.println ("<font size = 10>账号密码正确，登录成功！</font>") ;
        out.println ("</body></html>") ;
    }else{
        out.println ("<html><body>") ;
        out.println ("<font size = 10>账号密码不符，请重新登录！</font>") ;
        out.println ("</body></html>") ;
    }
}
```

通过上述代码，可以看出在 doGet 方法中，request.getParameter 方法获取 form 表单传递的内容。通过简单的判断，返回两个不同的结果。接下来最重要的一点是，需要在 Web.xml 文件中注册该 Servlet。具体代码如下。

```
<servlet>
   <servlet-name>TestServlet</servlet-name>
   <servlet-class>Servlet.TestServlet</servlet-class>
</servlet>
<servlet-mapping>
   <servlet-name>TestServlet</servlet-name>
   <url-pattern>/servlet/TestServlet</url-pattern>
</servlet-mapping>
```

最后，在 Web 页面中，输入账号及密码可以看到以下两种效果。具体如图 6-3 和图 6-4 所示。

图 6-3　登录成功页面运行结果

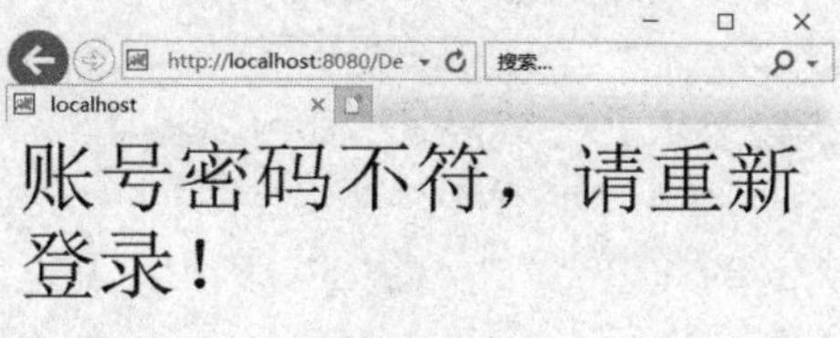

图 6-4　登录失败页面运行结果

6.5　综合案例

在这一节中，实现一个购物车的案例。在该案例中，通过之前学习到的 JavaBean，结合完成该案例。为了方便读者的阅读，在下面的开发步骤中给了完整的代码。

（1）创建封装商品信息的值 JavaBean——OneGood，具体代码如下。

```
package JavaBean;

public class OneGood {
 private String name;  //商品名称
 private float price;  //商品价格
 private int num;      //商品数量
 public void setName(String name) {
     this.name = name;
 }
 public String getName() {
return name;
 }
 public void setPrice(float price) {
     this.price = price;
 }
 public float getPrice() {
     return price;
 }
 public void setNum(int num) {
     this.num = num;
 }
 public int getNum() {
     return num;
 }
}
```

（2）创建实现购物车的 JavaBean——ShopCar。在该类中，还实现了对购物车内的各类操作。ShopCar 具体代码如下。

```
package JavaBean;

import java.util.ArrayList;
import java.util.List;

public class ShopCar {
 private List<OneGood> buylist = new ArrayList<OneGood>();
 public void setBuyList(List<OneGood> list){
     this.buylist = list;
 }
 public List<OneGood> getBuyList(){
     return buylist;
 }
 public void addItem(OneGood one){
     if(one != NULL){
         if(buylist.size()==0){
             buylist.add(one);    //如果购物车没有商品 添加该商品
         }else{
             int i=0; //遍历购物车内所有商品
             for(i=0;i<buylist.size();i++){
                 OneGood good = buylist.get(i);
                 if(good.getName().equals(one.getName())){
                     good.setNum(good.getNum() + 1); //如果购物车中拥有该商品 数量+1
                     break;
```

```
                }
            }
            if (i >= buylist.size ()) {
                buylist.add (one) ;     //遍历购物车之后，未找到该商品 则添加该商品加入购物车
            }
        }
    }
}

public void removeItem (OneGood one) {
    if (one != NULL) {
        for (int i=0;i<buylist.size () ;i++) {
            OneGood good = buylist.get (i) ;
            if (good.getName () .equals (one.getName ())) {
                if (good.getNum ()  > 1) {
                 good.setNum (good.getNum ()  - 1) ; //如果购物车中该商品数量大于 1 则数量 -1
                }else{
                    buylist.remove (i) ;   //如果购物车中该商品数量小于等于 1 则将其移除
                }
                break;
            }
        }
    }
}
}
```

（3）创建实例的首页面 index.jsp，在该页面中直接将请求转发给 Servlet，index.jsp 页面的具体代码如下。

```
<%@ page language="java" import="java.util.*" pageEncoding="GB2312"%>
<jsp:forward page="/index"></jsp:forward>
```

代码中还需要在 Web.xml 文件中配置，“/index”为访问某个 Servlet 的路径，在该 Servlet 中处理用户提交的请求。

（3）创建处理用户访问首页请求的 Servlet——IndexServlet。在该方法中，对可购买的商品进行初始化的处理。IndexServlet 具体代码如下。

```
package Servlet;

import java.io.IOException;
import java.util.ArrayList;
import java.util.List;
import javax.servlet.ServletException;
import javax.servlet.http.HttpServlet;
import javax.servlet.http.HttpServletRequest;
import javax.servlet.http.HttpServletResponse;
import javax.servlet.http.HttpSession;

import JavaBean.OneGood;
public class IndexServlet extends HttpServlet {

 private static List<OneGood> goodlist = new ArrayList<OneGood> () ;

 public void doGet (HttpServletRequest request, HttpServletResponse response)
```

```
        throws ServletException, IOException {

    HttpSession httpSession = request.getSession();
    httpSession.setAttribute("list", goodlist);
    response.sendRedirect("Show.jsp");

}

static{
    String[] names = {"商品A","商品B","商品C"};
    float[] prices = {1.0f,2.0f,3.5f};
    for(int i=0;i<names.length;i++){
        OneGood one = new OneGood();
        one.setName(names[i]);
        one.setPrice(prices[i]);
        one.setNum(1);
        goodlist.add(one);
    }

}
}
```

通过 index.jsp 页面直接请求该 Servlet，会优先执行 static 静态代码块，完成对商品信息的初始化。再通过执行 doGet 或 doPost 方法，将初始化完成的商品列表添加储存到 session 中，最后再跳转到 show.jsp 页面将商品信息展现出来。

（5）在 Web.xml 文件中配置 IndexServlet，配置文件具体代码如下。

```
<servlet>
   <servlet-name>IndexServlet</servlet-name>
   <servlet-class>Servlet.IndexServlet</servlet-class>
</servlet>
<servlet-mapping>
   <servlet-name>IndexServlet</servlet-name>
   <url-pattern>/index</url-pattern>
</servlet-mapping>
```

（6）创建 show.jsp 页面，该页面用来显示初始化成功的商品信息列表。在页面中，将获取存储在 session 中的商品列表 goodlist 对象，通过在页面中对 goodlist 进行遍历，依次将商品显示出来。具体代码如下。

```
<%@ page language="java" import="java.util.*" pageEncoding="GB2312"%>
<%@ page import="JavaBean.OneGood" %>
<%
List<OneGood> list = (List<OneGood>)session.getAttribute("list");
%>
<html>
  <body>
    <table border="1">
      <tr>
      <td colspan="3" align="center">
      购物中心
      </td>
      </tr>
      <tr>
```

```
        <td>名称</td>
        <td>价格</td>
        <td>购买</td>
        </tr>
        <%if (list == NULL || list.size () == 0) { %>
        <tr>
        <td colspan="3" align="center">暂无商品</td>
        </tr>
        <% }else{
        for (int i=0;i<list.size () ;i++) {
            OneGood one = list.get (i) ;
        %>
        <tr>
        <td><%= one.getName () %></td>
        <td><%= one.getPrice () %></td>
        <td><a href="doCar?action=buy&from=Show&index=<%=i %>">购买<a/></td>
        </tr>
        <% }
        }%>
        <tr>
        <td colspan="3" align="center"><a href="car.jsp">前往购物车>>>>></a></td>
        </tr>
      </table>
    </body>
  </html>
```

在该代码中，通过点击的超链接“购买”来触发添加购物车的功能，通过访问某个 Servlet 完成相应的操作。在 Servlet 中将实现购物车的“添加”“移除”等功能的请求。

（7）创建接收并处理购物车“添加”“移除”请求的 Servlet——CarServlet。在该类中，通过传递的请求中 action 参数判断需要执行哪种操作，通过 from 参数判断需要返回到哪个页面，从而调用相应的方法处理请求。CarServlet 类的具体代码如下。

```
package Servlet;

import java.io.IOException;
import java.util.ArrayList;
import java.util.List;

import javax.servlet.ServletException;
import javax.servlet.http.HttpServlet;
import javax.servlet.http.HttpServletRequest;
import javax.servlet.http.HttpServletResponse;
import javax.servlet.http.HttpSession;

import JavaBean.OneGood;
import JavaBean.ShopCar;

public class CarServlet extends HttpServlet {

 public void doGet (HttpServletRequest request, HttpServletResponse response)
          throws ServletException, IOException {
      doPost (request,response) ;
 }
```

```
    private ShopCar car = new ShopCar();
    private List<OneGood> list = new ArrayList<OneGood>();
    private HttpSession session;

    public void doPost(HttpServletRequest request, HttpServletResponse response)
            throws ServletException, IOException {
        String action = request.getParameter("action"); //获取 action 参数值
        session = request.getSession();
        if(session.getAttribute("car") != NULL)
        {
            car = (ShopCar) session.getAttribute("car");
        }

        if(session.getAttribute("list") != NULL)
        {
            list = (List<OneGood>) session.getAttribute("list");
        }
        if(action.equals("buy")){   //触发方法"添加"
            CarBuy(request,response);
        }else if(action.equals("remove")){  //触发方法"移除"
            CarRemove(request,response);
        }
    }
    //实现购物车商品添加的方法
    private void CarBuy(HttpServletRequest request, HttpServletResponse response)
        throws ServletException, IOException {
        int index = Integer.parseInt(request.getParameter("index")); //获得 index 参数，该参数存储的是商品所属 list 中的位置
        String from = request.getParameter("from");   //获得 from 参数，该参数存储的是通过那个页面传递来的请求。
        if(from.equals("car")){  //如果是在 car.jsp 页面中传递的添加信息，根据购物车的 list 来对对应位置的商品增加购买数量。
            int num = car.getBuyList().get(index).getNum();
            car.getBuyList().get(index).setNum(num + 1);
            session.setAttribute("car",car);
            response.sendRedirect("car.jsp");  //因为传递请求的页面来自 car.jsp，我们也跳转到 car.jsp 页面。
        }else if(from.equals("Show")){//如果是在 Show.jsp 页面中传递的添加信息，根据初始化商品 list 中对应位置的商品增加购买数量。
            if(list.size() > index){
                car.addItem(list.get(index));
            }
            session.setAttribute("car",car);
            response.sendRedirect("Show.jsp");//因为传递请求的页面来自 Show.jsp，我们也跳转到 Show.jsp 页面。
        }
    }
    //实现购物车商品移除的方法
    private void CarRemove(HttpServletRequest request, HttpServletResponse response)
        throws ServletException, IOException {
```

```
        int index = Integer.parseInt(request.getParameter("index"));
        int num = car.getBuyList().get(index).getNum();
        if(num > 1){
            car.getBuyList().get(index).setNum(num - 1);  //根据购物车中的商品 list 对数
量大于 1 的商品 移除 1 个。
        }else{
            car.removeItem(car.getBuyList().get(index)); //根据购物车中的商品 list 对数量
不大于 1 的商品 将其从 list 中移除。
        }
        session.setAttribute("car",car);
        response.sendRedirect("car.jsp");
  }

 }
```

（8）在 Web.xml 配置文件中配置 CarServlet。具体配置代码如下。

```
<servlet>
    <servlet-name>CarServlet</servlet-name>
    <servlet-class>Servlet.CarServlet</servlet-class>
</servlet>
<servlet-mapping>
    <servlet-name>CarServlet</servlet-name>
    <url-pattern>/doCar</url-pattern>
</servlet-mapping>
```

（9）创建 car.jsp 页面，该页面用来显示用户添加购物车的商品。在该页面中，会获取 session 中存储的 ShopCar 对象，再通过该对象获取 buylist 集合对象，进行遍历输出添加购物车的商品。以及在购物车界面中，也拥有对商品数量的修改等操作。具体代码如下。

```
<%@ page language="java" import="java.util.*" pageEncoding="GB2312"%>
<%@ page import="JavaBean.OneGood" %>
<%@ page import="JavaBean.ShopCar" %>
<%
ShopCar car = (ShopCar)session.getAttribute("car");
List<OneGood> list = NULL;
if(car != NULL){
 list = car.getBuyList();
}
%>
<html>
  <body>
    <table border="1">
      <tr>
      <td colspan="3" align="center">购物车</td>
      </tr>
      <tr>
      <td>名称</td>
      <td>价格</td>
      <td>数量</td>
      </tr>
      <%if(list == NULL || list.size() == 0){ %>
      <tr>
      <td colspan="3" align="center">暂无商品</td>
```

```
        </tr>
        <% }else{
        for (int i=0;i<list.size () ;i++) {
            OneGood one = list.get (i) ;
        %>
        <tr>
        <td><%= one.getName () %></td>
        <td><%= one.getPrice () %></td>
        <td>
        <a href="doCar?action=buy&from=car&index=<%=i %>">增加</a> <%= one.getNum () %> <a
href="doCar?action=remove&from=car&index=<%=i %>">减少</a>
        </td>
        </tr>
        <% }
        }%>
        <tr>
        <td colspan="3" align="center"><a href="Show.jsp">返回购物>>>>></a></td>
        </tr>
      </table>
    </body>
  </html>
```

至此，应用 Servlet 实现购物车的实例创建完成。在本实例中，可以看出，Servlet 作为接受请求和转发请求的控制器。具体操作，可以在 Servlet 中也可以通过调用 JavaBean 中实现部分业务操作。这里读者需要注意 JSP、JavaBean 和 Servlet 在开发程序中各自的角色和作用，理解这个结构，才能学习好开发一个优秀的项目。

6.6 拓展案例：Servlet 过滤器实例

通过上面的案例熟悉了关于 Servlet 的使用，接下来学习关于 Servlet 过滤器的实例。在这个实例中，将对 Servlet 过滤器有进一步的了解，之后可以使用相同的概念编写出更复杂的过滤器应用程序。具体编写的过滤器应用代码如下。

```
import javax.servlet.*;
import java.io.IOException;
public class LogFilter implements Filter{
 public void doFilter (ServletRequest request, ServletResponse response,
         FilterChain Chain) throws IOException, ServletException {
        System.out.println ("进入到过滤器的 doFilter 方法") ;
        //在过滤器中可以对数据进行修改
        String str = "经过过滤器一游！";
        request.setAttribute ("text", str) ;
        // 把请求传回过滤链
        Chain.doFilter (request,response) ;
 }

 public void init (FilterConfig config) throws ServletException {
     // 获取初始化参数
        String site = config.getInitParameter ("Site") ;
```

```
        // 输出初始化参数
        System.out.println (site) ;
    }

    public void destroy () {
        /* 在 Filter 实例被 Web 容器从服务移除之前调用 */
    }

}
```

接下来编写一个 Servlet 类，通过这个 Servlet 来使用上述的过滤器功能。具体代码如下。

```
import java.io.IOException;
import java.io.PrintWriter;
import javax.servlet.ServletException;
import javax.servlet.http.HttpServlet;
import javax.servlet.http.HttpServletRequest;
import javax.servlet.http.HttpServletResponse;

public class ShowTest extends HttpServlet {
 public void doGet (HttpServletRequest request, HttpServletResponse response)
         throws ServletException, IOException {
     System.out.println ("进入到 Servlet 的 doGet 方法") ;
     // 设置响应内容类型
       response.setContentType ("text/html;charset=UTF-8") ;
       PrintWriter out = response.getWriter () ;
       if (request.getAttribute ("text")  != NULL) {
           out.println (request.getAttribute ("text")) ;
       }
 }

 // 处理 POST 方法请求的方法
 public void doPost (HttpServletRequest request, HttpServletResponse response)
         throws ServletException, IOException {
     System.out.println ("进入到 Servlet 的 doPost 方法") ;
     doGet (request, response) ;
 }

 public void destroy () {
     super.destroy () ; // Just puts "destroy" string in log
     // Put your code here
 }
}
```

最后需要完成 Web.xml 中的 Servlet 过滤器映射（servlet filter mapping）。定义过滤器，然后映射到一个 URL 或 Servlet，这与定 Servlet，然后映射到一个 URL 模式方式大致相同。在部署描述符文件 Web.xml 中为 filter 标签创建下面的条目，具体代码如下。

```
<?xml version="1.0" encoding="UTF-8"?>
 <Web-app>
 <filter>
  <filter-name>LogFilter</filter-name>
  <filter-class>Test.LogFilter</filter-class>
  <init-param>
```

```
    <param-name>Site</param-name>
    <param-value>拓展案例：Servlet 过滤器实例</param-value>
  </init-param>
</filter>
<filter-mapping>
  <filter-name>LogFilter</filter-name>
  <url-pattern>/*</url-pattern>
</filter-mapping>
<servlet>
  <!-- 类名 -->
  <servlet-name>ShowTest</servlet-name>
  <!-- 所在的包 -->
  <servlet-class>Test.ShowTest</servlet-class>
</servlet>
<servlet-mapping>
  <servlet-name>ShowTest</servlet-name>
  <!-- 访问的网址 -->
  <url-pattern>/servlet/ShowTest</url-pattern>
</servlet-mapping>
</Web-app>
```

上述过滤器适用于所有的 Servlet，因为在配置中指定 /* 。如果只想在少数的 Servlet 上应用过滤器，可以指定一个特定的 Servlet 路径。

现在试着以常用的方式调用任何 Servlet，将会看到在 Web 服务器中生成的日志。也可以使用 Log4J 记录器把上面的日志记录到一个单独的文件中。

接下来访问这个实例地址 http://localhost:8 080/ServletTest/servlet/ShowTest，然后在控制台下输出内容，如图 6-5 所示。

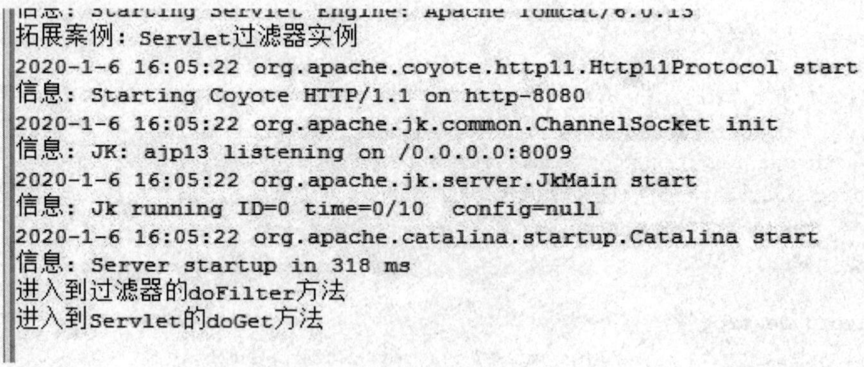

图 6-5　控制台运行结果

在初始化过滤器的时候，输出了在 Web.xml 中配置的 Site 内容。接下来再通过访问的网站，可以看出网站的请求优先进入到过滤器中；然后通过过滤器中的处理之后；最后将请求传回到指定的 Servlet 当中。在上述的代码中，在过滤器里，对 request 内部添加了一个数据信息。之后在 Servlet 中，对传递的数据进行了输出，可以看到输出结果如图 6-6 所示。

图 6-6　网站运行结果

在 Web 应用程序中，可以根据特定的目的定义若干个不同的过滤器，处理步骤与上述介绍大致相同。

本章小结

本章首先介绍了 Servlet 的基础知识、Servlet 的技术简介、技术功能、技术特点、Servlet 的生命周期等知识点；其次介绍了 Servlet 编程开发常用到的接口及类，包括创建及配置等；最后介绍了 Filter 过滤器和 Listener 监听器的相关知识及其应用。通过本章的学习，帮助读者理解并熟悉对 Servlet 的使用及掌握，为以后更深入的学习打好基础。

习题 6

一、选择题

1. 编写一个 Filter 需要（　　）。

A．继承 Filter 类　　B．实现 Filter 接口

C．继承 HttpFilter 类　　D．实现 HttpFilter 接口

2. 有关 Servlet 的生命周期说法正确的有（　　）。（多选）

A．Servlet 的生命周期由 Servlet 实例控制

B. init（）方法在创建完 Servlet 实例后对其进行初始化，传递的参数为实现 Servlet Context 接口的对象

C．service（）方法响应客户端发出的请求

D．destroy（）方法施放 Servlet 实例

3. 在 Web.xml 中使用（　　）标签配置过滤器。

A．<filter>和<filter-mapping>　　B．<filter-name>和<filter-class>

C．<filter>和<filter-class>　　D．<filter-pattern>和<filter>

4. 在访问 Servlet 时，在浏览器地址栏中输入的路径是在（　　）地方配置的。

A．<servlet-name/>　　B．<servlet-mapping/>

C．<url-name/>　　D．<url-pattern/>

5. 在 JSP 页面中，能够完成输出操作的内置对象是（　　）。

A．out　　B．response

C．request　　D．config

6．如果只希望在多个页面间共享数据，可以使用（　　）作用域。

A．request，session　　B．application，session

C．requset，application　　D．pageContext，request

7．给定一个 Servlet 的 doGet 方法中的代码片段，如下：

request．setAttribute（"name","wang"）;

response．sendRedirect（"http://localhost:8080/servlet/MyServlet"）;

那么在 MyServlet 中可以使用（　　）方法把属性 name 的值取出来。

A．String str = request.getAttribute（"name"）

B．String str =（String） request.getAttribute（"name"）

C．Object str = request.getAttribute（"name"）

D．无法取出

8．在 HTTP 协议中，用于发送大量数据的方法是（　　）。

A．get　　B．post　　C．put　　D．options

9．request．getRequest Dispatcher（）．forward（request,response）称之为（　　）。

A．流转　　B．转发　　C．重定向　　D．导航

10．J2EE 中，Servlet API 为了使用 Cookie，提供了（　　）类。

A．javax.servlet.http.Cookie　　B．javax.servlet.http.HttpCookie

C．javax.servlet.Cookie　　D．javax.servlet.HttpCookie

二、问答题

1．servlet 的生命周期是什么？

2．如何配置 servlet 的配置文件？

第 7 章　JDBC 的技术

本章主要介绍 JDBC 的相关技术。对 JDBC 的概念的理解，常用的驱动类型，对 JDBCD 的常用接口的介绍，对数据库的增、删、改、查的操作，以及连接池的介绍，并结合相关的综合案例使读者能够独立开发程序。

学习目标

- 掌握 JDBC 的定义。
- 掌握 JDBC 驱动程序的类型。
- 熟悉 JDBC 的 API: Driver、Driver Manager、Connection、Statement、Prepared Statement、ResultSet、Callable Statement 等接口。
- 熟悉访问数据的步骤及对数据库的增删改查等操作。
- 熟悉 JDBC 的工具类并应用。
- 了解数据库的连接池。

任务陈述

编写一个程序，可以在页面上查询所有书的信息，并且可以对信息进行分页处理。

分析：首先要建立一张关于显示书的表，并在后台中建立数据库的连接。在 JSP 页面上写一个关于分页的页面，以每页显示 2 条数据为例，在数据库中查询出所有数据，以总数除以每页 2 条数据，得到共分成多少页。

相关知识

7.1　JDBC 的概述

7.1.1　JDBC 的概念

在设计数据库应用程序时，通过采用数据库接口技术来连接访问的数据库。最常用的数据库接口有两种：一种是开放数据库连接（open database connectivity，ODBC）；另一种是 Java 数据库连接（java database connectivity，JDBC）。

JDBC 是一种可用于执行 SQL 语句的 Java API，也是一套面向对象的应用程序接口，制定统一的访问各类关系数据库的标准，为各个数据库厂商提供标准接口的实现。使开发人员可以用纯 Java 语言编写完整的数据库应用程序。

通过使用 JDBC，可以很方便地将 SQL 语句传送给任何一种数据库，即开发人员可以不必写一个程序访问 Oracle，再写一个程序访问 SQL Server。不仅如此，使用 Java 编写的应用程序可以在任何支持 Java 的平台上运行，不必在不同的平台上编写不同的应用程序，所以将二者结合，真正实现了“一次开发，随处运行”。

JDBC 与 ODBC 十分相似，便于软件开发人员理解，使开发人员从复杂的驱动编写工作中解脱出来，专注于业务逻辑的开发。另外支持关系型数据库，增加了软件的可移植性，而且可以进行二次开发，从而提高代码的重用性。当然，也有不足之处。比如，访问数据库的速度将会受到影响，虽然 API 是面向对象的，但是访问数据库依然是面向关系的，对不同场景的产品的支持也导致了对数据源的影响。通常，JDBC 能实现以下 3 种功能。

（1）同一个数据库建立连接。

（2）向数据库发送 SQL 语句。

（3）处理数据库返回的结果。

7.1.2 JDBC 驱动程序的介绍

开发项目时项目中必须导入数据库驱动程序 jar 包。数据库驱动程序由数据库生产商提供，每一种数据库都有数据库驱动程序，JDBC 技术不能直接操作数据库，需依靠数据库驱动程序。

Java 中的 JDBC 驱动程序可以分为四种类型，包括 JDBC-ODBC Bridge、本地 API 驱动、网络协议驱动和本地协议驱动。

1．JDBC-ODBC Bridge 驱动

JDBC-ODBC 桥是一个 JDBC 驱动，把 JDBC 调用转换为 ODBC 操作。这个桥使得所有支持 ODBC 的 DBMS 都可以和 Java 应用程序交互。优点是易于使用，只要有对应的 ODBC 驱动（大多数数据库厂商都会提供），几乎可以访问所有的数据库。缺点是执行效率比较低，不适合大数据量访问的应用。需要客户端预装对应的 ODBC 驱动。

2．本地 API 驱动

本地 API 驱动是将 JDBC 调用转换为对数据库客户端 API 的调用。这种类型的驱动程序把客户机 API 上的 JDBC 调用转换为 Oracle、Sybase、Informix、DB2 或其他 DBMS 的调用。类似 JDBC-ODBC Bridge 驱动程序一样，这种类型的驱动程序要求将某些二进制代码加载到每台客户机上。优点是速度快于 JDBC-ODBC Bridge 驱动。缺点是需要客户端预装对应的数据库厂商代码库。预装的代码库不是通用的，每家厂商各自独立，所以也依赖于数据库厂商。

3．网络协议驱动

网络协议驱动实际上是根据熟悉的三层结构，建立的 DBC 先把对数局库的访问请求传递给网络上的中间件服务器。中间件服务器再把请求翻译为符合数据库规范的调用，再把这种调用传给数据库服务器。如果中间件服务器也是用 java 开发的，那么在中间层也可以使用 1、2 型 JDBC 驱动程序作为访问数据库的方法。优点是不需要在客户端加载数据库厂商提供的代码库。单个驱动程序可以对多个数据库进行访问，可扩展性较好。支持数据库连接、查询结果的缓存、负载均衡、日志、监控等。缺点是在中间件层仍需对最终数据进行配置，由于多出一个中间件层，速度不如第 4 种类型。

4．本地协议驱动

本地协议驱动直接把 JDBC 调用转换为符合相关数据库系统规范的请求，由于 4 型驱动写的应用可以直接和数据库服务器通信。这种类型的驱动完全由 java 实现，因此实现了平台独立性。

由于这种驱动不需要先把 JDBC 的调用传给 ODBC 或本地数据库接口或者是中间层服务器，所以执行效率是非常高的，而且根本不需要在客户端或服务器端装载任何的软件或驱动。这种驱动程序可以动态的被下载，但是对于不同的数据库需要下载不同的驱动程序。

7.1.3　典型数据库的连接

1．SQL Server 数据库的连接

SQL Server 数据库是目前广泛应用的数据库之一。在 JSP 中，本章学习用 JDBC 来连接。

首先，需要导入 jar 包：sqlJdbc4.jar 或者 sqlJdbc.jar。

SQL Server 驱动加载为。

Class.forName（"com.microsoft.sqlserver.jdbc.SQL Server Driver"）;

SQL Server 连接的数据库 URL 为。

String url="jdbc:sqlsever://localhost:1433;DatabaseName=test";

其中 1433 是 SQL Server 数据库的默认端口号；test 是数据库的名称。

【例 7-1】SQL Server 数据库的连接。

核心代码如下。

```
<%@ page language="java" import="java.sql.*" pageEncoding="utf-8"%>
...
   String url = "jdbc:sqlsever://localhost:1433;DatabaseName=test";
  String user="root";
  String pwd="root";
  Connection con = NULL;
  try{            Class.forName ("com.microsoft.sqlserver.jdbc.SQL ServerDriver") ;
  }
  catch (ClassNotFoundException e) {
    out.println ("加载驱动器出现异常") ;
  }
  con = Driver Manager.getConnection (url,user,pwd) ;
  if (con==NULL) {
    out.println ("数据库连接失败") ;
  }
  else{
    out.println (" 数据库连接成功") ;
  }
  try{
    con.close () ;
  }
  catch (SQLException e) {
```

```
    out.println (" 关闭数据库出现异常") ;
  }
```

【程序说明】

其中，使用 Class.forName（）方法加载 SQL Server 的驱动，URL 的三个参数分别是数据库名、数据库密码、与数据库的 URL 地址。SQL Server 数据库连接成功，如图 7-1 所示。

【运行结果】

SQL Server 数据库连接成功，如图 7-1 所示。

图 7-1　SQL Server 数据库连接成功

2．MySQL 数据库的连接

MySQL 数据库需要导入的包为：MySQL-connector-java-5.1.45-bin.jar。
MySQL 数据库的驱动为：Class.forName（"com.MySQL.jdbc.Driver"）。
MySQL 数据库的 URL 为：String url = "jdbc:MySQL://localhost:3 306/test"。
localhost 代表本机的 IP 地址，3306 是 MySQL 数据库默认的端口号，test 是数据库的名称。
【例 7-2】实现 MySQL 数据库连接。
核心代码如下。

```
<%@ page language="java" import="java.sql.*" pageEncoding="utf-8"%>
...

   String url = "jdbc:MySQL://localhost:3306/test";
  String user="root";
  String pwd="root";
  Connection con = NULL;
  try{           Class.forName ("com.MySQL.jdbc.Driver") ;
  }
  catch (ClassNotFoundException e) {
    out.println ("加载驱动器出现异常") ;
  }
  con = Driver Manager.getConnection (url,user,pwd) ;
  if (con==NULL) {
    out.println ("数据库连接失败") ;
  }
  else{
```

```
    out.println (" 数据库连接成功") ;
  }
  try{
    con.close () ;
  }
  catch (SQLException e) {
    out.println (" 关闭数据库出现异常") ;
  }
```

【程序说明】

MySQL 数据库的连接与 SQL Server 的连接不一样的是加载包不同，连接数据库的 URL 不同。MySQL 数据库连接成功，如图 7-2 所示。

【运行结果】

MySQL 数据库连接成功，如图 7-2 所示

图 7-2　MySQL 数据库连接成功

7.2　JDBC 管理器及接口

JDBC API 一般包含在两个包里。第一个包是 Java.sql，包含了核心的 Java 数据对象，有数据库管理系统的连接和为数据进行交互提供的 Java 对象。第二个包是 Java.sqlx，是 Java.sql 的扩展。Java.sql 包中常见的接口如表 7-1 所示。

表 7-1　Java.sql 包中常见的接口

接口	阐述说明
Driver Manager	加载不同的驱动程序，并跟踪驱动程序与数据库建立连接
Driver	接口的实现类是某种数据库的驱动程序类，用于初始化驱动程序
Connection	数据库连接，作用于数据库之间通信
Statement	用于执行静态的 SQL 语句，并返回一个结果对象
Prepared Statement	用于执行预编译的 SQL 语句（即动态参数的 SQL 语句）
ResultSet	JDBC 执行查询时返回的结果集
Callable Statement	用于执行 SQL 的存储过程

7.2.1 驱动程序接口 Driver

每种数据库厂商生产的驱动程序 Driver 类，都必须实现 SUN 公司的 java.sql.Driver 接口。在加载 Driver 类时，应该创建自己的实例并向 java.sql. Driver Manager 类注册该实例。这就意味着用户可以调用 Java.sql.Class 的静态方法 forName（String className）, 加载和注册一个驱动程序。不同的驱动程序的装载方法如下：

（1）JDBC-ODBC Bridge Driver 驱动：Class.forName（"sun.jdbc.odbc.JdbcOdbcDriver"）。

（2）JDBC Driver 驱动：Class.forName（"jdbc.driver_class_name"）。

（3）MySQL JDBC 驱动：Class.forName（"org.git.mm.MySQL.Driver"）。

（4）Oracle JDBC 驱动：Class.forName（"oracle.jdbc.driver.OracleDriver"）。

7.2.2 驱动程序管理器 Driver Manager

Driver Manager 类是负责管理 JDBC 驱动程序的基本服务，是 JDBC 的管理层，作用于用户与驱动器之间。负责跟踪可用驱动程序，并在数据库和相应驱动程序之间建立连接。另外，Driver Manager 类也处理诸如驱动程序登录时间限制及登录和跟踪消息的显示等工作。成功加载 Driver 类并在 Driver Manager 类中注册后，Driver Manager 类即可用来建立数据库连接。

Driver Manager 类的常用方法如表 7-2 所示。

表 7-2 Driver Manager 类的常用方法

方法	功能描述
getConnection（String sql，String user，String password）	指定三个入口参数（依次是连接数据库的 URL、用户名和密码）来获取与数据库的连接
setLLoginTimeout（int seconds）	获取驱动程序试图登录到某一数据库时可以等待的最长时间，以秒为单位
setLogWriter（java.io.PrintWriter out）	用来设置日志的输出对象
println（String message）	将一条消息打印到当前的 JDBC 日志流中

7.2.3 Connection 接口

Connection 接口代表与数据库的连接，连接过程包括所执行的 SQL 语句和返回结果。一个应用程序可以与一个或者多个数据库连接，也可以单个数据库有一个或多个连接。Driver Manager 的 getConnection（）方法是建立在数据库的 Connection 连接上的。

核心代码如下。

```
Connection conn = Driver Manager.getConnection (url,user,pwd) ;
MySQL 数据库为:
Connection                    conn=Driver                    Manager.getConnection
("jdbc:MySQL://host:port/database","user","pwd") ;
Oracle 数据库为:
Connection                    conn=Driver                    Manager.getConnection
("jdbc:oracle:thin@host:port/database","user","pwd") ;
```

Connection 接口极其重要，Connection 常用方法如表 7-3 所示。

表 7-3　Connection 常用方法

方法	功能描述
createStatement（）	创建并返回一个 Statement 对象，执行无参数的 SQL 语句
PrepareStatement（）	创建并返回一个 Prepared Statement 对象，执行包含参数的 SQL 语句，并对 SQL 语句进行了预编译处理
isReadOnly（）	查看当前 Connection 对象的读写模式是否为只读模式
setReadOnly（）	设置当前 Connection 对象的读写模式，默认是非只读模式
setAutoCommit（）	设置当前 Connection 实例的自动提交模式，默认为 true，即自动将更改同步到数据库中。如果设为 false，需要通过执行 commit（）或 rollback（）方法手动将更改同步到数据库中
getAutoCommit（）	查看当前的 Connection 实例是否处于自动提交模式，如果是则返回 true，否则返回 false
isClosed（）	判断 Connection 实例是否被关闭，如果被关闭则返回 true，否则返回 false
rollback（）	回滚当前事务中的所有改动并释放当前连接持有的数据库的锁
commit（）	使上一次提交/回滚之后进行的更改成为持久更改，并释放此 Connection 对象当前所持有的的所有数据库锁
close（）	立即释放连接对象的数据库和 JDBC 资源，即关闭数据库连接
getMetaData（）	返回数据库元数据

【例 7-3】测试数据库 test 是否连接成功。

核心代码如下。

```
<%@ page language="java" import="java.util.*" pageEncoding="utf-8"%>
<%@page import="java.sql.Connection"%>
<%@page import="java.sql.Driver Manager"%>
<%@page import="java.sql.SQLException"%>

<body>
  <%
  String url = "jdbc:MySQL://localhost:3306/test";
  String user="root";
  String pwd="root";
  Connection conn = NULL;
  try{
     Class.forName ("com.MySQL.jdbc.Driver") ;
  }catch (ClassNotFoundException e) {
     out.println ("【例 7-3】 加载驱动器时出现异常") ;
  }
  conn= Driver Manager.getConnection (url,user,pwd) ;
  if (conn==NULL) {
     out.println ("【例 7-3】 数据库连接失败") ;
  }else{
```

```
    out.println ("【例 7-3】 数据库连接成功") ;
  }
  try{
    con.close () ;
  }catch (SQLException e) {
    out.println ("【例 7-3】 关闭数据库出现异常") ;
  }

  %>
 </body>
</html>
```

【程序说明】

（1）Class.forName 方法是 MySQL 数据库的驱动加载。

（2）在数据库的连接代码中，加入的是数据库指定的 URL，数据库名字和数据库密码。数据库连接成功。

【运行结果】

数据库连接成功，如图 7-3 所示。

图 7-3　数据库连接成功

7.2.4　Statement 接口

Statement 接口用于执行静态的 SQL 语句，并返回执行结果。调用 executeUpdate（String sql）方法执行 insert、update、delete 语句。调用 executeQuery（String sql）执行 select 语句。在 JDBC 中有 3 种 Statement 对象，分别是 Statement、Prepared Statement 和 Callable Statement。Statement 接口常用的方法如表 7-4 所示。

表 7-4　statement 接口常用方法

方法	功能描述
executeQuery（String sql）	执行指定的静态 SELECT 语句，并返回单个 ResultSet 结果集
executeUpdate（String sql）	执行指定的静态 INSERT、UPDATE 或 DELETE 语句，并返回一个 int 型数值，为同步更新记录的条数

（续表）

方法	功能描述
clearBatch（）	清空此 Statement 的当前 SQL 命令列表
addBatch（String sql）	将指定的 SQL 命令添加到 Batch 中，String 型入口参数通常为静态的 INSERT 或 UPDATE 语句，如果驱动程序不支持批量处理将抛出异常
executeBatch（）	执行 Batch 中的所有 SQL 语句，如果全部执行成功，则返回由更新计数组成的数组，数组元素的排序与 SQL 语句的添加顺序对应数组元素有以下几种情况：①大于或等于零的数，说明 SQL 语句执行成功，为影响数据库中行数的更新计数；②说明 SQL 语句执行成功，但未得到受影响的行数；③说明 SQL 语句执行失败，仅当执行失败后继续执行后面的 SQL 语句时出现。如果驱动程序不支持批量，或者未能成功执行 Batch 中的 SQL 语句之一，将抛出异常
close（）	立即释放 Statement 实例占用的数据库和 JDBC 资源

【例 7-4】用 Statement 方式对 user 表进行增、删、改、查数据的操作。

核心代码如下。

```
<%@ page language="java" import="java.sql.*" pageEncoding="UTF-8"%>
<html>
  <head>
   <title>用 Statement 对象进行增删改查</title>
 </head>
 <body>
 <%
String driverClass="com.MySQL.jdbc.Driver";
String url="jdbc:MySQL://localhost:3306/test";
String username = "root";
String password = "root";
Class.forName (driverClass) ;
Connection conn = Driver Manager.getConnection (url, username, password) ;
Statement stmt = conn.createStatement () ;
out.println ("【例 7-4】 查询数据库数据<br>") ;

ResultSet rs = stmt.executeQuery ("select * from user") ;
while (rs.Next ()) {
   out.println ("<br>用户名: "+rs.getString (1) +"年龄: "+rs.getString (2) +"密
码:"+rs.getString (3) +"<br>") ;
}
out.println ("【例 7-4】 增加数据库数据<br>") ;
int k = stmt.executeUpdate ("insert into user (name,age,pwd) values ('test','19','123456')
") ;
out.println ("<br>共添加"+k+"条记录") ;

rs.close () ;
stmt.close () ;
conn.close () ;
```

```
%>
  </body>
</html>
```

【程序说明】

（1）创建数据库的连接。
（2）创建 Statement 对象。
（3）使用 Statement 对数据库数据进行查询并输出。
（4）使用 Statement 对数据库数据增加一条新的数据。

【运行结果】

查询、增加数据库数据，如图 7-4 所示。

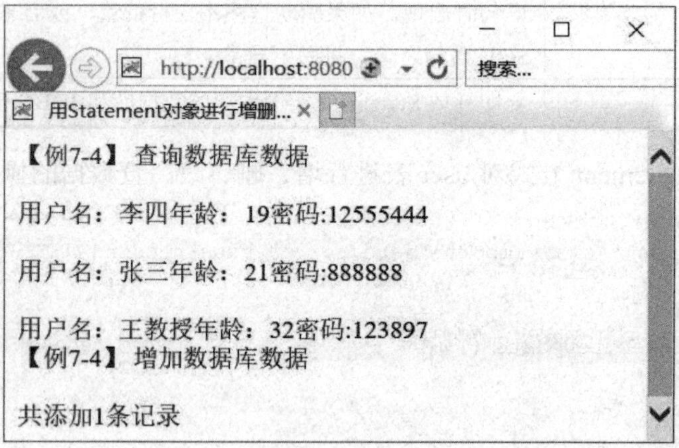

图 7-4　查询、增加数据库数据

7.2.5　Prepared Statement 接口

Prepared Statement 接口继承于 Statement 接口，用来执行含有参数的 SQL 语句，即动态的 SQL 语句。通过执行的 SQL 语句，将会执行预编译，从而可以反复使用并提高代码的执行效率。与 Statement 接口的批处理语句是不同的，Statement 中的批处理语句应用于多条“功能不同”的 SQL 语句且 SQL 语句未进行预编译，而 Prerared Statement 中的批处理语句应用于多条“功能相同，参数不同”的 SQL 语句且 SQL 已进行预编译。

Prepared Statement 接口常用方法如表 7-5 所示。

表 7-5　Prepared Statement 接口常用方法

方法	功能描述
executeUpdate（）	执行前面包含参数的动态 INSERT、UPDATE 或 DELETE 语句，并返回一个 int 型数值，为同步更新记录的条数
clearParameters（）	清除当前所有参数的值
setXxx（）	为指定参数设置 xxxx 型值
close（）	立即释放 Statement 实例占用的数据库和 JDBC 资源，即关闭 Statement 实例

【例 7-5】用 Prepared Statement 方式往 user 表中插入一条记录。

核心代码如下。

```
<%@ page language="java" import="java.sql.*" pageEncoding="utf-8"%>
<html>
  <head>
    <title>应用 Prepared Statement 对象插入数据</title>
 </head>

<body>
<%
String driverClass="com.MySQL.jdbc.Driver";
String url="jdbc:MySQL://localhost:3306/test";
String username = "root";
String password = "root";
Class.forName (driverClass) ;
Connection conn=Driver Manager.getConnection (url, username, password) ;
Prepared Statement pStmt = conn.prepareStatement ("insert into user (name,age,pwd) values
(?,?,?) ") ;
pStmt.setString (1,"王教授") ;
pStmt.setString (2,"32") ;
pStmt.setString (3,"123897") ;
 int i = pStmt.executeUpdate () ;
 out.println ("【例 7-3】 增加了" + i + "条新数据") ;
 pStmt.close () ;
 conn.close () ;
 %>
</body>
</html>
```

【程序说明】

（1）创建数据库的连接。

（2）创建 Prepared Statement 对象。

（3）使用 Prepared Statement 对数据库增加一条新数据。

【运行结果】

增加了一条新数据，如图 7-5 所示。

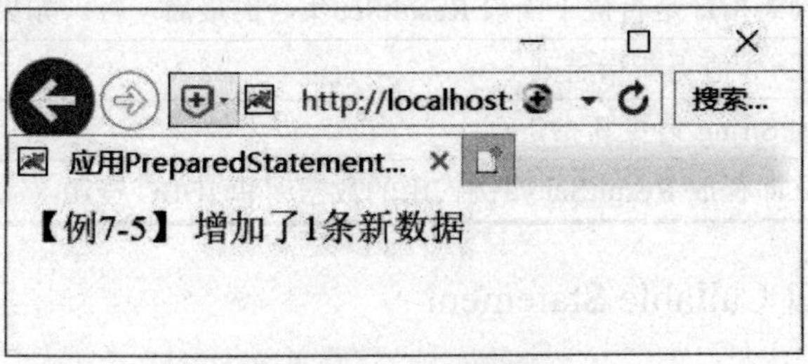

图 7-5　增加了一条新数据

7.2.6 结果集接口 ResultSet

ResultSet 接口类似于一个临时表（实际上也是一个缓存区），用来暂时存放数据库查询操作所获得的结果集。ResultSet 实例具有指向当前数据行的指针，最初，指针开始的位置在第一条记录的前面，通过 Next（）方法可将指针向下移。因为该方法在没有下一行时将返回 false，所以可以通过 while 循环来迭代 ResultSet 结果集。在默认情况下 ResultSet 对象不可以更新，只有一个可以向前移动的指针。因此，只能迭代一次，并且只能按从第一行到最后一行的顺序进行。如果需要，可以生成可滚动和可更新的 ResultSet 对象。Statement 对象执行 executeQuery 实际上并不是一下子将所有查询到的数据全部放入到 ResultSet 中，而是分批次放入 ResultSet 缓存，一次取完了再放入下一批次，直至取完所有查询到的数据。可以通过 ResultSet 里的 getFetchSize（）方法来获取（一般大小为 10 个），同时也可以通过 setFetchSize（）方法来设置缓存区的大小。

在 JDBC 2.0（JDK 1.2）之后，该接口添加了一组更新方法 updateXXX（），该方法有两个重载方法，可根据列的索引号和列的名称来更新指定列。但该方法并没有将对数据进行的操作同步到数据库中，需要执行 updateRow（）或 insertRow（）方法更新数据库。ResultSet 接口的常用方法如表 7-6 所示。

表 7-6　Result 接口的常用方法

方法	功能描述
getInt（）	以 int 形式获取此 ResultSet 对象的当前行的指定列值（可以使用栏位名称或者栏位索引值）。如果列值为 NULL，则返回值是 0
getFloat（）	以 float 形式获取此 ResultSet 对象的当前行的指定列值（可以使用栏位名称或者栏位索引值）。如果列值为 NULL，则返回值是 0
getString（）	以 String 形式获取此 ResultSet 对象的当前行的指定列值（可以使用栏位名称或者栏位索引值）。如果列值为 NULL，则返回值是 NULL
Next（）	移动指针到下一行；指针最初位于第一行之前，第一次调用该方法将移动到第一行；如果存在下一行则返回 true，否则返回 false
absolute（）	将指针移到 ResultSet 给定编号的行
getRow（）	查看当前行的索引号
findColumn（）	查看指定列名的索引编号；该方法有一个 String 型入口参数，为要查看列的名称，如果包含指定列，则返回 int 型索引编号，否则将抛出异常
isFirst（）	判断指针是否位于当前 ResultSet 集合的第一行。如果是返回 true，否则返回 false
isLast（）	判断指针是否位于当前 ResultSet 集合的最后一行。如果是返回 true，否则返回 false
updateInt（）	用 int 值更新指定列
updateString（）	用 String 值更新指定列
close（）	立即释放 ResultSet 实例占用的数据库和 JDBC 资源

7.2.7 存储过程接口 Callable Statement

Callable Statement 对象为所有的 DBMS 提供了一种以标准形式调用已储存过程的方法。

对已储存过程的调用是 Callable Statement 对象所含的内容。这种调用是用一种换码语法来写的，有两种形式：一种形式带结果参数；另一种形式不带结果参数。结果参数是一种输出（OUT）参数，是已储存过程的返回值。两种形式都可带有数量可变的输入（IN 参数）、输出（OUT 参数）或输入和输出（INOUT 参数）的参数。问号将用作参数的占位符。继承于 Prepared Statement 接口，可以返回一个或者多个 Result 实例。

7.3 JDBC 访问数据库的工作过程

JDBC 对数据库进行连接，大致分为以下 7 个步骤：加载 JDBC 驱动程序、创建指定数据库的 URL、创建与数据库连接、创建 Statement、执行 SQL 语句、获得查询结果及关闭数据库连接，释放资源。

7.3.1 加载 JDBC 驱动程序

在 JDBC 中，通常有两种加载驱动程序的方式。一种是将驱动程序加到 java.lang.System 的属性 jdbc.drivers 中，这是一个由 Driver Manager 类加载的驱动程序类名的列表，用冒号分隔。在 JVM 的系统属性中搜索 jdbc.drivers 字段的内容，如果存在，则加载相应的驱动程序。另一种是推荐的加载方式，称为显示地加载驱动程序。即加载想要连接的数据库的驱动到 JVM（Java 虚拟机），通过 java.lang.Class 类的静态方法 forName（string class name）实现，成功加载后，会将 Driver 类的实例注册到 Driver Manager 类中。

【例 7-6】加载 JDBC 驱动。

核心代码如下。

```
try {
        Class.forName ("com.MySQL.jdbc.Driver");
        }
catch (ClassNotFoundException e) {
        e.printStackTrace ();
}
```

【程序说明】

（1）对数据库连接的一个捕获异常。

（2）调动 forName 方法加载 MySQL 的数据库驱动。

7.3.2 创建指定数据库的 URL

连接数据库，必须创建指定数据库的 URL。数据库 URL 对象与网络资源的统一资源定义形式。

协议：在 JDBC 中总是以 jdbc 开始。子协议：是桥连接的驱动程序或是数据库管理系统名称。数据源标识：标记找到数据库来源的地址与连接端口。与 MySQL 的连接的 URL 如下。

```
String url = "jdbc:MySQL://localhost:3306/test";
```

7.3.3 创建与数据库的连接

连接数据库，向 java.sql.Driver Manager 的 getConnection（String url，String usename，String password）方法进行连接，对方法传入指定的数据库的路径，数据库的用户名和数据库的密码。

【例 7-7】与数据库的连接。

代码如下。

```
String url = "jdbc:MySQL://localhost:3306/test";
String user="root";
String pwd="root";
Connection  conn= Driver Manager.getConnection (url,user,pwd) ;
```

7.3.4 创建一个 Statement 实例

要执行 SQL 语句，必须获得 java.sql.Statement 实例，Statement 实例分为以下 3 种类型。

（1）执行静态 SQL 语句：通常通过 Statement 实例实现。

（2）执行动态 SQL 语句：通常通过 Prepared Statement 实例实现。

（3）执行数据库存储过程：通常通过 Callable Statement 实例实现。

这三种不同类型中，Statement 是最基本的，Prepared Statement 是 Statement 的继承，而 Callable Statement 是 Prepared Statement 的继承。

【例 7-8】创建 Statement。

具体代码如下。

```
Statement stm=conn.createStatement () ;
Prepared Statement pstm = conn.Prepared Statement (sql) ;
Callable Statement cstm = conn.prepareCall ("{CALL user (?,?) }") ;
```

7.3.5 执行 SQL 语句

Statement 接口提供了 executeQuery 、executeUpdate 和 execute 了 3 种执行 SQL 语句的方法。具体使用如下。

①ResultSet executeQuery（String sqlString）：执行查询数据库的 SQL 语句，返回一个结果集（ResultSet）对象。

②int executeUpdate（String sqlString）：用于执行 INSERT、UPDATE 或 DELETE 语句以及 SQL DDL 语句，如：CREATE TABLE 和 DROP TABLE 等。

③execute（sqlString）：用于执行返回多个结果集、多个更新计数或二者组合的语句。

【例 7-9】直接执行 SQL 语句。

代码如下。

```
ResultSet rs = stm.executeQuery ("select * from ...") ;
int counts = stm.executeUpdate ("insert into...") ;
```

7.3.6 获得查询结果

获得查询结果有两种情况：一种是执行更新返回的是本次操作影响到的记录数；另一种是执行查询返回的结果是一个 ResultSet 对象。ResultSet 包含符合 SQL 语句中条件的所有行，并且通过一套 get 方法提供了对这些行中数据的访问。使用结果集（ResultSet）对象的访问方法获取数据，代码如下。

```
String name = rs.getString ("name") ;
```

7.3.7　关闭数据库连接，释放资源

操作完成以后要把所有使用的 JDBC 对象全都关闭，以释放 JDBC 资源。关闭顺序和声明顺序相反，首先关闭记录集；其次关闭声明；最后关闭连接对象。

采用上面的顺序关闭的原因在于 Connection 是一个接口，close（）方法的实现方式多种多样。如果是通过 Driver Manager 类的 getConnection()方法得到的 Connection 实例，在调用 close（）方法关闭 Connection 实例时会同时关闭 Statement 实例和 ResultSet 实例。但是通常情况下需要采用数据库连接池，在调用通过连接池得到的 Connection 实例的 close()方法时，Connection 实例可能并没有被释放，而是被放回到了连接池中，又被其他连接调用。

在这种情况下，如果不手动关闭 Statement 实例和 ResultSet 实例，在 Connection 中可能会越来越多。虽然 JVM 的垃圾回收机制会定时清理缓存，但是如果清理得不及时，当数据库连接达到一定数量时，将严重影响数据库和计算机的运行速度，甚至导致软件或系统瘫痪。关闭数据库连接代码如下。

```
resultSet.close () ;
statement.close () ;
Connection.close () ;
```

7.4　对数据库的操作

对数据库的操作分为两种：一种是数据的查询；另外一种是数据的更新。数据的更新包括数据的插入，数据的修改和数据的删除。

7.4.1　数据的查询操作

JDBC 中提供了两种实现数据查询的方法：一种是通过 Statement 对象执行静态的 SQL 语句实现；另一种是通过 Prepared Statement 对象执行动态的 SQL 语句实现。本节通过学号查出学生的所有信息。

首先，先建一张 students 表，如表 7-7 所示。

表 7-7　students 表

s_no	s_name	d_no	birthady
1	qq	1001	1991-01-01
2	qw	1002	1990-12-23
3	aa	1001	1992-03-23

【例 7-10】通过传入参数学号查出学生的信息。

代码如下。

```
<%@ page language="java" import="java.sql.*" pageEncoding="utf-8"%>
<html>
  <head>
    <title>查询学生的信息</title>
  </head>
  <body>
<%
String driverType="com.MySQL.jdbc.Driver";
String url="jdbc:MySQL://localhost:3306/test";
String username = "root";
String password = "root";
Class.forName (driverType) ;       // 加载数据库驱动
Connection conn=Driver Manager.getConnection (url, username, password) ;   //建立连接
Prepared Statement ps=conn.prepareStatement ("select * from students where s_no=?") ;
ps.setInt (1,1) ;
ResultSet rs=ps.executeQuery () ;
out.println ("学生个人信息：") ;
while (rs.Next ()) {
out.println("<br> 学生姓名:"+rs.getString("s_name")+"    "+"系编码:"+rs.getString("d_no")
+"    "+" 出生年月日:"+rs.getString ("birthday")) ;
}
rs.close () ;
ps.close () ;
conn.close () ;
%>
  </body>
</html>
```

【程序说明】

（1）import=“java.sql”是引入 java.sql 的包，pageEncoding=“utf-8”是编码改为 utf-8 或 gb2312。

（2）创建数据库的连接。

（3）用 Prepared Statement 对象预编译处理 SQL 语句进行查询。

（4）ps.setInt（1,1）是设置第一个参数，赋值为 1。

（5）ResultSet rs=ps.executeQuery（）是得到查询的结果集。

（6）打印输出学生的信息。

（7）关闭数据连接，释放资源。

【运行结果】

查询学生个人信息，如图 7-6 所示。

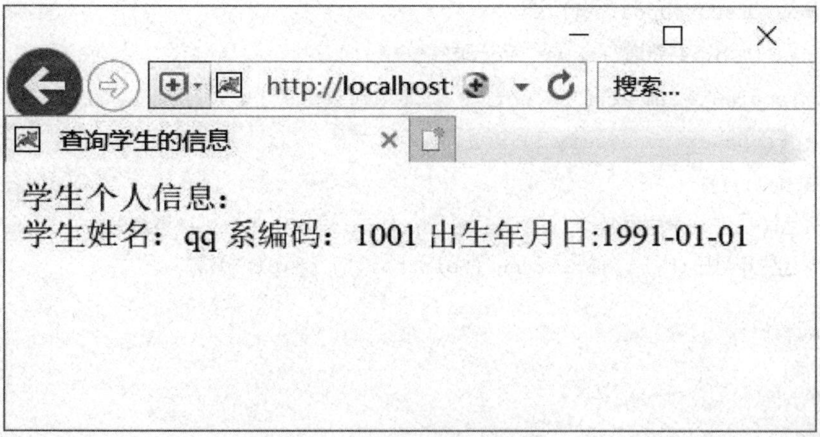

图 7-6 查询学生个人信息

7.4.2 数据的更新、添加、删除操作

更新数据库中的数据，可以使用 SQL 的 update，insert，delete 等操作，然后将包含 update，insert，delete 的 SQL 语句交给 Statement 对象的 executeUpdate（）方法执行。Statement 对象用于执行不带参数的简单 SQL 语句，以下示例都将用 Prepared Statement 对象来执行。

1．数据的添加案例

【例 7-11】创建 students 表，向表里添加学生的信息。表字段有学号、姓名、系号及生日。现添加一条信息为学号为 9、姓名为小张、系号是 008、生日为 1991-09-12。

具体代码如下。

```
<%@ page language="java" import="java.sql.*" pageEncoding="utf-8"%>
<html>
  <head>
    <title>添加学生信息</title>
  </head>
  <body>
    <%
String driverType="com.MySQL.jdbc.Driver";
String url="jdbc:MySQL://localhost:3306/test";
String username = "root";
String password = "root";
Class.forName (driverType) ;
Connection conn=Driver Manager.getConnection (url, username, password) ;
Prepared Statement ps = conn.prepareStatement ( "insert into students (s_no,s_name,d_no,birthday) values (?,?,?,?) ") ;
ps.setInt (1, 9) ;
ps.setString (2, "小张") ;
ps.setString (3, "008") ;
ps.setString (4, "1991-09-12") ;
```

```
int rows=ps.executeUpdate () ;
out.println ("<br>共新增"+rows+"条记录"+"<br>") ;
ps=conn.prepareStatement ("select * from students") ;
ResultSet rs=ps.executeQuery () ;
while (rs.Next ()) {
out.println("<br> 学生姓名:"+rs.getString("s_name")+"    "+"系编码:"+rs.getString("d_no")
+"    "+" 出生年月日:"+rs.getString ("birthday") +"<br>") ;
}

rs.close () ;
ps.close () ;
conn.close () ;
%>
  </body>
</html>
```

【程序说明】

（1）进行 MySQL 数据库的连接。
（2）对于插入语句，设置参数，用 Prepared Statement 对象动态处理 SQL 语句更为妥当。
（3）对各个参数进行设置，需明确每个参数在数据库的数据类型。
（4）executeUpdate（）方法只可得到一个 int 值，知道数据库更改了几条记录。
（5）最后对数据库的重新查询，查看是否插入成功。

【运行结果】

添加学生信息，如图 7-7 所示。

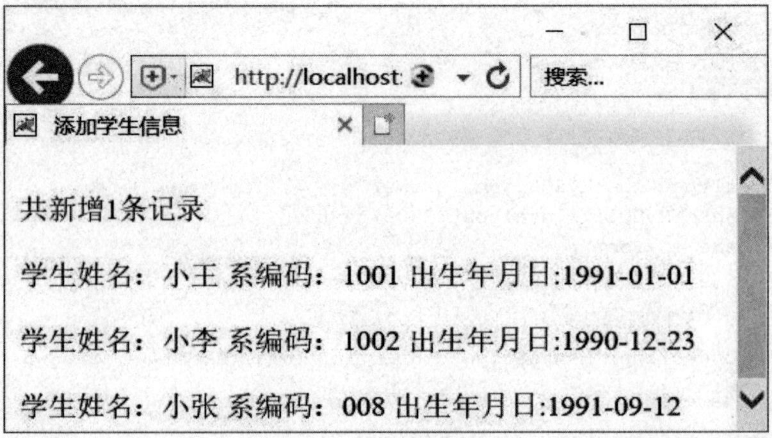

图 7-7　添加学生信息

2．数据的修改操作案例

【例 7-12】修改学生姓名为小张的信息，把系号改为 009。
此案例中，小张的姓名、学号、及生日都不变，改动的是学号。属于有参数传入的 SQL 语句，因此同样选择 Prepared Statement 对象的方法执行。

具体代码如下。

```
  <head>
    <title>修改学生信息</title>
  </head>
  <body>
    <%
String driverType="com.MySQL.jdbc.Driver";
String url="jdbc:MySQL://localhost:3306/test";
String username = "root";
String password = "root";
Class.forName (driverType) ;
Connection conn=Driver Manager.getConnection (url, username, password) ;
Prepared Statement ps = conn.prepareStatement ("update students1 set d_no=? where s_name=?") ;
ps.setString (1, "009") ;
ps.setString (2, "小张") ;
int rows=ps.executeUpdate () ;
out.println ("<br>共修改了"+rows+"条记录"+"<br>") ;
ps=conn.prepareStatement ("select * from students1") ;
ResultSet rs=ps.executeQuery () ;
while (rs.Next ()) {
out.println("<br> 学生姓名:"+rs.getString("s_name")+"   "+"系编码:"+rs.getString("d_no")+"   "+" 出生年月日:"+rs.getString ("birthday") +"<br>") ;
}

rs.close () ;
ps.close () ;
conn.close () ;
%>
  </body>
```

【程序说明】

（1）程序修改的方法同程序添加所用的方法是一样的，都是 executeUpdate（）方法。

（2）修改与添加不同之处在于 SQL 语句不一样。

【运行结果】

修改学生信息，如图 7-8 所示。

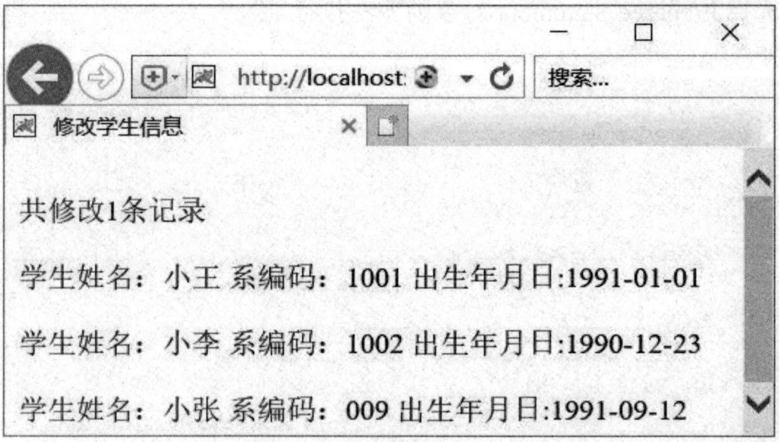

图 7-8　修改学生信息

3．数据的删除操作案例

【例 7-13】删除学生小李的信息。

此案例中，通过姓名 s_name 删除小李的信息，需要传入参数 s_name。

具体实现代码如下。

```
<%@ page language="java" import="java.sql.*" pageEncoding="utf-8"%>
<html>
  <head>
    <title>删除学生信息</title>
  </head>
  <body>
    <%
String driverType="com.MySQL.jdbc.Driver";
String url="jdbc:MySQL://localhost:3306/test";
String username = "root";
String password = "root";
Class.forName (driverType) ;
Connection conn=Driver Manager.getConnection (url, username, password) ;
Prepared Statement ps = conn.prepareStatement ("delete from students1 where s_name=?") ;
ps.setString (1,"小李") ;
int rows=ps.executeUpdate () ;
out.println ("<br>共删除了"+rows+"条记录"+"<br>") ;
ps=conn.prepareStatement ("select * from students1") ;
ResultSet rs=ps.executeQuery () ;
while (rs.Next ()) {
out.println("<br> 学生姓名:"+rs.getString("s_name")+"    "+"系编码:"+rs.getString("d_no")
+"    "+" 出生年月日:"+rs.getString ("birthday") +"<br>") ;
}
rs.close () ;
ps.close () ;
```

```
conn.close () ;
%>
  </body>
</html>
```

【程序说明】

（1）删除数据库信息与添加、修改一样都是用 executeUpdate（）方法执行。

（2）与上述操作一样，不同的 SQL 语句。

（3）引入 java.sql 包。

【运行结果】

删除学生信息，如图 7-9 所示。

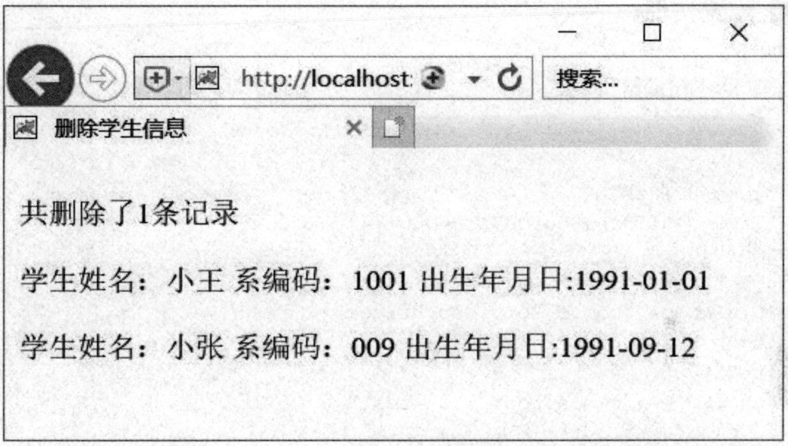

图 7-9 删除学生信息

7.5 数据库的连接池

7.5.1 连接池的概念

每次访问数据库之前，都需要与数据库进行连接。这样会消耗一定的资源，延长了访问数据库的时间，为了能够解决这一问题，引入了连接池的概念。连接池就是预先建立好数据库的连接，模拟存放在一个连接池中，由连接池对数据库进行管理。免去了每次连接数据库之前建立数据库所产生的消耗。不仅如此，连接池还解决了数据库连接数量的问题。

管理连接池的步骤分为以下 3 步。

（1）创建连接池。首先需要创建一个静态的连接池，Java 提供了很多容器类，可用来构建连接池，例如 Vector 等。在系统初始化时，根据配置创建连接并放置在连接池中，以后所有使用的连接都是从该连接池中获取。即可以避免数据库的连接随意建立和关闭。

（2）分配释放资源。创建好连接池后，需要提供一套自定义的分配释放策略，以保证数据库连接的有效复用，策略可以根据需要去选择。

（3）配置策略。在开始时，根据具体的应用需求，给出一个初始的连接池中的连接数目，以及一个连接池可以扩大最大的连接数目。配置策略主要用于解决连接池中放置多少个连接及连接耗尽后该如何处理的问题。

7.5.2 在 Tomcat 中配置 MySql 连接池

以 MySql 数据库为例，通过学习在 Tomcat 中配置及使用连接池。具体步骤如下。

（1）在 MySql 中创建一个数据库，数据库内包含一个 teacher 表，字段为 t_no（教师编号）、t_name（教师名字）、telephone（手机号码）。

（2）配置 server.xml 文件，在 tomcat 安装目录下找到文件夹 conf，进入并找到 server.xml 文件进行配置。

【例 7-14】配置文件。

具体代码如下。

```
<GlobalNamingResources>
   ......
<Resource
     name="jdbc/DBTest"
     type="javax.sql.DataSource"
     username="root"
     password="root"
     driverClassName="com.MySQL.jdbc.Driver"
     maxIdle="2"
     maxWait="5000"
     url="jdbc:MySQL://localhost:3306/test"
     maxActive="3"
/>
 </GlobalNamingResources>
```

【程序说明】

①name 指定连接池的名称。
②type 指定连接池的类型。
③url 指定连接的数据库的路径。
④driver class name 指定数据库的使用的驱动程序。
⑤username 和 password 分别指定数据库的用户名和密码。
⑥maxWait 指定最大建立连接等待的时间，超时将街道异常。
⑦maxIdle 指定连接池中连接的最大空闲数。
⑧maxActive 指定连接池中的最大连接数。

（3）配置 Web.xml 文件，在站点 WEB-INF 文件下，添加相应的参数。

【例 7-15】连接池配置。

具体代码如下。

```
<Web-app
...
<resource-ref>
     <description>连接池配置</description>
     <res-ref-name>jdbc/DBTest</res-ref-name>
```

```
    <res-type>javax.sql.DataSource</res-type>
    <res-auth>Container</res-auth>
    <res-sharing-scope>Shareable</res-sharing-scope>
</resource-ref>
</Web-app>
```

【程序说明】

①description 为描述信息。

②Resource-ref 为参考数据源名称。

③Res-auth 为连接名。

④第八行参数代表是否可以被共享。

（4）配置 context.xml 文件。这个文件与 server.xml 文件在相同的文件夹内。

【例 7-16】

具体配置代码如下。

```
<Context>
    ...
  <ResourceLink
    name="jdbc/DBTest"
    type="javax.sql.DataSource"
    global="jdbc/DBTest"
    />
</Context>
```

【程序说明】

①name 与 type 的 name 相同，type 与 res-ref-name 属性值相同。

②global 同本步骤的 name 属性值相同。

（5）连接配置的数据库连接池。

【例 7-17】

核心代码如下。

```
<body>
<%
Connection conn = NULL;
Context env = NULL;
env = (Context) new InitialContext () ;
DataSource pool = (DataSource) env.lookup ("java:comp/env/jdbc/DBTest2") ;
if (pool == NULL) {
out.print ("找不到连接池") ;
}
conn = pool.getConnection () ;
Prepared Statement pStmt = conn.prepareStatement ("select * from teachers") ;
ResultSet rs=pStmt.executeQuery () ;
while (rs.Next ()) {
out.println ("<br> 老师编号: "+rs.getString ("t_no") +"    "+"姓名: "+rs.getString ("t_name")
+"    "+" 手机号码: "+rs.getString ("telephone") +"<br>") ;
}
```

```
pStmt.close () ;
conn.close () ;
%>
</body>
```

【程序说明】

①env =（Context）new InitialContext（）是检索指定的对象。

②DataSource pool =（DataSource）env.lookup（"java:comp/env/jdbc/DBTest2"）是为了获取数据库的连接池。

③conn = pool.getConnection（）连接池与数据库连接。

④检验是否找到了指定的连接池，如果成功，输出老师的信息。

【运行结果】

测试连接池，如图 7-10 所示。

图 7-10　测试连接池

7.6　JDBC 的工具类的封装

在写了一定的类文件以后，就会发现有很多代码是重复的。特别是对数据库操作的模块中，显现出了很多代码的重复利用。而在编程中，为了实现代码的重用性，将相同的代码抽取出来封装成一个类即可。而 JDBC 中常用的工具类封装有 3 种，分别是对获得 Connection 对象连接的封装、对关闭 JDBC 资源类的封装、对执行数据库操作类的封装。

1．对获得 Connection 对象连接进行封装

【例 7-18】创建一个 DBManager.java 文件，用来生产连接对象。

具体代码如下。

```
import java.sql.Connection;
import java.sql.Driver Manager;
public class DBManager {
Connection con;
public static Connection openConect ()
{
```

```
    String driver = "com.sql.jdbc.Driver";
    String url = "jdbc.MySQL://localhost:3306/test";
    String user = "root";
    String password = "root";
   Connection con = NULL;
    try {
        Class.forName (driver) ;
        con = Driver Manager.getConnection (url, user, password) ;
        if (!con.isClosed ())
        {
            System.out.println ("Succeeded connecting to the Database!") ;
        }
    } catch  (Exception e)  {
        // TODO Auto-generated catch block
        e.printStackTrace () ;
    }
    return con;
}
}
```

【程序说明】

（1）建一个 open Connection 类，这个类返回的是一个 Connection 对象，每次要连接数据库，就可以调用这个类。

（2）判断是否得到了 Connection 对象，判断是否连接上数据库。

2．对关闭 JDBC 资源类的封装

每次数据库操作结束后，都要及时关闭数据库连接，释放占用的数据库的资源。导致每次调用一次数据库，写一次关闭数据库连接的代码，为了提高代码的重用性，可以针对需要进行关闭的几个数据库资源封装到一起。

【例 7-19】封装一个关闭资源的方法。

代码如下。

```
public static void Close (Connection conn) {
    if (conn!=NULL) {
        try {
            conn.close () ;
        } catch  (SQLException e)  {
            // TODO Auto-generated catch block
            e.printStackTrace () ;
        }
    }
}

public static void Close (Statement stat) {
    if (stat!=NULL) {
        try {
            stat.close () ;
        } catch  (SQLException e)  {
            // TODO Auto-generated catch block
            e.printStackTrace () ;
```

```
        }
    }
}

public static void Close (ResultSet rs) {
    if (rs!=NULL) {
        try {
            rs.close () ;
        } catch  (SQLException e)  {
            // TODO Auto-generated catch block
            e.printStackTrace () ;
        }
    }
}
```

【程序说明】

（1）建一个 CloseDB 类，针对三种不同的数据库资源进行关闭连接，每次需要关闭某一种连接时，就可以调用这个类。

（2）在代码中，可以看到三个方法名均为 Close，使用时根据传入的参数类型不同。会自动选择。

3．对数据库操作类的封装

在一个程序中有很多地方要操作数据库，同理为了提高代码的重用性，也给数据库操作类进行封装。

【例 7-20】封装增、删、改、查方法。

具体代码如下。

```
package com.tt.toolsbean;

import java.sql.Connection;
import java.sql.ResultSet;
import java.sql.SQLException;
import java.sql.Statement;

public class UseDB {
public ResultSet Query (String sql)  throws SQLException {
    ResultSet rs = NULL;
    Connection conn = NULL;
    Statement stat = NULL;

    conn = DBManager.openConect () ;
    stat = conn.createStatement () ;
    rs = stat.executeQuery (sql) ;

    return rs;
}

public void Update (String sql)  throws SQLException{

    Connection conn = NULL;
```

```
    Statement stat = NULL;

    conn = DBManager.openConect () ;
    stat = conn.createStatement () ;
    stat.executeUpdate (sql) ;

    CloseDB.Close (stat) ;
    CloseDB.Close (conn) ;
}
}
```

【程序说明】

（1）建一个 UseDB 类，可以使用这个类进行对数据库的增、删、改、查。

（2）执行完增、删、改三类数据库语句之后，需要关闭数据库相关资源。

（3）在 Query 查询方法中，并没有关闭数据库的相关资源，是因为将 ResultSet 类型返回之后，关闭数据库资源的代码应该在使用完 ResultSet 之后，一并进行关闭。

任务实施

完成任务概述，文件代码如下。

index.jsp 文件代码如下。

```
<%@ page import="java.util.*" pageEncoding="utf-8"%>
<%@ page import="bean.showbypageBean" %>
<!-- showbypageBean query1=new showbypageBean () -->
<jsp:useBean id="query1" class="bean.showbypageBean" scope="session"></jsp:useBean>
<html>
  <head>
    <title>分页显示</title>
  </head>
  <body bgcolor=cyan>
  <!--query1.setPageSize ("2")  -->
<jsp:setProperty property="pageSize" name="query1" value="2"/>
<!--query1.getPageAllCount () -->
共有:<jsp:getProperty property="pageAllCount" name="query1"/>页。
<!--query1.getPageSize () -->
<br>每页最多显示<jsp:getProperty property="pageSize" name="query1"/>记录。
<jsp:setProperty property="showPage" name="query1"/>
<br><jsp:getProperty property="presentPageResult" name="query1"/>
<br>当前显示第<jsp:getProperty property="showPage" name="query1"/>页,
<br>单击"前一页"或"后一页"按钮查看记录
    <table>
        <tr>
        <td>
            <form action="">
                <input type="hidden" name="showPage" value="<%=query1.getShowPage ()
-1 %>">
```

```
                <input type="submit" name="g" value="前一页">
            </form>
        </td>
        <td>
            <form action="">
                <input type="hidden" name="showPage" value="<%=query1.getShowPage ()
+1 %>">
                <input type="submit" name="g" value="后一页">
            </form>
        </td>
        <td>
            <form action="">
                <input type="text" name="showPage" value="1" size=5/>
                <input type="submit" name="g" value="提交">
            </form>
        </td>
        </tr>
    </table>
  </body>
</html>
```

ShowbuyPageBean 文件代码如下。

```
package bean;

import java.sql.Connection;
import java.sql.Driver Manager;
import java.sql.ResultSet;
import java.sql.SQLException;
import java.sql.Statement;

import com.sun.rowset.CachedRowSetImpl;
public class showbypageBean {
String className="com.MySQL.jdbc.Driver";
String url="jdbc:MySQL://localhost:3306/test";
String user="root";
String password="root";
Connection conn=NULL;
Statement stmt=NULL;
ResultSet rs=NULL;
int pageSize=0;//每页最多显示的记录数
int pageAllCount=0;//总共需要显示多少页
int showPage=1;//当前显示页
StringBuffer presentPageResult;//每页显示的表格字符串
CachedRowSetImpl rowSet;
public showbypageBean () {
    presentPageResult=new StringBuffer () ;
    try {
        Class.forName (className) ;
        System.out.println ("获取连接成功") ;
    } catch (ClassNotFoundException e) {
        e.printStackTrace () ;
        System.out.println ("获取连接失败") ;
```

```
    }
}
public void setPageSize (int size) {
    pageSize=size;//pageSize=2
    System.out.println (url) ;
    try {
        conn=Driver Manager.getConnection (url, user, password) ;
        stmt=conn.createStatement
(ResultSet.TYPE_SCROLL_SENSITIVE,ResultSet.CONCUR_READ_ONLY) ;
        String sql="select * from book";
        rs=stmt.executeQuery (sql) ;
        rowSet=new CachedRowSetImpl () ;
        rowSet.populate (rs) ;
        stmt.close () ;
        conn.close () ;
        rowSet.last () ;
        int m=rowSet.getRow () ;//得到从数据库中读取的记录总数
        int n=pageSize;
        pageAllCount= ((m%n) ==0? (m/n) : (m/n+1)) ;
        System.out.println ("获取数据成功") ;
    } catch  (SQLException e)  {
        e.printStackTrace () ;
    }

}

public int getShowPage ()  {
    return showPage;
}

public void setShowPage (int showPage)  {
    this.showPage = showPage;
}

public int getPageSize ()  {
    return pageSize;
}

public int getPageAllCount ()  {
    return pageAllCount;
}

public StringBuffer getPresentPageResult ()  {
    if  (showPage>pageAllCount)
        showPage=1;
    if  (showPage<=0)
        showPage=pageAllCount;
    presentPageResult=showRecord (showPage) ;
    System.out.println ("返回结果成功") ;
    return presentPageResult;
}
```

```
public StringBuffer showRecord (int page) {
    StringBuffer showMessage=new StringBuffer () ;
    //showMessage="<table border=1><tr><th width=50 align=center>书号</th><th width=100
align=center>书名</th>
    showMessage.append ("<table border=1>") ;
    showMessage.append ("<tr>") ;
    showMessage.append ("<th width=50 align=center>书号</th>") ;
    showMessage.append ("<th width=100 align=center>书名</th>") ;
    showMessage.append ("<th width=50 align=center>作者</th>") ;
    showMessage.append ("<th width=150 align=center>出版社</th>") ;
    showMessage.append ("<th width=50 align=center>单价</th>") ;
    showMessage.append ("</tr>") ;
    try {
        rowSet.absolute ((page-1) *pageSize+1) ;
        for (int i = 0; i < pageSize; i++) {
            showMessage.append ("<tr>") ;
            showMessage.append ( "<td width=50 align=center>"+new String
(rowSet.getString (1)) +"</td>") ;
            showMessage.append ( "<td width=100 align=center>"+new String
(rowSet.getString (2)) +"</td>") ;
            showMessage.append ( "<td width=50 align=center>"+new String
(rowSet.getString (3)) +"</td>") ;
            showMessage.append ( "<td width=150 align=center>"+new String
(rowSet.getString (4)) +"</td>") ;
            showMessage.append ( "<td width=50 align=center>"+new String
(rowSet.getString (5)) +"</td>") ;
            showMessage.append ("</tr>") ;
            rowSet.Next () ;
        }
    } catch (SQLException e) {
        e.printStackTrace () ;
    }
    showMessage.append ("</table>") ;
    System.out.println ("返回表格成功") ;
    return showMessage;
}
public static void main (String[] args) {
    showbypageBean sBean=new showbypageBean () ;
    sBean.setPageSize (2) ;
    System.out.println ("共有: "+sBean.getPageAllCount ()) ;
    System.out.println ("每页最多显示: "+sBean.getPageSize ()) ;
    System.out.println ("当前显示第:"+sBean.getShowPage ()) ;
    System.out.println (sBean.getPresentPageResult ()) ;
```

```
    }
}
```

【运行结果】

分页显示如图 7-11 所示。

图 7-11　分页显示

综合案例：购物车-引入数据库

本章节主要介绍引入数据库的一个完整的项目，以购物车为例，让读者学会前后台交互，通过使用数据库，进行一个完整的购物流程。

在 MyEclipse 中创建一个项目，文件结构及目录如图 7-12 所示。

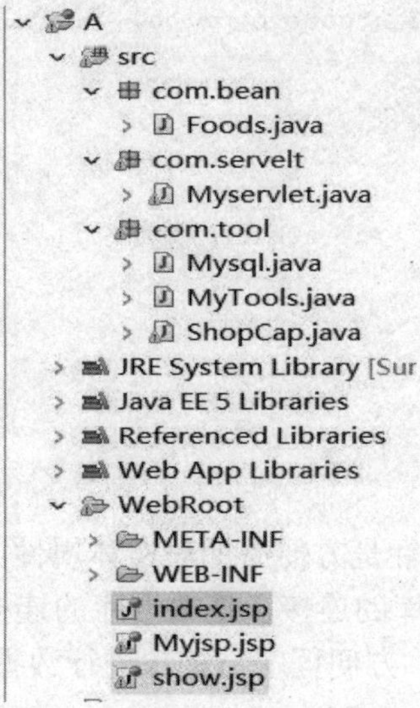

图 7-12　文件结构及目录

在 test 数据库中建一张 foods 表，字段分别为商品的 id，商品的名字 name，商品的价格 price

和商品购买的数量 num，test 数据库中 foods 表内容，如表 7-8 所示。

表 7-8　test 数据库中 foods 表内容

域名	类型	长度	小数点	允许值
id	int	4	0	☐
name	varchar	20	0	☐
price	double	8	1	☐
num	int	4	0	☐

在项目中根据 foods 表写一个 foods 表的 JAVABEAN foods.java 类。这类是为了以后再项目中可以得到 foods 这个实体类的相关属性。

【例 7-21】创建一个实体类。

代码如下。

```
28.  package com.bean;
29.  public class Foods {
30.      public int getId () {
31.          return id;
32.      }
33.      public void setId (int id) {
34.          this.id = id;
35.      }
36.      public String getName () {
37.          return name;
38.      }
39.      public void setName (String name) {
40.          this.name = name;
41.      }
42.      public double getPrice () {
43.          return price;
44.      }
45.      public void setPrice (double price) {
46.          this.price = price;
47.      }
48.      public int getNum () {
49.          return num;
50.      }
51.      public void setNum (int num) {
52.          this.num = num;
53.      }
54.      private int id;
55.      private String name;
56.      private double price;
57.      private int num;
58.
59.  }
```

Foods.java 类第 3 行至第 26 行是方便后期对实体属性的调用写的 get 和 set 方法。

建立数据库表就要进行数据库的连接，把数据库的连接与查询数据库和更新数据库的重复代码一起写入 MySQL.java 文件，方便程序员每次进行数据库的操作。

【例 7-22】

MySQL.java 的代码如下。

```
public class MySQL {

    private String driver="com.MySQL.jdbc.Driver";
```

```
    private String url="jdbc:MySQL://localhost:3306/";//注意不是 8080 数据库的端口号3306
    private String user=NULL;
    private String pass=NULL;
    private Connection conn=NULL;
    private Statement stmt=NULL;
    private ResultSet rs=NULL;
    public MySQL (String dataName,String user,String pass) {
        this.user=user;
        this.pass=pass;
        this.url+=dataName;
        try {
            Class.forName (driver) .newInstance () ;
        } catch  (Exception e)  {
            // TODO Auto-generated catch block
            e.printStackTrace () ;
        }
    }
    public void createConn () {
        try {
            this.conn=Driver Manager.getConnection (url,user,pass) ;
        } catch  (SQLException e)  {
            // TODO Auto-generated catch block
            System.out.println ("创建失败...") ;
            e.printStackTrace () ;
        }
    }
    public void createStmt () {
        this.createConn () ;
        try {
            stmt=conn.createStatement () ;
        } catch  (SQLException e)  {
            System.out.println ("创建执行 SQL 语句对象 失败...") ;
            e.printStackTrace () ;
        }
    }
    public boolean executeUpdate (String sql)
    {
        boolean mark=false;
        int result=-1;
        this.createStmt () ;
        try {
            result=stmt.executeUpdate (sql) ;
            if (result>0)
                mark=true;
            else
                mark=false;
        } catch  (SQLException e)  {
            mark=false;
            System.out.println ("更新失败..") ;
            e.printStackTrace () ;
        }
```

```
            return mark;
        }
        public ResultSet executeQuery (String sql)
        {
            this.createStmt () ;
            try {
                rs=stmt.executeQuery (sql) ;
            } catch  (SQLException e)  {
                System.out.println ("查询失败..") ;
                e.printStackTrace () ;
            }
            return rs;
        }
        public void close () {
                try {
                    if (rs!=NULL)  rs.close () ;
                    if (stmt!=NULL)  stmt.close () ;
                    if (conn!=NULL)  conn.close () ;
                } catch  (SQLException e)  {
                    System.out.println ("关闭失败...") ;
                    e.printStackTrace () ;
                }
        }
}
```

项目中的 MyTools.java 类是一个工具类，是把平时写项目经常用到且重复的代码，封装入 MyTools.java 文件中，方便每次调用。

【例 7-23】

工具类代码如下。

```
public class MyTools {
        public static String changeHTML (String source)
        {
            String changeStr="";
            changeStr=source.replace ("&", "%amp") ;
            changeStr=source.replace (" ", " ") ;
            changeStr=source.replace ("<", "&lt") ;
            changeStr=source.replace ("<", "&gt") ;
            changeStr=source.replace ("\r\n", "<br>") ;
            return changeStr;
        }
        /**
            处理中文乱码，并返回结果
         */
        public static String changeChine (String str)
        {
            if (str==NULL)  str="";
            try {
                str=new String (str.getBytes ("ISO-8859-1") ,"utf-8") ;
            }
            catch  (UnsupportedEncodingException e)  {
```

```
                str="";
                e.printStackTrace () ;
            }
            return str;
        }
        /**
            把时间格式化，显示成字符串格式
         */
        public static String changeDate (Date date)
        {
            SimpleDateFormat f=new SimpleDateFormat ("yyyy-MM-dd HH:mm:ss") ;
            return f.format (date) ;
        }
    }
```

MyTools.java 类中有三个方便调用的方法，分别是处里特殊字符的方法、处理中文乱码的方法和把时间转换成字符串格式的方法。在 WEB 项目中，从前端页面输入的中文到后台调用的方法有时会出现乱码。所以每次后台都要调用 change Chine 方法把每个数据都进行编码格式的转换防止乱码出现。而把时间格式化，再显示成字符串格式，也是方便对时间这种特殊格式数据的显示和传递。

工具类代码完成，接下来进入购物车项目的入口，写 index.jsp 的页面。

【例 7-24】

页面代码如下。

```
<html>
  <head>
    <title>My JSP 'index.jsp' starting page</title>
  </head>
  <body>
    欢迎使用购物车》》》
    <a href="servlet/Myservlet?action=go">进入</a>
    </body>
</html>
```

这个页面很简单，主要是为了进入 MyServlet 方法，从而在 Myservlet 方法中得到购物车方法中 go 方法，可以显示出可以购买的商品列表。在浏览器中输入 http://localhost:8 080/A/index.jsp 这个地址，购物车方法中 go 方法效果图，如图 7-13 所示。

图 7-13　购物车方法中 go 方法效果图

在点击进入之后，通过链接进入 MyServlet.java 类文件中，在 Myservlet.java 中，通过对 action 的解析，找到对应的方法进行下一步的操作。

【例 7-25】

Myservlet.java 文件中的代码如下。

```
1.  ...
2.  public void doGet (HttpServletRequest request, HttpServletResponse response)
3.      throws ServletException, IOException {
4.                  String url="/Myjsp.jsp";//重定向  '/' 开头表示 服务器根目录请求转发则是当前项目
5.                  String action = request.getParameter ("action") ;
6.                  String id =request.getParameter ("id") ;//购买哪种商品 传 数据库中对应的 id
7.                  ShopCap myCar= new ShopCap () ;
8.                  Foods food=new Foods () ;
9.                  boolean flag=false; //标记清空
10.                 ArrayList arr= new ArrayList () ;//存储 从数据库中  查询的 记录
11.                 if ("go".equals (action))
12.                     url="/show.jsp";
13.                 if ("buy".equals (action))
14.                     myCar.add (Integer.parseInt (id)) ;
15.                 //if (action.equals ("look"))
16.                 //   myCar.Query () ;
17.                 if ("remove".equals (action))
18.                     myCar.remove (Integer.parseInt (id)) ;
19.                 if ("clear".equals (action)) {
20.                     myCar.clear () ;
21.                     flag=true;
22.                 }
23.                 arr = myCar.Query () ;
24.                 if (flag)
25.                 {
26.                     arr=NULL;              }
27.                 request.setAttribute ("arr", arr) ;
28.                 Request Dispatcher rd=request.getRequest Dispatcher (url) ;
29.                 rd.forward (request, response) ;
30.
31.             }
32. ...
```

因为通过的是 href 链接，所以在 Myservlet 文件中的代码都要写在 doGet 方法中。在第 5 行代码定义一个 action 的字符串，让参数前台页面 action 的值赋予它。在第 11 行代码中找到匹配的字段，执行 12 行代码，跳到路径为 show.jsp 的页面。

在 show.jsp 页面首先执行的就是查询当前数据库中可以被购买的商品的名字，价格与数量。

【例 7-26】

购物车页面代码如下。

```
...
<%
     ArrayList array= (ArrayList) request.getAttribute ("arr") ;//获得保存在 request中范围
  %>
  <body>
  <table>
```

```
7.          <tr align="center" >
8.              <td>商品名称</td>
9.              <td>价格（元/斤）</td>
10.             <td>购买</td>
11.         </tr>
12.     <%
13.     if (array!=NULL&&array.size () !=0) {
14.         for (int i=0;i<array.size () ;i++)
15.         {
16.         Foods food = (Foods) array.get (i) ;//得到每一个商品
17.     %>
18.         <tr align="center" >
19.             <td><%=food.getName ()  %></td>
20.             <td><%=food.getPrice ()  %></td>
21.             <td><a href="../servlet/Myservlet?action=buy&id=<%=food.getId () %>">购买</a></td>
22.         </tr>
23.     <%  }
24.     }
25.     else{%>
26.         <tr><td>商品为空.....</td></tr>
27.     <% }
28.   %>
29.     <tr><td  colspan="2"><a  href="../servlet/Myservlet?action=look"> 查看购物车</a></td></tr>
30.   </table>
31.
32.   </body>
33. ...
```

第 3 行代码是在 shopCap.java 文件中得到的查询数据保存在 request 范围中，便于每次获取。13 到 17 行就是用来判断 request 范围中的商品是为 NULL 或者数量是否大于 0。如果不为 NULL 且数量大于 0，则跳到 19 到 20 行得到每一个商品的属性。如果不存在，则跳到 26 行，显示商品为空。商品不为空显示的效果图如图 7-14 所示。

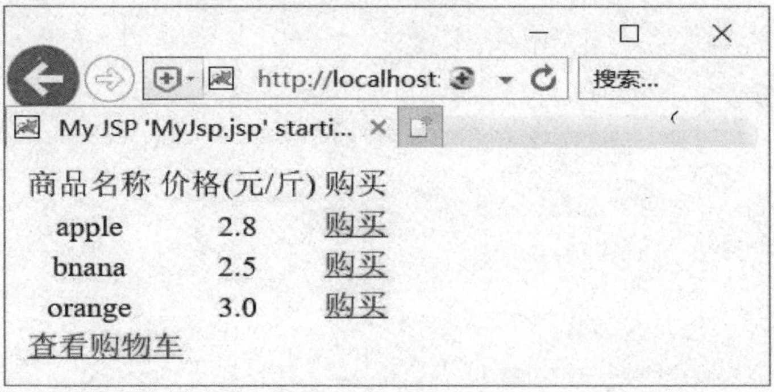

图 7-14　商品不为空显示的效果图

在进行点击购买，通过链接可以把 action 为 look 字符串和当前点击购买的商品的 ID 一并传递到 Myservlet.java 文件中。在文件中找到 action 被赋予的 look 的字符串，看到出现了 myCar.add 的方法，这时候就会跳转到 shopCap 的页面中去寻找 add 的方法。

【例 7-27】

为了实现购物车功能，shopCap.java 的代码如下。

```
public class ShopCap {

    private int num_;
    private int id_;
    private Foods food=NULL;
    private ResultSet rs=NULL;
    private MySQL my=NULL;
    private ArrayList array=NULL;
    public ShopCap () {
        my=new MySQL ("test","root","root") ;
    }

    public ArrayList Query () {
        String sql="select * from foods";
        rs=my.executeQuery (sql) ;//因为数据库就一条所以不用循环
        ArrayList arr=new ArrayList () ;
        //每一条记录都是一个 Foods 对象若是有多条记录则用集合类来保存
        try {
            while (rs.Next ())
            {
                Foods f=new Foods () ;//每次循环都是一条记录
                f.setId (rs.getInt ("Id")) ;
                f.setName (rs.getString ("Name")) ;
                f.setPrice (rs.getDouble ("price")) ;
                f.setNum (rs.getInt ("num")) ;
                arr.add (f) ;
            }
        } catch  (SQLException e)  {
            e.printStackTrace () ;
        }
        return  arr;
    }
    public void add (int id) {
        array = Query () ;//从数据库查询的记录
       for (int i=0;i<array.size () ;i++)
       {
        food= (Foods) array.get (i) ;
        if (food.getId () ==id)
        {
            id_=food.getId () ;
            num_=food.getNum () ;
            num_++;
            String sql="update foods set num="+num_+" where Id="+id_;
            my.executeUpdate (sql) ;
            break;
        }
       }
    }
```

```
49.     public void remove (int id) {
50.         array = Query () ;//从数据库 查询的记录返回给 Foods 类对象 f
51.         food =  (Foods) array.get (id-1) ;
52.         id_=food.getId () ;
53.         num_=food.getNum () ;
54.         if (num_>0)
55.             num_--;
56.         else
57.             num_=0;
58.         String sql="update foods set num="+num_+" where Id="+id_;
59.         my.executeUpdate (sql) ;
60.     }
61.     public void clear () {
62.         //数据库所有的商品变为  0
63.         num_=0;
64.         String sql="update foods set num="+num_;//修改 num 字段 所有值为  0
65.         my.executeUpdate (sql) ;
66.     }
```

整个购物车数据的操作方法都集合在里面了，13 行到 32 行的代码是得到 foods 数据表中的每条记录，是对数据库的查询操作。add 方法是得到 JSP 页面的 ID，然后进行数据库 ID 的匹配。找到 ID 相同的商品，修改 sql 语句修改 num 的值，num 增加，购买商品的数量就增加。Remove 方法是移除当前选择的商品的 num 值，只要 num 大于 0，这个商品就会在 MyJSP.jsp 页面中显示商品的属性。否则，这个商品将不能显示。而 clear 方法是把所有商品的 num 的值变为 0，在 MyJsp.jsp 页面中所有的商品都被清空了。

【例 7-28】

MyJSP.jsp 页面中的代码如下。

```
<%
    ArrayList array= (ArrayList) request.getAttribute ("arr") ;//获得保存在 request 中范围
    double total=0;
 %>
 <body>

 <table>
         <tr align="center" >
             <td>商品名称</td>
             <td>价格 (元/斤) </td>
             <td>数量</td>
             <td>总价</td>
             <td>移除</td>
         </tr>
    <%
    if (array!=NULL&&array.size () !=0) {
        for (int i=0;i<array.size () ;i++)
        {
            Foods food = (Foods) array.get (i) ;//得到每一个商品
            total+=food.getPrice () *food.getNum ()  ;
```

```
21.             if (food.getNum () !=0) {
22.     %>
23.         <tr align="center" >
24.             <td><%=food.getName ()  %></td>
25.             <td><%=food.getPrice ()  %></td>
26.             <td><%=food.getNum ()  %></td>
27.             <td><%=food.getPrice () *food.getNum ()  %></td>
28.             <td><a    href="../servlet/Myservlet?action=remove&id=<%=food.getId
() %>">移除</a></td>
29.         </tr>
30.     <%}
31.         }
32.     }
33.     else{%>
34.         <tr><td>商品为空.....</td></tr>
35.     <% }
36.   %>
37.   </table>
38.   <br>
39.         [应付金额:<%=total%> (元) ]
40.         [<a href="../servlet/Myservlet?action=go">继续购物</a>]
41.         [<a href="../servlet/Myservlet?action=clear">清空购物车</a>]
42.   </body>
43. </html>
```

这个页面的核心代码在第 21 行，可以看到商品的属性是否显示都是通过 num 值来判断的。只有 num 不为 0，才有商品显示，否则没有。而继续购物和清空购物车将会跳转到 Myservlet.java 文件中，找到对应的 action，到 shopCap 中找到对应的方法再跳转到 Myservlet 中，通过请求转发到相应的路径中。这样前后台交互的流程就完成了。

下面是整个购物车的运行结果图，添加商品成功后如图 7-15，删除商品后如图 7-16 所示。

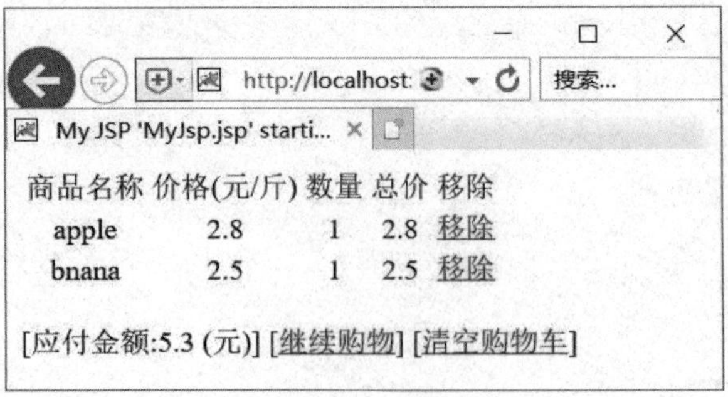

图 7-15　添加商品成功

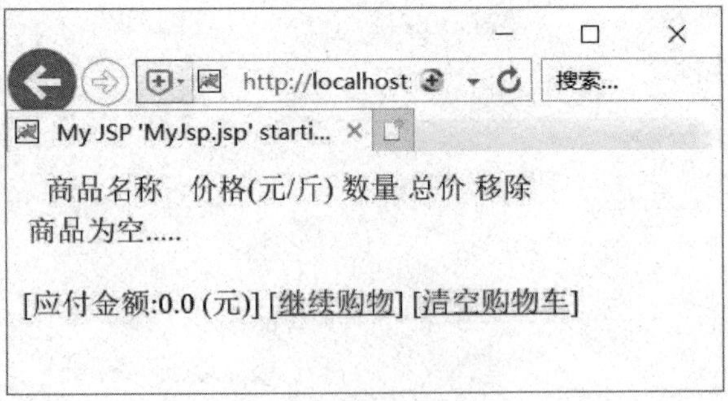

图 7-16　删除商品

综合拓展案例：考试报名

本章节针对数据库的运用，拓展一个考试报名系统。在该系统中，将实现通过学号对不同的考试进行报名、取消报名及缴费状态的修改等操作。

首先，在数据库中建一张 member 表，字段分别为 id（mid）、学生学号（uid）、考试类型

（mtype）及缴费状态（mstate）。member 表内容，如表 7-9 所示。

表 7-9 member 表内容

域名	类型	长度	小数点	允许空值	
mid	int	11	0	☐	1
uid	int	11	0	☐	
mtype	int	11	0	☐	
mstate	int	11	0	☐	

在项目中根据 Member 表写一个 Member 表的 JAVABEAN Member.java 类。这个类是为了以后再项目中可以得到 Member 实体类的相关属性。代码如下。

```
package com.bean;

public class Member {
    private int M_ID;
    private int U_ID;
    private int M_Type;
    private int M_State;

    public void setM_ID (int m_ID) {
        M_ID = m_ID;
    }

    public int getM_ID () {
        return M_ID;
    }

    public void setM_Type (int m_Type) {
        M_Type = m_Type;
    }

    public int getM_Type () {
        return M_Type;
    }

    public void setU_ID (int u_ID) {
        U_ID = u_ID;
    }

    public int getU_ID () {
        return U_ID;
    }

    public void setM_State (int m_State) {
        M_State = m_State;
    }

    public int getM_State () {
        return M_State;
    }
}
```

然后，建立了数据库表就要进行数据库的连接，方便程序员每次进行数据库的操作。MySQL.java 的代码如下。

```
package com.tool;
```

```
import java.sql.*;
public class MySQL {

    private String driver="com.MySQL.jdbc.Driver";
    private String url="jdbc:MySQL://localhost:3306/";//注意不是 8080  数据库的端口
号 3306
    private String user=NULL;
    private String pass=NULL;
    private Connection conn=NULL;
    private Statement stmt=NULL;
    private ResultSet rs=NULL;

    public MySQL (String dataName,String user,String pass) {
        this.user=user;
        this.pass=pass;
        this.url+=dataName;

        try {
            Class.forName (driver) .newInstance () ;
        } catch  (Exception e)  {
            // TODO Auto-generated catch block
            e.printStackTrace () ;
        }
    }
    public void createConn () {
        try {
            this.conn=Driver Manager.getConnection (url,user,pass) ;
        } catch  (SQLException e)  {
            // TODO Auto-generated catch block
            System.out.println ("创建失败...") ;
            e.printStackTrace () ;
        }
    }
    public void createStmt () {
        this.createConn () ;
        try {
            stmt=conn.createStatement () ;
        } catch  (SQLException e)  {
            System.out.println ("创建执行 SQL 语句对象 失败...") ;
            e.printStackTrace () ;
        }
    }

    private int keyValue;
    public int getKey () {
        return keyValue;
    }
    public boolean executeUpdate (String sql)
    {
        boolean mark=false;
        int result=-1;
        this.createStmt () ;
        try {
```

```
                result=stmt.executeUpdate (sql) ;

                if (result>0) {
                    mark=true;
                    ResultSet generatedKeys = stmt.getGeneratedKeys () ;
                    while (generatedKeys.Next ()) {
                        keyValue = generatedKeys.getInt (1) ;
                    }
                }
                else{
                    mark=false;
                }
            } catch  (SQLException e)  {
                mark=false;
                System.out.println ("更新失败..") ;
                e.printStackTrace () ;
            }
            return mark;
        }
        public ResultSet executeQuery (String sql)
        {
            this.createStmt () ;
            try {
                rs=stmt.executeQuery (sql) ;
            } catch  (SQLException e)  {

                System.out.println ("查询失败..") ;
                e.printStackTrace () ;
            }
            return rs;
        }
        public void close () {

                try {
                    if (rs!=NULL)  rs.close () ;
                    if (stmt!=NULL)  stmt.close () ;
                    if (conn!=NULL)  conn.close () ;
                } catch  (SQLException e)  {
                    System.out.println ("关闭失败...") ;
                    e.printStackTrace () ;
                }
        }

}
```

准备工作做好之后，接下来写一个 index.jsp 的页面，代码如下。

```
<html>
  <head>
    <title>My JSP 'index.jsp' starting page</title>
  </head>
  <body>
    【考试报名通道】
```

```
    <form action="servlet/Myservlet" method="get" >
        <input id="uid" name="uid" /></br>
        <input   id="action"   name="action"   value="go"   style="visibility: hidden"/></br>
        <button type="submit">进入</button>
    </form>
    </body>
</html>
```

页面中通过 form 表单的形式，输入学生学号，进入到对应学生的报名考试页面。首先在浏览器中输入 http://localhost:8 080/B/index.jsp 地址，考试报名通道效果图，如图 7-17 所示。

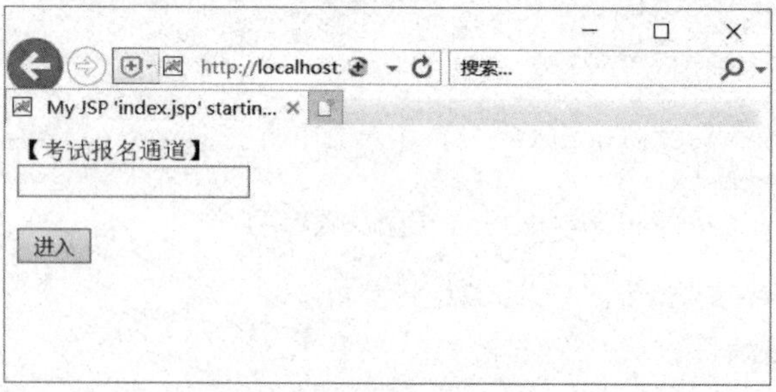

图 7-17　考试报名通道效果图

在点击进入之后，通过表单的形式，传递参数进入 MyServlet.java 类文件中。注意图片中可以看到一个输入框，是用来输入学生学号。代码中另一个输入框被隐藏了，是为了传递 action 的参数，可以看到 action 的参数固定为“go”。在 Myservlet.java 中，再通过对 action 的解析，找到对应的方法进行下一步的操作。Myservlet.java 文件中的代码如下。

```
...
public void doGet (HttpServletRequest request, HttpServletResponse response)
    throws ServletException, IOException {
            String url = "/show.jsp";
            String action = request.getParameter ("action") ;
            int id = 0;
            if (request.getParameter ("uid")  != NULL && request.getParameter ("uid")  != "") {
                id = Integer.parseInt (request.getParameter ("uid")) ;
            }

            int mid = 0;
            if (request.getParameter ("mid")  != NULL && request.getParameter ("mid")  != "") {
                mid = Integer.parseInt (request.getParameter ("mid")) ;
            }

            int type = 0;
            if (request.getParameter ("type")  != NULL && request.getParameter ("type")  != "") {
                type = Integer.parseInt (request.getParameter ("type")) ;
            }

            UserCenter userCenter= new UserCenter () ;
            Member member = new Member () ;
```

```
                        boolean flag = false; //标记清空
                        ArrayList arr = new ArrayList () ;//存储 从数据库中 查询的 记录
                        if ("go".equals (action)) {
                            url="/show.jsp";
                        }
                        if ("add".equals (action)) {
                            if (type > 0) {
                                boolean add = userCenter.add (id, type) ;
                                if (!add) {
                                    url="/errorjsp.jsp";
                                }
                            }
                        }
                        if ("remove".equals (action))
                        {
                            userCenter.remove (mid) ;
                        }
                        if ("change".equals (action))
                        {
                            userCenter.change (mid) ;
                        }

                        arr = userCenter.Query (id) ;

                        request.setAttribute ("arr", arr) ;
                        Request Dispatcher rd=request.getRequest Dispatcher (url) ;
                        rd.forward (request, response) ;
        }
...
```

通过 form 表单的形式进行提交，指定传递的方式是 get 方式，所以在 Myservlet 文件中的代码也写在 doGet 方法中。通过找到匹配的 action 方法并执行相应的数据库操作，最终跳到路径为 show.jsp 的页面中。

在 show.jsp 页面将显示对应学生学号所报名的考试项目，以及对考试项目的报名选择、取消报名、缴费等操作进行显示。代码如下。

```
...
<%
    ArrayList array= (ArrayList) request.getAttribute ("arr") ;//获得 保存在 request 中范围
 %>
 <body>

 <%
    if (request.getParameter ("uid") !="" && request.getParameter ("uid") != NULL && Integer.parseInt (request.getParameter ("uid")) != 0) {

  %>
    学号: <%= Integer.parseInt (request.getParameter ("uid")) %>
    </br>
    <table border="1">
        <tr>
```

```
                <td>学生学号</td>
                <td>考试类型</td>
                <td>缴费状态</td>
                <td>操        作</td>
            </tr>
            <%
        if (array!=NULL&&array.size () !=0) {
            for (int i=0;i<array.size () ;i++)
            {
            Member mem = (Member) array.get (i) ;//得到每一个商品
        %>
            <tr align="center" >
                <td><%=mem.getU_ID ()  %></td>
                <td>

                <%if (mem.getM_Type ()  == 1) { %>
                A 考试
                <%}else if (mem.getM_Type ()  == 2) { %>
                B 考试
                <%}else if (mem.getM_Type ()  == 3) { %>
                C 考试
                <%} %>

                </td>
                <td>
                <%if (mem.getM_State ()  == 0) { %>
                    <a  href="../servlet/Myservlet?action=change&uid=<%=mem.getU_ID () %>&mid=<%=mem.getM_ID () %>">缴费</a>
                <% }else{%>
                    已缴费
                <%} %>
                </td>
                <td>
                <a      href="../servlet/Myservlet?action=remove&uid=<%=mem.getU_ID () %>&mid=<%=mem.getM_ID () %>">删除</a>
                </td>
            </tr>
        <%   }
        }
        else{%>
            <tr><td>未报名.....</td></tr>
        <% }
    %>
        </table>

        </br>
        报名考试:
        <form action="">
        <select id="type" name="type">
            <option id="op1" value="1">A 考试</option>
            <option id="op2" value="2">B 考试</option>
            <option id="op3" value="3">C 考试</option>
```

```
        </select>
        </br>
        <button type="submit" >提交报名 </button>
        <input id="action" name="action" value="add" style="visibility: hidden"/>
        <input  id="uid"  name="uid"  value=<%=  request.getParameter  ( "uid" )  %>
style="visibility: hidden"/>
        </form>

    <%
    }else{ %>

        全部报名信息:
        <table border="1">
            <tr>
                <td>学生学号</td>
                <td>考试类型</td>
                <td>缴费状态</td>
            </tr>
            <%
        if (array!=NULL&&array.size () !=0) {
            for (int i=0;i<array.size () ;i++)
            {
            Member mem = (Member) array.get (i) ;//得到每一个商品
        %>
            <tr align="center" >
                <td><%=mem.getU_ID ()  %></td>
                <td>
                <%if (mem.getM_Type ()  == 1) { %>
                A 考试
                <%}else if (mem.getM_Type ()  == 2) { %>
                B 考试
                <%}else if (mem.getM_Type ()  == 3) { %>
                C 考试
                <%} %>
                </td>
                <td>
                <%if (mem.getM_State ()  == 0) { %>
                    缴费
                <% }else{%>
                    已缴费
                <%} %>
                </td>
            </tr>
        <%   }
        }
        else{%>
            <tr><td>未报名.....</td></tr>
        <% }
    %>
        </table>
    <%} %>
    </body>
...
```

在代码中，首先对学生的学号进行判断，学生学号大于 0，所以对于学生和非学生所看到的信息有所不同。其次通过学生学号，对数据库查询出该学生所报名的考试项目，经过一系列的判断可以显示出不同的效果。学生考试项目不同信息展示效果图，如图 7-18 所示。

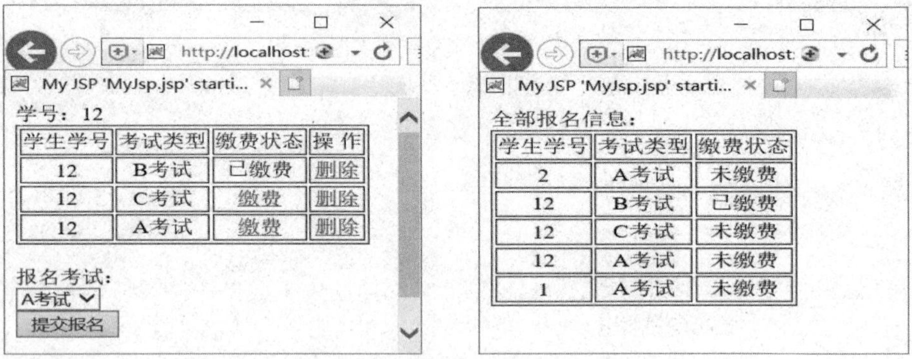

图 7-18　学生考试项目不同信息展示效果图

在通过点击提交报名或者是缴费、删除等操作，都是通过链接或者是表单的形式，传递 action 到 Myservlet.jave 中，进行识别并执行不同的数据库操作。对数据库处理的类，以下是 UserCenter.jave 的代码。

```
package com.tool;

import java.sql.ResultSet;
import java.sql.SQLException;
import java.util.ArrayList;

import com.bean.Member;

public class UserCenter {

    private Member member=NULL;
    private ResultSet rs=NULL;
    private MySQL my=NULL;
    private ArrayList array=NULL;

    public UserCenter () {
        my=new MySQL ("test","root","root") ;
    }

    //查询所有报名信息或查询自己报名的信息
    public ArrayList Query (int uid) {

        String sql="select * from B_member";
        if (uid > 0) {
            sql = "select * from B_member where uid = " + uid;
        }
        rs=my.executeQuery (sql) ;//因为数据库就一条 所以不用循环
        ArrayList arr=new ArrayList () ;
        //每一条记录 都是 一个  对象   若是有多条记录则 用 集合类   来保存
        try {
            while (rs.Next ())
            {
```

```
                    Member m=new Member () ;//每次循环 都是一条记录
                    m.setM_ID (rs.getInt ("mid")) ;
                    m.setM_State (rs.getInt ("mstate")) ;
                    m.setM_Type (rs.getInt ("mtype")) ;
                    m.setU_ID (rs.getInt ("uid")) ;
                    arr.add (m) ;
                }
        } catch  (SQLException e)  {
            e.printStackTrace () ;
        }
        return  arr;
    }

    //增加一个报名信息
    public boolean add (int uid,int type) {
        array = Query (uid) ;
        boolean have = false;
        for (int i=0;i<array.size () ;i++)
        {
            Member m = (Member) array.get (i) ;
            if (m.getM_Type ()  == type) {
                have = true;
                break;
            }
        }
        if (!have) {
            //未报名 提交报名
            String sql = "insert into B_member (uid,mtype,mstate)  values ("+uid + "," + type +",0) ";
            boolean success = my.executeUpdate (sql) ;
            return true;
        }else{
            //已经报过名了
            return false;
        }
    }

    //取消报名
    public void remove (int mid) {
        String sql = "delete from B_member where mid = " + mid;
        my.executeUpdate (sql) ;
    }

    //修改报名状态
    public void change (int mid) {
        String sql = "update B_member set mstate = 1 where mid = " + mid;
        my.executeUpdate (sql) ;
    }
}
```

在上面的代码中，在可以看到整个考试报名系统中，与数据库进行交互的 SQL 语句。

本章小结

本章首先介绍了 JDBC 的概念、JDBC 的核心 API、Driver Manager 管理器、Connection 接口、Statement 接口、Prepared Statementj 接口、ResultSet 接口；其次介绍了 JDBC 访问数据库的工作过程；最后介绍了加载 JDBC 驱动程序、创建指定数据库的 URL、创建与数据库的连接、创建 Statement 实例。通过本章的学习，帮助读者掌握 JSP 开发动态网站并学会应用。

课后习题 7

一、选择题

1．在 Java 中，JDBC 是指（　　）。

A．Java 程序与数据库连接的一种机制　　B．Java 程序与浏览器交互的一种机制

C．Java 类库名称　　D．Java 类编译程序

2．SQL SELECT 语句中的 WHERE 用于说明（　　）。

A．查询分组　　B．查询条件

C．查询排序　　D．查询数据

3．查找条件为：姓名不是 NULL 的记录（　　）。

A．WHERE NAME NOT NULL　　B．WHERE NAME ! NULL

C．WHERE NAME IS NOT NULL　　D．WHERE NAME!=NULL

4．JDBC 中，用于表示数据库连接的对象是？（　　）

A．Prepared Statement　　B．Driver Manager

C．Connection　　D．Statement

5．ResultSetMetaData rsmd = rs．getMetaData（）是什么意思（　　）。

A．取得列数

B．得到结果集（rs）的结构，比如字段数、字段名等

C．返回表名

D．取得行数

二、填空题

1．_________对象是 executeQuery（）方法的返回值，被称为_______，代表符合 SQL 语句条件的所有行，并且通过一套 getXXX 方法（这些 get 方法可以访问当前行中的不同列）提供了对这些行中数据的访问。

2．JDBC 可做三件事：________________、________________、____________。

3．有三种 Statement 对象：_____________、_____________、_____________（从 Prepared Statement 继承）。

4. Statement 接口的＿＿＿＿＿＿＿＿方法一般用于执行 SQL 的 insert、update 或 delete 语句。

三、解答题

1．简述 Statement 与 Prepared Statement 接口之间的区别。

2．使用 JDBC 完成对 MySQL 中 user 表的增、删、改、查功能，如表 7-10 所示。

表 7-10　user 表的增、删、改、查功能

域名	类型	长度	小数点	允许空值
userId	int	10	0	☐
username	varchar	20	0	☐
userpass	varchar	20	0	☐
telephone	varchar	10	0	☐
email	varchar	10	0	☐

（1）向 user 表中添加 1 号，张晶晶、密码为 123456、手机号为 13567892109、邮箱为 567891045@qq.com。添加 2 号，王图、密码为 888888、手机号为 18924576135、邮箱为 987622346@qq.com 的两条信息。

（2）把所有 user 表的信息查询出来。

（3）查询出名字里面有张的人的信息。

（4）修改张晶晶的密码。

（5）删除王图的信息。

第 8 章　JSP 开发模式

设计模式（Design pattern）是一套被反复使用、多数人知晓的、经过分类编目的、代码设计经验的总结。使用设计模式是为了可重用代码、让代码更容易被他人理解、保证代码可靠性。本章主要介绍 JSP 开发中常用的几种模式，并对比其优缺点，从而对 Java Web 流行的 MVC 设计模式进行重点论述与实现。

本章是将前面所有知识综合运用的重点章节，为后面的 JSP 综合项目的学习打下基础。

学习目标

- 掌握 JSP 页面开发。
- 掌握 JSP 开发模式 1。
- 掌握 JSP 开发模式 2。
- 掌握 MVC 设计模式。
- 熟悉 JSP 开发中 MVC 设计模式的具体实现流程。

任务陈述

进行 JSP 项目开发，为了提高项目的代码重用性、代码的可维护性和尽可能降低程序的耦合性，应该选择以下架构和开发模式。

分析：首先明确分层架构的优点。这种模式可以用来构造，也可以分解为多个子任务的程序。每个子任务都处于一个特定的抽象级别，每个层都为下一个提供更高层次服务。分层模式的关键点在于确定依赖，即通过分层。可以限制子系统间的依赖关系，使系统以更松散的方式耦合，从而更易于维护；其次明确 JSP 开发中常用几种开发模式的优缺点；再次熟悉 MVC 设计模式的流程；最后综合运用本课程所学内容。

相关知识

8.1　纯 JSP 页面编程

在 JSP 编程模式下，通过应用 JSP 中的脚本标志，可以直接在 JSP 页面中实现各种功能。虽然这种模式很容易实现，其缺点也非常明显。因为将大部分的 Java 代码与 HTML 代码混淆在一起，会给程序的维护和调试带来很多困难，而且难以理清完整的程序结构。纯 JSP 页面编程模型如图 8-1 所示。

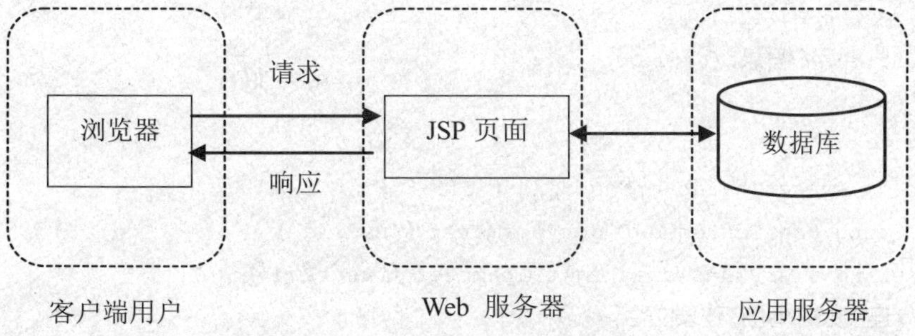

图 8-1 纯 JSP 页面编程模型

从图 8-1 中可以看出，这种开发模式由 JSP 页面独立完成所有的请求和响应任务。虽然纯 JSP 页面编程也能够适应小型 Web 应用的需求，但代码的重用性和可维护性都非常差。

下面通过具体实例分析纯 JSP 页面编程。

【例 8-1】纯 JSP 页面实现用户登录验证。

login.jsp 代码如下。

```
<%@ page language="java" import="java.util.*" pageEncoding="UTF-8"%>
<!DOCTYPE HTML PUBLIC "-//W3C//DTD HTML 4.01 Transitional//EN">
<html>
  <head>
    <title>用户登录</title>
  </head>
  <body>
     <form action="doLogin.jsp" method="post">
     <table align="center" width="256" height="200" bgcolor="lightBlue">
        <tr>
           <td colspan="2" align="center">
              <b>用户登录</b>
           </td>
         </tr>
        <tr>
           <td width="60" align="right">账号:</td>
           <td><input type="text" name="userId"/></td>
        </tr>
        <tr>
           <td align="right">密码:</td>
           <td><input type="password" name="userPwd"/></td>
        </tr>
        <tr>
           <td colspan="2" align="center">
              <input type="submit" value="登录">
                   
              <input type="button" value="注册"">
           </td>
        </tr>
     </table>
     </form>
  </body>
</html>
```

doLogin.jsp 代码如下。

```
<%@ page language="java" import="java.util.*,java.sql.*" pageEncoding="UTF-8"%>
```

```
2.  <!DOCTYPE HTML PUBLIC "-//W3C//DTD HTML 4.01 Transitional//EN">
3.  <html>
4.    <head>
5.      <title>用户登录</title>
6.    </head>
7.    <body>
8.    <%
9.       request.setCharacterEncoding ("UTF-8") ;
10.      String userId=request.getParameter ("userId") ;
11.      String userPwd=request.getParameter ("userPwd") ;
12.      //连接数据库进行登录校验
13.      Class.forName ("com.MySQL.jdbc.Driver") ;
14.      String url="jdbc:MySQL://localhost:3306/Web";
15.      Connection conn=Driver Manager.getConnection (url, "root", "root") ;
16.      String sql="select * from user where userId='" + userId +"'";
17.      Statement stmt=conn.createStatement () ;
18.      ResultSet rs=stmt.executeQuery (sql) ;
19.      if (rs.Next ()) {
20.          if (userPwd.equals (rs.getString ("userPwd"))) {
21.              out.print ("<script>alert ('恭喜你, 登录成功!...') ;</script>") ;
22.              response.setHeader ("refresh","0;url=main.jsp") ;
23.          }
24.          else{
25.              out.print ("<script>alert ('账号或密码错误,请重新登录!') ;</script>") ;
26.              response.setHeader ("refresh","0;url=login.jsp") ;
27.          }
28.      }
29.      else{
30.          out.print ("<script>alert ('账号或密码错误,请重新登录!') ;</script>") ;
31.          response.setHeader ("refresh","0;url=login.jsp") ;
32.      }
33.      rs.close () ;
34.      stmt.close () ;
35.      conn.close () ;
36.   %>
37.   </body>
38. </html>
```

【程序说明】

login.jsp 页面完成表单输入用户账号和密码，使用 HTML 完成即可。doLogin.jsp 页面不仅要获得用户输入的登录数据（行号 9~11 代码）；还要连接数据库获取用户信息（行号 13~18 代码）；然后对登录的账户信息进行登录验证（行号 20~32 代码）；再后将验证结果返回给用户（行号 22、26、31 代码）；最后关闭数据库（行号 33~35 代码）。

【运行结果】

用户登录运行效果图，如图 8-2 所示。

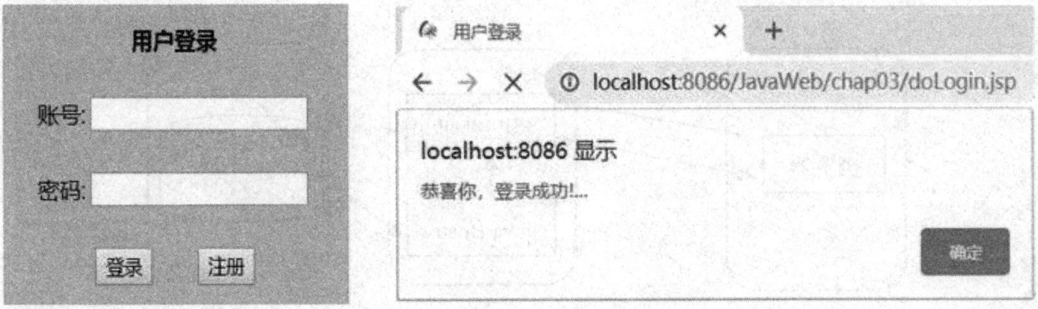

图 8-2　用户登录运行效果图

这种开发模式中用户的请求、业务逻辑控制、数据库的访问、数据的处理、数据的显示、用户的响应等操作都是由 JSP 页面完成。从而导致 JSP 页面臃肿，逻辑复杂，维护性、可读性差，代码全部耦合在一起。不符合软件开发规范。

这就好比管理一个大型企业，如果将负责不同任务的所有员工都安排在一起工作，势必会造成公司秩序混乱、不易管理等许多隐患。所以通常都会把员工归纳到不同的部门，进行分层次、分级别的协调管理。所以说单纯的 JSP 页面编程模式是无法应用到大型、中型甚至小型的 Java Web 应用程序开发中的，从而也需要进行分层设计和管理。

8.2　JSP 设计模式 1

分层模式也称为多层体系架构模式。用来构造可以分解为子任务组的程序，每个子任务都处于一个特定的抽象级别。每个层都为下一个提供更高层次服务。分层模式的关键点在于确定依赖，即通过分层。可以限制子系统间的依赖关系，使系统以更松散的方式耦合，从而更易于维护。区分层次的目的是为了“高内聚低耦合”的思想。

在软件体系架构设计中，分层式结构是最常见，也是最重要的一种结构。每个软件系统都需要通过层（layer）来隔离不同的关注点，以此应对不同的需求变化，使得这种变化可以独立进行，此外分层架构模式也是隔离业务复杂度与技术复杂度的利器。实际开发中，每层都对应一个模块，实际表现为一个包（package）。

分层模式的特点如下。

（1）每个模块必须属于某个层次，为上层提供服务；同时委派任务给下层模块。

（2）任何一个模块，都不能逆层次调用；属于下层的模块，不得调用（耦合）上层或上层次的模块。任何一个模块，都不得跨层次调用。

将纯 JSP 页面开发模型进行改进，借助于组件技术（JavaBean）进行部分业务的处理。这种模型称为 JSP Model1 开发模型，也称为 JSP 开发模式 1。JSP Model1 开发模型如图 8-3 所示。

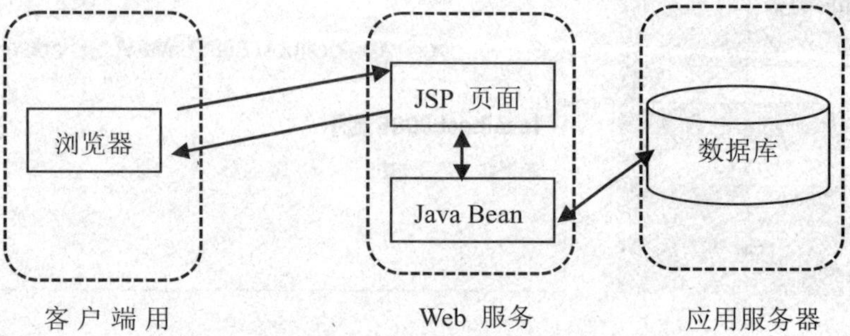

图 8-3　JSP Model1 开发模型

这种模型中，JSP 页面和 JavaBean 共同协作完成请求和响应任务。基本适应小型 Web 应用的需求，但代码的重用性和可维护性还是比较差。

JSP+JavaBean 编程模式是 JSP 程序开发经典设计模式之一，适合小型或中型网站的开发。利用 JavaBean 技术方便完成一些业务逻辑上的操作，例如数据库的连接、用户登录与注销等。

JavaBean 是遵循规则的 Java 类，在程序的开发中，将要进行的业务逻辑封装到这个类中。在 JSP 页面中，还可以通过创建这个类对象，调用其相关方法，从而执行这个业务逻辑。此时的 JSP 除了负责部分流程的控制外，主要用来进行页面的显示，而 JavaBean 则负责业务逻辑的处理等。下面通过具体案例进行分析。

【例 8-2】JSP + JavaBean 实现用户登录验证。

login.jsp 代码和例 8-1 完全一样。

在此引入 c3p0 数据库连接池完成数据库操作。

（1）首先导入 c3p0 的支撑 jar 包到项目中。

（2）然后在 classpath 下面配置文件 c3p0-config.xml，内容代码如下。

```
<?xml version="1.0" encoding="UTF-8"?>
<c3p0-config>
   <default-config>
      <property name="driverClass">com.MySQL.jdbc.Driver</property>
      <property name="jdbcUrl">jdbc:MySQL://localhost:3306/Web</property>
      <property name="user">root</property>
      <property name="password">root</property>
      <property name="initialPoolSize">5</property>
      <property name="maxPoolSize">20</property>
   </default-config>
   <named-config name="MySQL">
      <property name="driverClass">com.MySQL.jdbc.Driver</property>
      <property name="jdbcUrl">jdbc:MySQL://localhost:3306/Web</property>
      <property name="user">root</property>
      <property name="password">root</property>
      <property name="initialPoolSize">5</property>
      <property name="maxPoolSize">20</property>
   </named-config>
</c3p0-config>
```

（3）最后创建工具类 JavaBean，完成数据库操作 C3P0Util.java，内容代码如下。

```
public class C3P0Util {
     private static ComboPooledDataSource dataSource=NULL;
     private Connection conn=NULL;
     private Prepared Statement stmt=NULL;
     private ResultSet result=NULL;
```

```
    public C3P0Util (String name) {
        if (dataSource == NULL)
            dataSource = new ComboPooledDataSource (name) ;
        ctry {
         conn = dataSource.getConnection () ;
      }
        catch  (SQLException e)  {
         throw new RuntimeException (e) ;
      }
   }
   public static DataSource getDataSource ()  {
      return dataSource;
   }
   public Connection getConnection ()  {
      return conn;
   }
   public ResultSet query (String sql,Object... params) {
         if (conn != NULL) {
             try {
                 stmt = conn.prepareStatement (sql) ;
                 for (int i = 0; i < params.length; i++)
                     stmt.setObject (i+1, params[i]) ;
                 result = stmt.executeQuery () ;
             }
             catch  (SQLException e)  {
                 e.printStackTrace () ;
             }
         }
         return result;
    }
    public int update (String sql,Object... params) {
         int result = -1;
         if (conn != NULL) {
             try {
                 stmt = conn.prepareStatement (sql) ;
                 for (int i = 0; i < params.length; i++)
                     stmt.setObject (i+1, params[i]) ;
                 result = stmt.executeUpdate () ;
             }
             catch  (SQLException e)  {
                 e.printStackTrace () ;
             }
         }
         return result;
    }
    public void close () {
         try {
             if (result!=NULL) {
                 result.close () ;
                 result=NULL;
```

```
                }
                if (stmt!=NULL) {
                    stmt.close () ;
                    stmt=NULL;
                }
                if (conn!=NULL) {
                    conn.close () ;
                    conn=NULL;
                }
            }
            catch  (SQLException e)  {
                e.printStackTrace () ;
            }
        }
}
```

doLogin.jsp 修改如下。

```
<%@ page import="java.util.*,java.sql.*,jxcia.util.*" pageEncoding="UTF-8"%>
<!DOCTYPE HTML PUBLIC "-//W3C//DTD HTML 4.01 Transitional//EN">
<html>
  <head>
    <title>用户登录</title>
  </head>
  <body>
  <%
     request.setCharacterEncoding ("UTF-8") ;
     String userId=request.getParameter ("userId") ;
     String userPwd=request.getParameter ("userPwd") ;
     //连接数据库进行登录校验
     C3P0Util db=new C3P0Util () ;
     String sql="select * from user where userId='" + userId +"'";
     ResultSet rs=db.query (sql) ;
     if (rs.Next ()) {
         if (userPwd.equals (rs.getString ("userPwd"))) {
             out.print ("<script>alert ('恭喜你，登录成功!...') ;</script>") ;
             response.setHeader ("refresh","0;url=main.jsp") ;
         }
         else{
             out.print ("<script>alert ('账号或密码错误,请重新登录!') ;</script>") ;
             response.setHeader ("refresh","0;url=login.jsp") ;
         }
     }
     else{
         out.print ("<script>alert ('账号或密码错误,请重新登录!') ;</script>") ;
         response.setHeader ("refresh","0;url=login.jsp") ;
     }
     db.close () ;
  %>
  </body>
</html>
```

【程序说明】

login.jsp 完成用户登录信息的输入和提交；C3P0Util 工具类 JavaBean 完成对数据库操作的封装；doLogin.jsp 页面完成登录验证，但数据库操作借助 JavaBean 简化一些。

【运行结果】

JSP 设计模式 1 对客户端的请求进行处理的过程，说明如下。

（1）用户通过客户端浏览器请求服务器。

（2）服务器接收用户请求后调用 JSP 页面。

（3）在 JSP 页面中调用 JavaBean。

（4）在 JavaBean 中连接及操作数据库，或实现其他业务逻辑。

（5）JavaBean 将执行的结果返回 JSP 页面。

（6）服务器读取 JSP 页面中的内容（将页面中的静态内容与动态内容相结合）。

（7）服务器将最终的结果返回给客户端浏览器进行显示。

可以看出，JSP Model 1 设计模式具有一个相对比较清晰的程序结构，在 JSP 技术的起步阶段，该模式曾被广泛应用。优点是：这种架构模型非常适合小型 Web 项目的快速开发，而且对 Java Web 开发人员的技术水平要求不高。但也有弱点，主要表现在以下几方面。

（1）HTML 和 Java 强耦合在一起，导致页面设计与逻辑处理无法分离。

（2）程序可读性差，调试困难，不利于维护。

（3）程序功能划分不清。

但此时代码依然堆积在 JSP 页面部分，虽然 JavaBean 分担了业务逻辑和数据库梳理等操作，但还是需要在 JSP 页面创建和调用。使得 JSP 页面的既要完成逻辑控制，还要完成数据处理和数据显示的功能。

8.3　JSP 设计模式 2

JSP + JavaBean 设计模式虽然已经对网站的业务逻辑和显示页面进行了分离，但这种模式下的 JSP 不但要控制程序中的大部分流程，而且还要负责页面的显示，所以仍然不是一种理想的设计模式。在 JSP Model 1 基础上发展起来的 JSP Model 2 体系结构是把 JSP 和 Servlet 技术联合使用来实现动态内容服务的方法，加入 Servlet 来实现程序中的控制层，是一个很好的选择，如图 8-4 所示。

JSP 设计模式 2 吸取了两种技术各自的优点，用 JSP 生成表现层的内容，让 Servlet 完成深层次的处理任务。在这里，Servlet 充当控制者的角色，负责管理对请求的处理，创建 JSP 页面需要使用的 Bean 和对象，同时根据用户的动作决定把哪个 JSP 页传给请求者。特别要注意的是，在 JSP 页面内没有处理逻辑，仅负责检索由 Servlet 创建的对象成 Bean，再从 Servlet 中提取动态内容插入静态模板。这种开发模式使得程序中的层次关系更明显，各组件的分工也非常明确，清晰地分离了表现和内容，明确了角色的定义以及开发者与网页设计者的分工。JSP Model 2 体系结构，如图 8-4 所示。

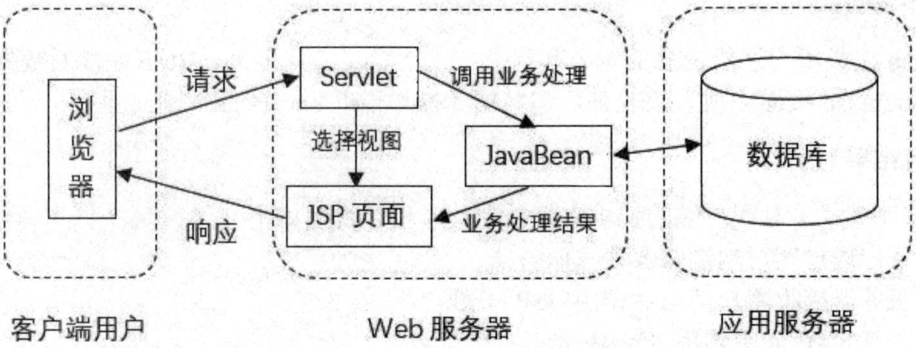

图 8-4 JSP Model 2 体系结构

JSP Model2 中使用了 3 种技术：JSP、 Servlet 和 JavaBean。

（1）JSP 负责生成动态网页，只用做显示页面。

（2）Servlet 负责流程控制，用来处理各种请求的分派。

（3）JavaBeans 负责业务逻辑，实现对数据库的操作。

JSP 设计模式 2 中，各步骤的说明如下。

（1）用户通过客户端浏览器请求服务器。

（2）服务器接收用户请求后调用 Servlet。

（3）Servlet 根据用户请求调用 JavaBean 处理业务。

（4）在 JavaBean 中连接及操作数据库，或实现其他业务逻辑。

（5）JavaBean 将结果返回 Servlet，在 Servlet 中将结果保存到请求对象中。

（6）由 Servlet 转发请求到 JSP 页面。

（7）服务器读取 JSP 页面中的内容（将页面中的静态内容与动态内容结合）。

（8）服务器将最终的结果返回给客户端浏览器进行显示。

在 JSP 开发模式 2 基础上发展起来的是 MVC 模式，是对 JSP Model 2 最大的肯定，故本章节的案例实现与分析将和 MVC 设计模式并在一起进行介绍。

8.4 MVC 设计模式

模型-视图-控制器（MVC）是 20 世纪 80 年代 Smalltalk 80 采用的一种软件设计模式，现在被广泛使用。MVC 架构模式是模型（model）、 视图（view）和控制器（controller）这 3 个英文单词的首字母组合。

MVC 模式是目前用得比较多的一种设计模式，包括 3 个层次： Model 是业务逻辑应用对象；View 是在屏幕上的表示；Controller 定义用户界面对用户输人的响应方式。MVC 应用程序结构被用来分析分布式应用程序的特征，这种抽象结构能有助于将应用程序分割成若干逻辑部件，使程序设计变得更加容易，开发和维护变得更加简便。

MVC 结构提供了一种按功能对各种对象进行分割的方法（这些对象是用来维护和表现数据的），其目的是为了将各对象间的耦合程度减至最小。MVC 结构本来是为了将传统的输入（input）、处理（processing）、输出（output）任务运用到图形化用户交互模型中而设计的。但是，将这些概念运用到基于 Web 的企业级多层应用领域也是很适合的，3 层架构和 MVC 模式之间的对应关系如图 8-5 所示。

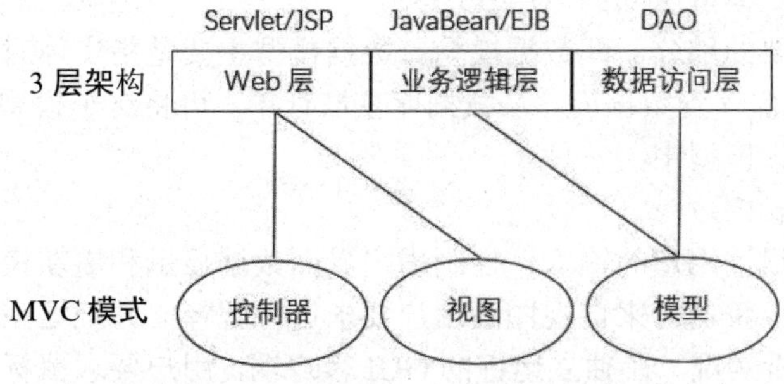

图 8-5 3 层架构和 MVC 模式的对应关系

3 层架构中客户端与服务器交互关系如图 8-6 所示。

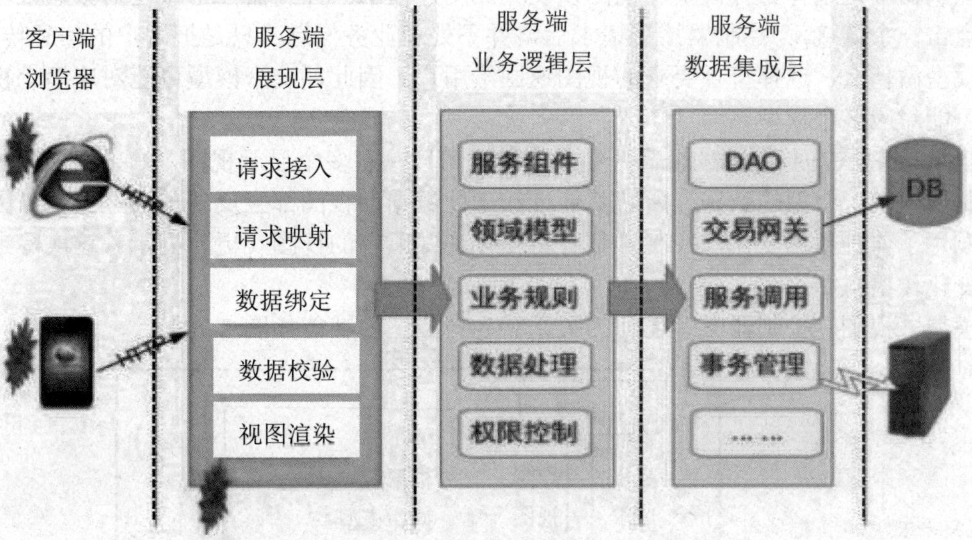

图 8-6 3 层架构中客户端与服务器交互关系

（1）视图（view）

视图代表用户交互界面，对于 Web 应用来说，可以概括为 HTML 界面，但也可以为 XHTML、XML 和 Applet。视图用来组织模型的内容，从模型中获得数据并指定这些数据如何表现。当模型变化时，视图负责维持数据表现的一致性。视图同时将用户要求告知控制器。

随着应用的复杂性和规模性，界面的处理也变得具有挑战性。一个应用可能有很多不同的视图，MVC 设计模式对于视图的设计要求只限于视图上数据的采集和处理，以及用户的请求，而不包括在视图上的业务流程的处理。业务流程的处理交予模型处理。例如，一个订单的视图只接受来自模型的数据并显示给用户，以及将用户界面的输入数据和请求传递给控制器和模型。

（2）模型（model）

模型是应用程序的主体部分。模型表示业务数据或者业务逻辑。模型代表应用程序的数据和用于控制访问和修改这些数据的业务规则。通常模型被用来作为对现实世界中一个处理过程的软件实现，当定义一个模型时，可以采用一般的简单的建模技术。

当模型发生改变时，就会通知视图，并且为视图提供查询模型相关状态的能力。同时，也为控制器提供访问封装在模型内部的应用程序。

模型中有一个很重要的部分，即数据模型。数据模型主要是指实体对象的数据保存（持久化）。例如，将一张订单保存到数据库，从数据库获取订单。可将这个模型单独列出，所有有关数据库的操作只限制在该模型中。

（3）控制器（controller）

控制器的工作就是根据用户的输入，控制用户界面数据显示和更新模型对象状态。控制器定义了应用程序的行为；负责对来自视图的用户要求进行解释，并把这些要求映射成相应的行为，这些行为由模型负责实现。在独立运行的 GUI 客户端，用户要求鼠标左键单击或是菜单选择操作。在一个 Web 应用程序中，表现形式可能是一些来自客户端的 GET 或 POST 的 HTTP 请求。模型所实现的行为包括处理业务和修改模型的状态。根据用户要求和模型行为的结果，控制器选择个视图作为对用户请求的应答。通常一组相关功能集对应一个控制器。

控制器决定选择哪种模型、视图以及完成用户请求。控制器并不做任何数据处理。例如，用户点击一个链接， 控制器接受请求后，并不处理业务信息，只是把用户的信息传递给模型，告诉模型做什么，选择符合要求的视图返回给用户。因此，一个模型可能对应多个视图，一个视图可能对应多个模型。

模型、 视图与控制器的分离，使一个模型可以具有多个显示视图。如果用户通过某个视图的控制器改变了模型的数据，所有其他依赖于此数据的视图都应反映出这些变化。因此，无论何时发生了何种数据变化，控制器都会将变化通知所有的视图，更新显示。这实际上是一种模型的变化传播机制。

模型、视图、控制器三者之间的关系和各自的主要功能如图 8-7 所示。

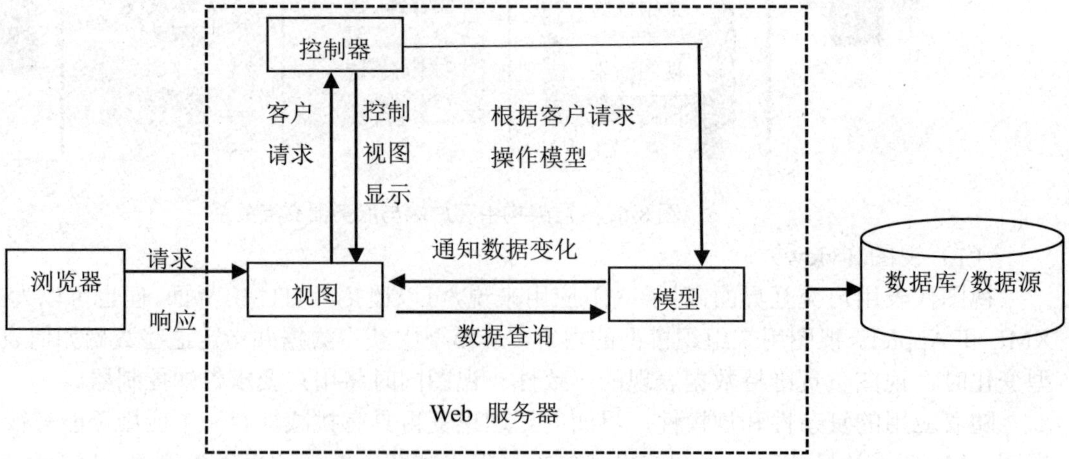

图 8-7　模型、视图、控制器三者之间的关系图

客户可以从视图提供的客户界面上浏览数据或发出请求，客户的请求由控制器处理，根据客户的请求调用模型的方法，完成数据更新。然后调用视图的方法将响应结果展示给客户，视图也可以访问模型（数据查询）。

MVC 模式的出现不仅实现了功能模块和显示模块的分离，还提高了应用系统的可维护性、可扩展性、可移植性和组件的可复用性。尽管 MVC 设计模式很早就提出，但在 Web 项目的开发中 MVC 却是步履维艰。主要原因有以下两点。

（1）在早期的 Web 项目开发中，程序语言和 HTML 的分离一直难以实现。CGI 程序以字符串输出的形式动态地生成 HTML 内容。后来随着脚本语言的出现，前面的方式又被倒了过来，改成将脚本语言书写的程序嵌入在 HTML 内容中。这两种方式都有一个不足之处；无法将程序语言和 HTML 分离。

（2）脚本语言的功能相对较弱，缺乏支持 MVC 设计模式中的技术基础。直到基于 Java Web 的 JSP Model 2 问世时才得以改观。

JSP Model 2 或者 MVC 模式主要优点如下。

（1）消除了 JSP Modell 的缺点。

（2）适合多人合作开发大型的 Web 项目。

（3）模型、视图和控制器各司其职，互不干涉。

（4）有利于开发中的分工。

（5）有利于组件的重用。

缺点就是 Web 项目的开发难度加大，同时对开发人员的技术要求也提高了。

MVC 模型中各组件的详细功能图，如图 8-8 所示。

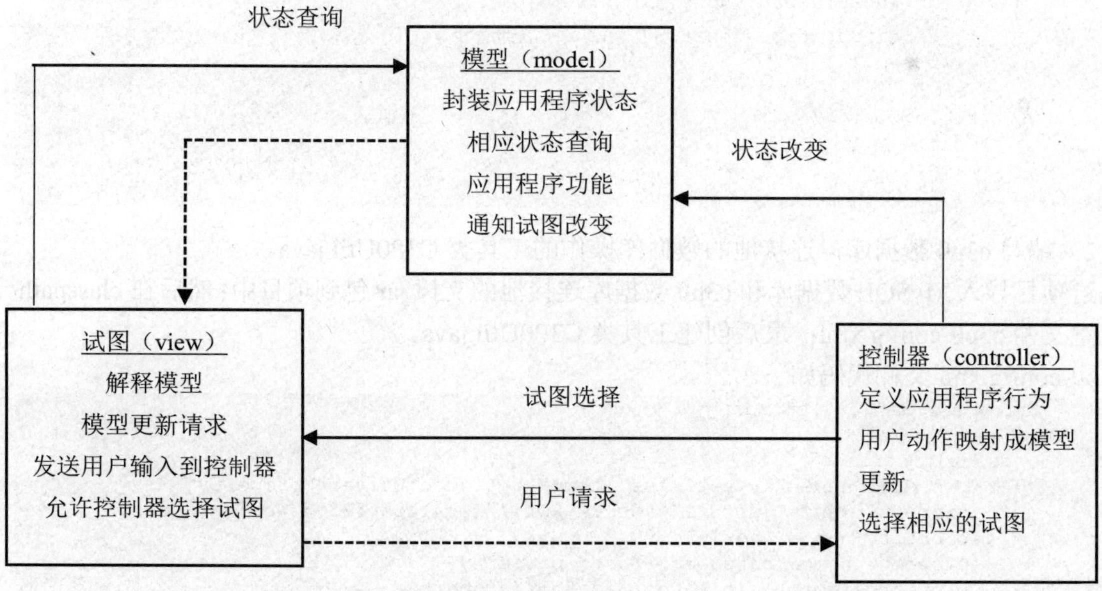

图 8-8　MVC 模型中各组件的详细功能图

8.5　综合案例：MVC 实现用户登录验证

利用 MVC 设计模式实现用户登录验证程序，具体步骤如下。

（1）用 JSP 编写一个登录页面 login.jsp，登录信息中有用户账号和密码。

```
<%@ page language="java" import="java.util.*" pageEncoding="UTF-8"%>
```

```
<!DOCTYPE HTML PUBLIC "-//W3C//DTD HTML 4.01 Transitional//EN">
<html>
  <head>
    <title>用户登录</title>
  </head>
  <body>
      <form action="user.do?op=login" method="post">
      <table align="center" width="256" height="200" bgcolor="lightBlue">
         <tr>
            <td colspan="2" align="center">
               <b>用户登录</b>
            </td>
          </tr>
         <tr>
            <td width="60" align="right">账号:</td>
            <td><input type="text" name="userId"/></td>
         </tr>
         <tr>
            <td align="right">密码:</td>
            <td><input type="password" name="userPwd"/></td>
         </tr>
         <tr>
            <td colspan="2" align="center">
               <input type="submit" value="登录">
                    
               <input type="button" value="注册"">
            </td>
         </tr>
      </table>
      </form>
  </body>
</html>
```

（2）编写 c3p0 数据库，连接池的数据库操作的工具类 C3P0Util.java。

先给项目导入 MySQL 数据库和 c3p0 数据库连接池的支撑 jar 包到项目中；然后在 classpath 下面配置文件 c3p0-config.xml；最后创建工具类 C3P0Util.java。

c3p0-config.xml 文件代码如下。

```
<?xml version="1.0" encoding="UTF-8"?>
<c3p0-config>
   <default-config>
      <property name="driverClass">com.MySQL.jdbc.Driver</property>
      <property name="jdbcUrl">jdbc:MySQL://localhost:3306/Web</property>
      <property name="user">root</property>
      <property name="password">root</property>
      <property name="initialPoolSize">5</property>
      <property name="maxPoolSize">20</property>
   </default-config>
   <named-config name="MySQL">
      <property name="driverClass">com.MySQL.jdbc.Driver</property>
      <property name="jdbcUrl">jdbc:MySQL://localhost:3306/Web</property>
      <property name="user">root</property>
      <property name="password">root</property>
      <property name="initialPoolSize">5</property>
      <property name="maxPoolSize">20</property>
   </named-config>
</c3p0-config>
```

C3P0Util.java 文件代码如下。

```
public class C3P0Util {
    private static ComboPooledDataSource dataSource=NULL;
    private Connection conn=NULL;
    private Prepared Statement stmt=NULL;
    private ResultSet result=NULL;
    public C3P0Util (String name) {
        if (dataSource == NULL)
            dataSource = new ComboPooledDataSource (name) ;
        ctry {
          conn = dataSource.getConnection () ;
        }
        catch  (SQLException e)  {
          throw new RuntimeException (e) ;
        }
    }
   public static DataSource getDataSource ()  {
      return dataSource;
   }
   public Connection getConnection ()  {
      return conn;
   }
   public ResultSet query (String sql,Object... params) {
        if (conn != NULL) {
            try {
                stmt = conn.prepareStatement (sql) ;
                for (int i = 0; i < params.length; i++)
                    stmt.setObject (i+1, params[i]) ;
                result = stmt.executeQuery () ;
            }
            catch  (SQLException e)  {
                e.printStackTrace () ;
            }
        }
        return result;
    }
    public int update (String sql,Object... params) {
        int result = -1;
        if (conn != NULL) {
            try {
                stmt = conn.prepareStatement (sql) ;
                for (int i = 0; i < params.length; i++)
                    stmt.setObject (i+1, params[i]) ;
                result = stmt.executeUpdate () ;
            }
            catch  (SQLException e)  {
                e.printStackTrace () ;
            }
        }
        return result;
    }
    public void close () {
```

```
            try {
                if (result!=NULL) {
                    result.close () ;
                    result=NULL;
                }
                if (stmt!=NULL) {
                    stmt.close () ;
                    stmt=NULL;
                }
                if (conn!=NULL) {
                    conn.close () ;
                    conn=NULL;
                }
            }
            catch  (SQLException e)  {
                e.printStackTrace () ;
            }
        }
}
```

（3）VO（value objects）值对象是与数据库表对应的 Java 类，含有与数据库表字段一一对应的属性，VO 提供了一个面向对象的方法操作数据。

User.java 文件代码如下。

```
public class User implements Serializable{
   private int userId;
   private String userPwd;
   private String role;
   Private String nick;
   Private String sex;
   Private String birth;
   public int getUserId () {
      return userId;
   }
   public void setUserId (int userId) {
      this.userId = userId;
   }
   public String getUserPwd ()  {
      return userPwd;
   }
   public void setUserPwd (String userPwd)  {
      this. userPwd = userPwd;
   }
   public String getRole ()  {
      return role;
   }
   public void setRole (String role)  {
      this.role = role;
   }
public String getNick ()  {
        return nick;
    }
    public void setNick (String nick)  {
        this.nick = nick;
    }
```

```
    public String getSex () {
        return sex;
    }
    public void setSex (String sex) {
        this.sex = sex;
    }
    public String getBirth () {
        return birth;
    }
    public void setBirth (String birth) {
        this.birth = birth;
    }
}
```

（4）DAO 接口定义了所有用户的操作，如添加记录、删除记录和查询记录等。这不是一个具体的实现类，而是一个接口，仅仅定义了相应的操作（方法）。这是给后来的具体实现提供一种灵活性和易维护性，需要具体实现类来实现这个接口的方法。

UserDAO.java 文件代码如下。

```
public interface UserDAO{
    public int insert (User user) throws Exception ;
    public int update (User user) throws Exception ;
    public int delete (int userid) throws Exception ;
    public User queryById (int userid) throws Exception ;
    public List queryAll () throws Exception ;
}
```

（5）DAO 实现类才是具体的操作的实现。需要实现 DAO 接口以及相应的方法。同样，一个 DAO 接口可以由多个实现。例如，上例中可以用 MySQL 数据库实现，也可以使用 oracle 数据库来实现。同理，也可以是对同一数据库的不同实现。

UserDaoImpl.java 文件代码如下。

```
public class UserDaoImpl implements UserDAO {
    @Override
    public User queryById (String userId) {
        User user=NULL;
        C3P0Util db=new C3P0Util () ;
        String sql="select * from user where userId=?";
        ResultSet rs=db.query (sql, userId) ;
        if (rs.Next ()) {
            user=new User () ;
            user.setUserId (rs.getString ("userId")) ;
            user.setUserPwd (rs.getString ("userPwd")) ;
            user.setNick (rs.getString ("nick")) ;
            user.setSex (rs.getString ("sex")) ;
            user.setBirth (rs.getString ("birth")) ;
            user.setRole (rs.getString ("role")) ;
        }
        db.close () ;
        return user;
```

```
    }
    ....../ /省略其他方法
}
```

（6）Service 接口定义了所有与用户相关的业务操作，如登录、注册和开除等。UserService.java 文件代码如下。

```
public interface UserService {
    public String login (String userId,String userPwd) ;
    public User detail (String userId) ;
    public String save (User user) ;
    public String update (User user) ;
    public String remove (User user) ;
    public String remove (User[] users) ;
    public List<User> list () ;
}
```

（7）Service 实现类是具体的操作的实现。UserServiceImpl.java 文件代码如下。

```
public class UserServiceImpl implements UserService {
    @Override
    public String login (String userId, String userPwd)  {
        String info="账号或密码错误！";
        UserDAO dao=new UserDaoImpl () ;
        User user=dao.getUserById (userId) ;
        if ((user!=NULL) && (userPwd.equals (user.getUserPwd ())))
            info="登录成功！";
        return info;
    }
    ...... 省略其他方法
}
```

（8）编写 Servlet 程序处理用户提交的登录信息，并调用相关的业务逻辑来完成业务逻辑处理和信息处理，并将处理结果传递给指派的 JSP 页面进行显示。

UserServlet.java 代码如下。

```
public class UserServlet extends HttpServlet {
    public void doGet (HttpServletRequest request, HttpServletResponse response)
            throws ServletException, IOException {
        doPost (request, response) ;
    }
    public void doPost (HttpServletRequest request,
          HttpServletResponse response)  throws ServletException, IOException {
        request.setCharacterEncoding ("UTF=8") ;
        String op=request.getParameter ("op") ;
        if (op==NULL)
            manage (request, response) ;
        else if ("login".equalsIgnoreCase (op.trim ()))
            login (request, response) ;
        else if ("regist".equalsIgnoreCase (op.trim ()))
```

```
                regist (request, response) ;
            else if ("update".equalsIgnoreCase (op.trim ()))
                update (request, response) ;
            else if ("delete".equalsIgnoreCase (op.trim ()))
                delete (request, response) ;
        }
        private void login (HttpServletRequest request,
              HttpServletResponse response)  throws ServletException, IOException {
            String userId=request.getParameter ("userId") ;
            String userPwd=request.getParameter ("userPwd") ;
            UserService service=new UserServiceImpl () ;
            String result=service.login () ;
            request.setAttribute ("result", result) ;
            Request Dispatcher rd=request.getRequest Dispatcher ("result.jsp") ;
            rd.forward (request, response) ;
        }
        ......//省略其他方法
}
```

UserServlet 在 Web.xml 文件中配置如下。

```
    <servlet>
      <servlet-name>UserServlet</servlet-name>
      <servlet-class>jxcia.core.UserServlet</servlet-class>
    </servlet>
    <servlet-mapping>
      <servlet-name>UserServlet</servlet-name>
      <url-pattern>/user.do</url-pattern>
    </servlet-mapping>
```

（9）最终结果显示页面 result.jsp 代码如下。

```
<%@ page import="java.util.*" pageEncoding="UTF-8"%>
<!DOCTYPE HTML PUBLIC "-//W3C//DTD HTML 4.01 Transitional//EN">
<html>
  <head>
    <title>用户登录</title>
  </head>
  <body>
    <script>alert ('${result}') ;</script>
  </body>
</html>
```

【程序说明】

整个项目采用 MVC 的 3 层架构模式实现，并专门提供了 Service 层来实现；同时为提高程序的可扩展性，在实现业务层和 DAO 层时采用了接口进行抽象。并针对 JSP 页面使用 EL 和 JSTL 进行了页面优化。

【运行结果】

MVC 的 3 层架构模式，如图 8-9 所示。

图 8-9　MVC 的 3 层架构模式

8.6　拓展案例：MVC 模式完成用户注册

在用户管理系统中，用户注册是一个常见的功能。具体介绍如下。

新增加的 regist.jsp 代码如下。

```
<%@ page language="java" import="java.util.*" pageEncoding="UTF-8"%>
<!DOCTYPE HTML>
<html>
  <head>
    <title>用户注册</title>
  </head>
  <body bgcolor="#0080FF">
  <form action="user.do?op=regist" method="post">
  <table align="center">
     <tr>
          <td colspan="2" align="center"><b><u>用户注册信息</u></b></td>
     </tr>
     <tr>
          <td width="80" align="right">账号:</td>
          <td><input type="text" name="userId"/></td>
     </tr>
     <tr>
          <td align="right">密码:</td>
          <td><input type="password" name="userPwd"/></td>
     </tr>
     <tr>
          <td align="right">确认密码:</td>
          <td><input type="password" name="userPass"/></td>
     </tr>
     <tr>
          <td width="60" align="right">昵称:</td>
          <td><input type="text" name="nick"/></td>
     </tr>
     <tr>
          <td width="60" align="right">性别:</td>
          <td>
               <input type="radio" name="sex" value="男" checked>男
               <input type="radio" name="sex" value="女">女
          </td>
     </tr>
     <tr>
```

```
            <td width="60" align="right">出生日期:</td>
            <td><input type="date" name="birth"/></td>
        </tr>
        <tr>
            <td colspan="2" align="center">
                <input type="submit" value="注册">
                     
                <input type="button" value="关闭">
            </td>
        </tr>
    </table>
    </form>
    </body>
</html>
```

在 UserServlet.java 中完成 regist（）方法，代码如下。

```
    private void regist (HttpServletRequest request,
          HttpServletResponse response)  throws ServletException, IOException {
        String userId=request.getParameter ("userId") ;
        String userPwd=request.getParameter ("userPwd") ;
        String role=request.getParameter ("userPwd") ;
        String nick=request.getParameter ("nick") ;
        String sex=request.getParameter ("sex") ;
        String birth=request.getParameter ("birth") ;
        user=new User () ;
        user.setUserId (request.getParameter ("userId")) ;
        user.setUserPwd (request.getParameter ("userPwd")) ;
        user.setNick (request.getParameter ("nick")) ;
        user.setSex (request.getParameter ("sex")) ;
        user.setBirth (request.getParameter ("birth")) ;
        UserService service=new UserServiceImpl () ;
        String result=service.save (user) ;
        request.setAttribute ("result", result) ;
        Request Dispatcher rd=request.getRequest Dispatcher ("result.jsp") ;
        rd.forward (request, response) ;
    }
```

在 UserServiceImpl.java 文件中实现 save（）方法，代码如下。

```
    @Override
    public String save (User user)  {
        String info="注册失败! ";
        UserDAO dao=new UserDaoImpl () ;
        int i=dao.regist (user) ;s
        if (i>0)
            info="注册成功! ";
        return info;
    }
```

在 UserDaoImpl.java 文件中实现 save（）方法，代码如下。

```
    @Override
    public int regist (User user) {
        int i=-1;
        C3P0Util db=new C3P0Util () ;
        String sql="insert into user (userId,userPwd,sex,birth,nick,role) ";
        sql+="values (?,?,?,?,?,?) ";
        int i=db.update (sql,user.getUserId () ,user.getUserPwd () ,
                user.getSex () ,user.getBirth () ,user.getNick () ,"normal") ;
        int i=dao.regist (user) ;
        return i;
    }

```

本章小结

本章首先介绍了 JSP 开发的几种设计模式，并对比优缺点；其次介绍了分层构架的原则与优点，JSP Model 2 开发模型和 MVC 设计模式；最后介绍了 MVC 模型与 3 层架构之间的对应关系，并利用 MVC 设计模式机型综合案例的分析与讲解。通过本章的学习，帮助读者掌握 JSP 开发的几种设计模式。

习题 8

一、选择题

1．下列关于 JSP Model2 优点描述错误的是（　　）。

A．降低了开发的复杂度

B．适合多人合作开发大型的 Web 项目

C．模型、视图和控制器各司其职，互不干涉

D．有利于开发中的分工

2．N 层架构中的业务层与 MVC 模型中的（　　）相对应。

A．View　　B．Model　　C．Controller　　D．JSP

3．MVC 模型中的 Controller 一般由（　　）负责完成实现。

A．JavaBean　　B．EJB　　C．Servlet　　D．JSP

二、填空题

1．在 JSP Mode 1 模型中，由 JSP 页面与______________共同协作完成请求和响应任务。

2．在 JSP Model 2 中，JSP 负责生成动态网页，JavaBean 负责业务逻辑，完成对数据库的操作，______________负责流程控制，用来处理各种请求的分派。

3．MVC 设计模式中，M 代表______________，V 代表视图，C 代表______________。

4．数据持久层 DAO 主要用于________________________。

三、问答题

1．比较 JSP 设计模式 1 和 JSP 设计模式 2 的异同。

2．简述 MVC 模式中各部件之间的功能与关系。

3．简述 N 层架构的优势。

参 考 文 献

[1] 宁云智，刘志成，刘雄军．JSP 程序设计案例教程[M]．北京：高等教育出版社，2019．

[2] 马军霞，张志峰，皇安伟．JSP 教程设计实训与案例教程[M]．北京：清华大学出版社，2018．

[3] 何月顺．JSP 动态网页设计案例教程[M]．北京：电子工业出版社，2021．

[4] 王樱，李锡辉，闵慧．JSP 程序设计案例教程[M]．北京：清华大学出版社，2018．

[5] 卢守东．JSP 应用开发案例教程[M]．北京：清华大学出版社，2020．

[6] 刘何秀，郭建磊，姬忠红．JSP 程序设计与案例实战[M]．北京：人民邮电出版社，2018．

[7] 周志明．深入理解 Java 虚拟机[M]．北京：机械工业出版社，2019．

[8] 张远龙．C++服务器开发精髓[M]．北京：电子工业出版社，2021．

[9] 杨国兴．极简 C++[M]．北京：中国水利水电出版社 ，2021．

[10] 陈香凝．Jave Web 编程技术[M]．天津：天津大学出版社，2019．